竹林资源遥感监测技术

Remote sensing monitoring technology of
bamboo forest resources

刘 健 余坤勇 官凤英 /著

北京大学出版社
PEKING UNIVERSITY PRESS

图书在版编目(CIP)数据

竹林资源遥感监测技术/刘健,余坤勇,官凤英著.—北京：北京大学出版社，2017.12
ISBN 978-7-301-29398-0

Ⅰ.①竹… Ⅱ.①刘… ②余… ③官… Ⅲ.①遥感技术—应用—竹林资源—森林资源调查 Ⅳ.①S757.2

中国版本图书馆 CIP 数据核字(2018)第 036343 号

书　　　　名	竹林资源遥感监测技术	
	ZHULIN ZIYUAN YAOGAN JIANCE JISHU	
著作责任者	刘　健　余坤勇　官凤英　著	
责 任 编 辑	王树通	
标 准 书 号	ISBN 978-7-301-29398-0	
出 版 发 行	北京大学出版社	
地　　　　址	北京市海淀区成府路 205 号　100871	
网　　　　址	http://www.pup.cn	
新 浪 微 博	@北京大学出版社	
电 子 信 箱	zpup@pup.cn	
电　　　　话	邮购部 62752015　发行部 62750672　编辑部 62752021	
印 　刷 　者	三河市北燕印装有限公司	
经 　销 　者	新华书店	
	730 毫米×1020 毫米　16 开本　20.75 印张　360 千字	
	2017 年 12 月第 1 版　2017 年 12 月第 1 次印刷	
定　　　　价	66.00 元	

前　　言

　　我国竹资源丰富,位居世界第一位,竹产业的发展已成为林业的重要组成部分,实现竹资源的有效快速监测和基础数据的积累,对服务于政府、指导林农乃至我国竹产业发展政策的规划和制定具有重要的决策辅助功能。传统较为粗放的竹资源调查,要求投入的人力、物力和财力大,且时效性弱,不利于决策指导。当前竹资源调查基础数据整体匮乏,已较难满足较高集约经营水平的竹资源管理需求。遥感的时空领域技术优势,为竹资源的快速监测提供了技术支撑。但我国竹资源主要分布于南方山区和边远丘陵地带,"同谱异物、同物异谱"的影像现象,极大地限制了当前主体依靠可见光光谱区间成像的遥感技术的应用!面积监测只是竹资源监测的一个要素,竹林地立地质量、竹林地土壤肥力、竹病虫害、适宜性区划以及竹资源健康等均是竹资源经营与发展过程中的重要基础数据。如何加强遥感在这些方面的监测及应用,是遥感技术应用于竹资源有效监测的重要所在。随着遥感技术的发展,尤其是雷达、三维激光以及无人机技术的快速发展,遥感从最初的面积监测发展到多要素监测,从最初地类或树种的定性识别发展到现况的林分参数定量反演,尤其是结合模型的遥感替代估测。不仅拓宽了遥感在林业监测中的应用领域,更增强了监测结果的可靠性和时效性。

　　本书所阐述思路、方法及相关案例是在由作者所主持的福建省资源环境监测与可持续经营利用重点实验室和3S技术与资源优化利用福建省高校重点实验室近年承担的国家自然科学基金、国家科技支撑计划、国家林业局农业948项目、国家林业局林业科技成果推广计划项目、福建省科技计划重点项目以及福建省自然科学基金等部省级和地方相关课题研究、成果总结、实践推广、应用反馈的基础上编撰,整体较为系统地反映竹林资源调查、竹资源遥感监测及信息化管理的技术应用基础理论、技术手段现况及可行思路。具体的支撑项目有国家自然科学基金面上项目"林地立地质量遥感反演技术研究(40971043)"、福建省科技计划引导性项目"毛竹经营模式遥感评判及高效经营关键技术研究与示范(2016N0003)"、国家自然科学基金青年项目"刚竹毒蛾危害下的毛竹林遥感响应机理研究(41501361)"、十二五国家科技支撑计划专题"竹林资源监测与管理技

(2012BAD23B0404)"、国家林业局林业科技成果国家级推广项目"竹林立地质量评价与经营技术推广示范(〔2015〕13 号)"和"竹资源信息化管理及其遥感监测技术示范(〔2012〕36)"、福建省自然科学基金"基于 RS 技术竹资源专题信息提取技术研究(2008J0117)"、国家农业 948 项目"竹资源动态监测技术引进(2006425)"。在此表示感谢！

全书以竹资源的监测为对象，从竹资源监测现况、竹资源光谱基础特征、竹资源遥感调查因子、竹资源遥感识别、竹林地立地质量和土壤肥力的遥感监测、竹资源适宜性区划、竹健康监测以及竹资源信息化管理系统的构建等角度，分十一个章节，较为系统地阐述了竹资源遥感监测及信息化管理的技术应用基础理论、技术手段，并结合具体案例进行介绍。刘健教授负责总体框架、内容审定，并执笔第一章、第四章和第七章部分内容，共 10 万字。官凤英研究员执笔第二章、第三章和第十一章部分内容，并协助整理各章节的编撰内容和撰写思路，共 5 万字。其余章节由余坤勇副教授根据研究成果进行撰稿，共 21 万字。全书由刘健负责统稿、定稿。实验室的许章华博士、缪丽娟、李增禄、俞欣妍等同学在前期研究给予了极大支持，后续撰稿、图表整理、部分材料补充中得到了实验室姚雄、邓洋波、林同舟、陈樟昊、郑文英、张今朝、曾琪、项佳、张佳奇等同学帮忙，在此一并表示感谢。

限于作者水平，错误难免，将在今后的工作中继续进行补充更正，不断完善，敬请专家、读者予以指正。

作　者

2017 年 9 月

目　　录

第一章　竹林遥感监测技术

竹是华夏民族基本的生活、生产资料,丰富的竹资源为林木产品提供了重要的替代品。竹林不仅具有良好的经济、生态和社会效益,同时具有良好的涵养水源功能与水土保持作用,在生态环境保护中发挥着举足轻重的作用(郑兰英,2012)。竹资源是一类特殊的非木质资源,同树木相比,竹类植物具有生长快、产量高、强度大、纤维性能好、经济价值高、易实现可持续经营等特点,是优良的可持续发展资源。我国竹资源十分丰富,有竹类植物 40 余属 500 余种,占世界竹种 42%,位居世界第一位(江泽慧,2002)。据统计,我国天然竹林正以每年 7×10^4 hm^2 的速度递增,一个由资源培育、加工利用到出口贸易所构成的较为发达、较为完善的中国竹业发展体系正逐步形成。近年来,竹林面积逐步扩大,全国天然竹林面积约 500 多万公顷,每年可砍伐的毛竹可达 5~6 亿根,为我国的建筑业、工业、文化产业、饮食业等提供大量的原材料。竹林产业的效益大大提高,已成为我国广大农村地区的一个新经济增长点。尤其在我国南方一些竹产区,农民人均收入的 40% 和当地财政收入的 1/3 以上来自竹产业。对竹资源进行监测以及综合评价是实现资源完整性利用、更好地促进经济发展的重要基础。实现竹资源监测,对于制定科学的竹产业政策、引导竹产业发展、促进竹资源可持续利用具有重要意义。但我国竹资源分布在山区和边远丘陵地带,监测和管理手段非常落后,竹资源基础资料不准,缺乏有效的决策指导(余坤勇,2009;缪丽娟,2011)。农村中竹资源利用方式简单,竹资源发展利用存在不均衡、结构不合理等现象,导致竹产品附加值低、市场适用性差。同时简单地采伐利用直接影响区域生态环境质量和区域经济效益,严重影响了国家决策和竹产业的发展。遥感技术的发展为资源环境的监测提供了重要的手段,在目前应用遥感技术进行竹资源的监测研究中,国内外主要基于竹类生长与环境因子的遥感分析、竹资源评价、竹子发展规划、竹资源的调查监测等分析,为竹资源的动态监测提供较好的监测基础平台。利用遥感技术,实现竹林资源基础资源状况的信息提取和实时监测,能够促进竹资源的有效管理、利用和可持续经营,对于合理规划区域的竹产业发展和建设将提供重要的宏观指导作用,对于我国竹产业的发展具有重要意义。本章主要从世界竹区分布、中国竹区竹产量介绍竹林资源分布的基本概况,从我国常见的竹资源种类进行介绍竹类生物学特性、竹类形态学特性以及各竹材用途,从竹资源遥感监测现状进行阐述,并介绍目前遥感监测的卫星资料。

1.1 竹资源的分布、种类及特征

1.1.1 竹林资源分布

世界竹资源产区主要分为三大产区:亚太竹区、美洲竹区、非洲竹区。全世界竹类植物总共约有 70 多属,1200 多种,主要分布在热带地区以及亚热带地区,少数竹种分布在温带地区和寒带(国际竹藤组织,2005)。其中,美洲竹区主要为引种种植,本土竹林资源种类极少,在 20 世纪初有引种大量竹种的记录,目前已经有 18 个属,270 多种;非洲竹区的竹资源分布范围小,约有 11 属,40 种;亚太竹区为世界最大的竹区,约有 50 多属,900 多种,其中,散生竹约占 3/5,丛生竹占 2/5(康喜信,胡永红等,2011)。

我国是竹资源分布种类和面积最多的国家,大约分布了 40 属、500 多种,竹林面积占世界竹林面积的 1/4,是竹资源最为丰富的国家,被誉为竹子王国。我国竹林主要分布在南部的丘陵山地,90% 以上竹林生长在江河湖库水系的源头或两岸,竹资源已经成为我国南方经济社会发展的重要保障。根据我国"第八次全国森林资源清查统计"显示:全国竹林面积 $601 \times 10^4 \text{ hm}^2$,其中毛竹林 $443 \times 10^4 \text{ hm}^2$,占全国竹林面积的 74%;杂竹林 $158 \times 10^4 \text{ hm}^2$,占全国竹林面积的 26%。立竹株数 112.13 亿株,其中毛竹林株数 90.94 亿株,占总株数的 81%;零散毛竹株数 21.16 亿株,占总株数的 19%(图 1-1)。

在我国,竹子在秦岭、淮河以南的地区分布,主要以福建、浙江、江西、广东、湖南、云南等省为产竹大省,湖南、江西、安徽、广东、广西、贵州、湖北、江苏、四川等省也分布许多竹林资源(见表 1-1)。由于我国竹子分布地域广,在不同的土壤特性、海拔、纬度,受到地形、气候的影响,竹子在生物学特征上产生差异,在分布上形成明显的区域性,可以将其大致分为 4 个分布区(张志欣,2008;李娟,2016;曾宪文,2007)。

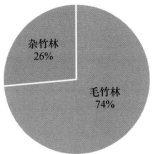

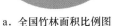

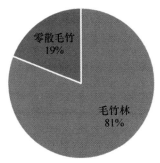

a. 全国竹林面积比例图　　　　　b. 全国竹林株数比例图

图 1-1　第八次全国森林资源清查统计结果

（1）黄河-长江竹区：位于北纬 30°～40°，年平均气温为 12～17℃，降水量大致为 600～1200 mm，主要分布竹类有刚竹属、苦竹属、箭竹属、赤竹属、青篱竹属、巴山木竹属竹种。

（2）长江-南岭竹区：位于北纬 25°～30°，年平均气温为 15～20℃，降水量大致为 1200～2000 mm，主要分布竹类有刚竹属、苦竹属、短穗竹属、慈竹属、方竹属竹种。

（3）华南竹区：位于北纬 10°～20°，年平均气温为 15～22℃，降水量大致为 1200～2000 mm，主要分布竹类有刚竹属、苦竹属、短穗竹属、慈竹属、方竹属竹种。

（4）西南高山竹区：位于华西海拔 1000～3000 m 之间的高山地带，年均气温 8～12℃，年降水量大致为 800～1000 mm，主要分布竹种为方竹属、箭竹属、筇竹属、玉山竹属、慈竹属竹种。

表 1-1　中国竹资源相关省份分布面积

分　区	省　份	1980 年(10^4 hm²)	2005 年(10^4 hm²)
黄河-长江竹区	河南	0.3	0.5
	江苏	1.8	2.9
	湖北	8.6	13.8
	安徽	15.3	24.5
长江-南岭竹区	四川	1.6	2.6
	贵州	2.4	3.9
	湖南	53.3	88.8
	江西	58.2	93.5
	浙江	45.2	72.6
	福建	56.7	91.1

（续表）

分　区	省　份	1980 年(10^4 hm²)	2005 年(10^4 hm²)
华南竹区	广西	8.6	13.8
	广东	11.3	17.8
	台湾	0.5	0.8
西南高山竹区	云南	0.3	0.5

1.1.2　竹资源生长特性

　　竹子是常绿(少数竹种在旱季落叶)浅根性植物,对水热条件要求高,地球表面的水热分布支配着竹子的地理分布。东南亚位于热带和南亚热带,又受太平洋和印度洋季风汇集的影响,雨量充沛,热量稳定,具有竹子生长理想的生态环境,成为世界竹子分布的中心(国际竹藤组织,2005)。东亚地区同样具备竹子生长的水热条件,但在全球变化影响下,黄河流域附近气候变暖、变干,造成竹林的分布渐渐退缩,向南移动;淮河以北的多季干旱缺水,不足以提供竹林良好的生存环境,已有的竹林大多需要人为创造适合的生境,所以北方竹林并非自然分布,多以人工栽培为主(樊宝敏,2005)。

　　影响竹林自然分布的生态因子主要是水分、温度以及土壤属性。其对毛竹资源的分布和生长影响见表 1-2,表 1-3 和表 1-4。水分条件是影响竹子分布和生长的主要限制因子,包括年降水量和降水量季节分配,特别是孕笋行鞭期、发笋长竹期的降水量(周芳纯,1998)。温度则是影响竹子引种成功的主要限制因子之一。其中,短暂极端低温并不是引起高纬度寒冷地区引种竹子死亡的主要原因,持续低温才是限制竹子不能安全越冬的真正原因(徐家琦,2003)。研究指出,水分不足的限制比低温的限制更大,说明毛竹的耐寒能力大于抗旱能力,水分条件对竹资源分布和生长的影响大于温度条件的影响。在一年之内,毛竹有两个重要的需水季节,一个是秋季的孕笋时期,另一个是春季的出笋时期。相关研究指出,毛竹孕笋期的10～12月份和来年毛竹出笋期的 4 月份的降水量对新竹竹材产量的影响十分显著,较多的降水量将提高毛竹笋产量以及促进毛竹生长。不同土壤类型由于发育母岩的不同而具有不同的理化性质,因而对竹子营养供应及生长状况产生重要影响。红或黄红壤具有良好的理化性质,是竹子生长最适宜的土壤,沙壤土和黏壤土次之,重黏土和石砾土最差(周芳纯,1998;吴家森,2006;顾大形,2010)。根据毛竹的自然分布情况,毛竹喜通透性,保水、保肥性良好的酸性、微酸性土壤,总结出毛竹对土壤的要求主要是土壤偏酸,pH 要求在 4.5~7.0 之间,土层深厚,土壤肥沃,土壤质地疏松且土壤水分充足。

表 1-2　年平均温度对毛竹林分布区的影响

年均温度	毛竹分布情况
小于 8℃	不宜毛竹生长
8~12.6℃	毛竹引种区
12.6~14.5℃	自然分布区与栽培区
14.5~18℃	自然分布丰产区
18~20.5℃	自然分布区与栽培区
20.5~23℃	毛竹引种区
大于 23℃	不宜毛竹生长

表 1-3　年平均降水量对毛竹林分布区的影响

年降水量	分布地区
大于 800 mm	毛竹自然分布区
小于 800 mm	阴湿小地形或人工灌溉毛竹分布

表 1-4　毛竹生长土壤的主要性质

土壤	分布	肥力	质地
沙壤土、轻壤土	分布零星,大部分在山麓	腐殖质层深厚,养分能力强	土质疏松,保水性能好
轻壤土或中壤土	分布较广,大部分在缓坡中部	腐殖质层中等,养分能力中等	土壤透气性能中等,保水能力中等
黏重土或沙土	分布很广,缓坡、陡坡、山脊均有	腐殖质层小于 15 cm,养分能力弱	土壤紧实,且通气不良

竹子无次生分生组织,所以没有次生生长(无增粗生长);笋出土后直径不再增大。竹子有居间分生组织,所以生长快;散生竹 30~60 天即可完成高生长,丛生竹稍长,80~100 天可完成高生长。竹子从笋期开始,笋期生长大约 55 天,分为 2 个时期,第一个时期是第 1~25 天,其生长较缓慢,生物量的累积不大;第二个时期为第 25~55 天,笋的长度呈现快速生长,生物量累积加大,毛竹此时显现了超强的固碳功能(施拥军,2013)。

1.2 竹林资源遥感监测

1.2.1 竹资源遥感要素及现状

我国对于竹资源的监测一直采用传统的人工调查手段,主要通过一类调查和二类调查获得竹林的生长状态数据、种植面积或株数总量。传统的监测方法时间间隔长、需要大量的人力,并且因为调查面积有限,易造成精度不够高的现象,加之我国竹林一般分布在山区或边远地区,调查耗时、难度大,无法获取某一地区竹林的总体分布情况。且因为竹林具有竹鞭,生长能力强,随时都在高速生长,竹林的信息随时都处于变化之中。传统的调查监测手段已经不能满足竹林资源的监测需求。遥感空间信息技术的发展,为竹林空间监测提供了重要的实现手段,在 20 世纪 80 年代末 90 年代初,利用彩红外航空遥感,地面抽样调查与遥感判读相结合,探讨了实现区域竹林资源监测的可能性(任国业,1989;任国业,1990;贾炅,1993);近年来,随着高分辨率、多光谱、高光谱遥感技术的出现,研究者基于多光谱遥感数据的纹理特征,对植被类型分类提取竹林资源的信息作了一定的研究,为竹林资源信息提取和监测提供了重要的、更为有效的技术方法(余坤勇,2009)。利用遥感监测技术可以对竹林资源进行宏观监测与管理,为政府统计国土基本数据以及宏观决策提供实时、可靠的依据。遥感的时空尺度技术优势,可以获得广阔的视野,得到不同时间节点上大范围的竹林资源分布信息。借助 GIS 技术,可以快速将竹林资源的时间信息、空间信息以及地物属性信息结合起来,为决策者制定竹林资源的科学经营措施提供决策辅助,为精准林业的实施提供强大的技术支撑。同时,由于遥感技术具有实时、高效、准确的特点,在竹林资源病虫害监测以及火灾、冰雪灾害监测中可以克服传统调查方法的不足,通过快速获取遥感影像以及准确定位,就可以得知灾害发生的位置以及竹林受灾面积和程度,在此基础上将监测数据制作成专题图,为决策者提供可靠的基础数据,为竹林资源持续发展提供技术保障。

(一)面积监测

竹林面积监测是在遥感土地利用类型分类(竹林资源遥感识别技术)的基础上实现的,通过数据源的分析与处理,正确识别竹林光谱信息,做到竹林资源的单期面积监测与动态面积监测。面积监测有两种形式:其一,将卫星影像与地面小班调查数据结合,将地面的实际调查结果与卫星影像的颜色、纹理、形状等信息建立相应的关系,可以利用单期影像对竹林资源的面积进行监测,包括竹林资源的分布范围、分布位置与分布特征;其二,在连续的时间尺度上,对不同时相的遥感影像进行分析处理,通过对比多期影像的光谱特征与结构特征,提取出不同时期影像上的目标分布、结构、功能等有关信息,可以实现对面积要素的动态监测,面积动态监测可以反映竹林资源在时间及空间尺度的连续分布情况,利用其具有的周期性、宏观性以及系统性等多方面的优势,能够更加快速、准确、全面、及时地监测竹林资源的现状以及预测未来发展趋势。

以前,我国通常采用野外数据调查获得的小面积调查作为森林资源面积。自20世纪初以来,航空照片在林业中得到应用,但其中大多数用作视觉资料,也有利用其作调查规划基本的资料。随着遥感技术的发展,林业中逐渐以卫星影像作为重要辅助调查资料,卫星影像开始应用于竹林资源监测,我国在第九次森林调查期间(1996~2003年)就采用新的调查方法——基于像素水平的森林大面积资源监测。近几年,在卫星图像发展快速的形势下,经过不断的改进技术方法,将多源数据应用在竹林调查中,有效减少像素水平和在大面积监测估计中的偏差与标准误差。

竹林资源的增长可以通过前后期、多时像的遥感数据对比,对面积的改变做出准确地判断,从而实现竹林面积的监测。竹林资源面积监测的思路见图1-2。

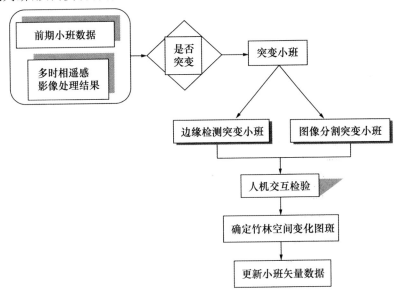

图 1-2　竹资源面积监测主要思路

（二）立竹度监测

立竹度也称为竹林密度，是指每亩竹林地中立竹株数。立竹度是竹林结构的重要因子，反映单株毛竹所占的林地空间。因为竹林具有快速生长的特性，且其林分结构属于异龄林。一年中，立竹度发生不断的变化：春季出笋成竹，立竹株数增加；采伐后立竹株数减少。一般将采伐后的立竹株数为毛竹林的立竹度。

竹林的立竹度是影响林分内部结构的重要因素，若从林分的光合利用率分析，立竹度越大越好，但林分除了光合作用，还进行着呼吸作用、养分吸收等存在林内竞争的生理过程。所以并不是立竹度越大，林内毛竹就能生长越好。立竹度的大小将反映在毛竹的眉径、竹高上，具体影响结果见图1-3、图1-4。

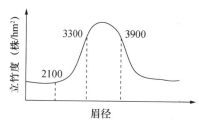

图1-3　眉径与立竹度的相关关系　　图1-4　竹高与立竹度的相关关系

目前对于竹林资源立竹度的调查还限于传统调查，在传统调查时，通常将竹林分株数分为3个记录项目，分别是竹林分株数、竹散生株数、杂竹株数。具体如下：

（1）竹林分株数是指地类为毛竹林地的毛竹株数。现场调查整个竹林地内的毛竹总株数，记录在"竹林分株数"栏内。当年生的竹笋，高度大于等于1.5 m的计录株数，高度低于1.5 m的不计株数。

（2）竹散生株数是指地类为非毛竹林地的毛竹株数。现场调查整个竹林地散生毛竹株数，记录在"竹散生株数"栏内，高度小于1.5 m的不计株数。

（3）杂竹株数是调查记载杂竹林地和其他地类林地内杂竹（胸径大于等于2 cm）总株数。

利用遥感监测竹林的立竹度的核心是对遥感影像的识别，不同的是，立竹度调查需要对影像中的竹林具体株数进行精确地识别，这就要求更加细致地操作以及分辨率更精细的影像。目前，对于竹林立竹度的调查仅限于传统调查方法，在航天遥感上并没有成功的应用，对于航天遥感监测竹资源林分的立竹度，还有待进一步探索。

（三）病虫害监测

由于竹笋营养丰富，新竹组织幼嫩，竹材具有高质量的糖分，易引发真菌以及昆虫的侵害,导致竹林生长多受到干扰。在我国的竹林病虫害中,常见的有毛竹枯梢病、毛竹基腐病、竹丛枝病、竹秆锈病、竹黑粉病、竹煤污病以及黑肿病、水枯病、黑痣病等。毛竹林病虫害是竹资源生产上的重要生物灾害,是制约高产、优质、高效益竹资源产业持续发展的重要因素。我国竹林分布存在大面积的天然纯林,而单一的林分组成往往容易产生各种各样的病虫害(邓旺华,2008)。对病虫害进行早期预警,有利于控制病虫害的大面积发生和损失,保护毛竹植株生长以及竹笋的产量。在病虫害监测与预报方面,遥感技术是目前唯一能够做大范围快速获取空间连续地表信息的手段,成为病虫害监测、获取与解析不可替代的技术(张竞成,2012)。

目前,森林病虫害的监测研究多采用雷达、光学系统及航空摄影、摄像的方式直接监测迁飞性害虫的动态变化。国内外已大量开展了应用各种遥感技术进行病虫害的预测、动态监测和危害情况等方面的研究(邓旺华,2008)。遥感影像的光谱信息与植物叶片的生理特征有关,如叶绿素含量(张光辉,2007)。绿色植物的光谱反射率具有明显的特征,并且完全随波长的变化而变化。当竹林受到病虫害影响时,遥感影像的各个波段上的波谱值发生变化,尤其在近红外波段的光谱值变化较大(赵春燕,2006)。因此,可以通过提取遥感影像上的光谱变化信息,实时、准确地对毛竹林的病虫害发生时期与发生面积进行有效的监测,为竹林病虫害的预报和监测提供有力的依据。

当前竹类病虫害遥感监测主要方法有:光谱特征法与植被指数法。

1. 光谱特征法

植物病虫害遥感监测中最主要的是基于可见光-近红外的光学遥感波段进行监测。其基本依据是植物在病虫害侵染条件下,在不同波段上表现出不同程度的吸收和反射特征的改变,即病虫害的光谱响应特征。植物病虫害的光谱响应可以认为是由病虫害引起的植物色素、水分、形态、结构等变化的函数,因此往往呈现多效性,并且与每一种病虫害的特点有关(张竞成,2012)。植物叶片或冠层受到病虫害侵染之后生理、生化、形态、结构等均发生改变,所以其个光谱特征具有高度复杂性和多变性(王静,2015)。

2. 植被指数法

植被指数(vegetation index,简称 VI)是两个或多个波长范围内的地物反射率组合运算,以增强植被某一特性或者细节。所有的植被指数要求从高精度的多光谱或者高光谱反射率数据中计算,未经过大气校正的辐射亮度或者无量纲的遥感影像像元亮度值数据不适合计算植被指数（邓书斌,2010）。基于植被指数的分析已经成为学者们在病虫害遥感探测研究与实践中的主要途径。迄今为止,已经有多种不同形式的植被指数被相继提出,这些植被指数通常具有一定的生物或物理意义,是植物光谱的一种重要的应用形式。除波段组合、插值、比值、归一化等常用的代数形式外,如光谱微分、倒数、对数等变换形式也常用于光谱特征的构建（张竞成,2012）。

目前,已有较多的研究尝试通过各类植被指数建立遥感信息和病虫害的发生、程度之间的关系。这些植被指数能够对植被的病虫害发生作出不同程度的响应,可为构建竹林病虫害遥感监测模型提供借鉴。表 1-5 对常用于病虫害探测的一些植被指数进行了归纳和整理。

表 1-5　常见植被指数

指数	简写	公式
归一化植被指数	Normalized Difference Vegetation Index—NDVI	$NDVI = \dfrac{\rho NIR - \rho RED}{\rho NIR + \rho RED}$
比值植被指数	Simple Ratio Index—SR	$SR = \dfrac{\rho NIR}{\rho RED}$
增强植被指数	Enhanced Vegetation Index—EVI	$EVI = 2.5\dfrac{\rho NIR - \rho RED}{\rho NIR + 6\rho RED - 7.5\rho BLUE + 1}$
归一化植被指数	Atmospherically Resistant Vegetation Index—ARVI	$ARVI = \dfrac{\rho NIR - (2\rho RED - \rho BLUE)}{\rho NIR + (2\rho RED - \rho BLUE)}$
红边归一化植被指数	Red Edge Normalized Difference Vegetation Index—NDVI 705	$NDVI\,705 = \dfrac{\rho 750 - \rho 705}{\rho 750 + \rho 705}$
改进红边比值植被指数	Modified Red Edge Simple Ratio Index—mSR 705	$mSR\,705 = \dfrac{\rho 750 - \rho 445}{\rho 750 + \rho 445}$
改进红边归一化植被指数	Modified Red Edge Normalized Difference Vegetation Index—mNDVI 705	$mNDVI\,705 = \dfrac{\rho 750 - \rho 705}{\rho 750 + \rho 705}$
Vogelmann 红边指数 1	Vogelmann Red Edge Index 1—VOG1	$VOG1 = \dfrac{\rho 740}{\rho 720}$
Vogelmann 红边指数 2	Vogelmann Red Edge Index 2—VOG2	$VOG2 = \dfrac{\rho 724 - \rho 747}{\rho 715 + \rho 726}$
Vogelmann 红边指数 3	Vogelmann Red Edge Index 3—VOG3	$VOG3 = \dfrac{\rho 734 - \rho 747}{\rho 715 - \rho 720}$

（四）竹林地立地质量监测

竹林地立地质量（site quality）对于竹林的管理和经营来说，是竹林资源经营过程十分重要的辅助决策指标，指一定区域范围内气候、地质、地貌、土壤以及各种生物条件相互联系、相互作用的综合体，是竹林生长的环境条件。

竹林地立地质量好坏对于竹林的生长有着很大的影响。研究竹林地立地质量，能够为竹林的适地适树、营林规划、林地选择、适宜育林技术等措施的确定提供重要依据，实现对竹林经营的各种效益、竹材生产成本和育林投资做出估计（殷有，2007）。在立地分类和评价时，考虑的因素越多则对立地生产潜力的估测越准确（白冬艳，2013）。立地条件是竹林健康生长的前提条件。"适地适树"对竹林生产力的保持也很重要。立地质量是影响林地生产能力诸因素的总和。因而竹林地立地质量研究对提高育林质量、发展持续高效竹林业、恢复和扩大竹林资源都有重要作用（殷有，2007）。快速、科学地掌握竹林地立地质量的现实状况，是竹林科学经营的重要基础，是实现竹林可持续经营的重要保障。在国外，如挪威、瑞典、加拿大等国，较早开展了深入细致的林地立地质量研究工作，其中许多研究成果已在林业生产中发挥了积极的作用（殷有，2007）。在 18 世纪前期，用编制林分收获表的方法来划分林地生产力的高低，随后 Hartige 在 1795 年，提出上、中、下三类型的粗放分类方法，而 Cotta 在 1804 年提出了精细分类法（王超群，2013）。1910—1925 年期间美国出现了三种关于立地质量评价的不同观点，一种是利用材积来表示立地质量的优劣；另一种是利用"森林立地类型系统"来进行评价；最后一种是使用高生长量作为立地质量评价指数。1923 年，美国林业家学会下属的一个委员会经过研究决定把材积生长确定为地位级的主要度量方法（付满意，2014）。我国关于立地质量评价的研究起步相对比较晚，20 世纪 50 年代初期，主要还是利用林型和地位级法以及土壤肥力等级来进行立地质量的评价，地位级法主要是针对有林地进行立地质量评价，而土壤肥力等级主要是针对无林地。70 年代以后，我国逐渐开始使用立地指数方法进行立地质量评价，并在全国立地质量评价中被广为利用，依据此方法针对我国主要用材林编制了大量的地位指数表。1986 年之后，国家把森林立地研究正式列入国家"七五"重点科研攻关的课题，并组织了大量人力和物力进行了全国范围的森林立地调查研究工作，也取得了一定的研究成果，至此我国的立地分类与评价研究，进入到一个全面和系统的科研阶段（付满意，2014）。未来竹资源立地质量的研究重点是定量评价立地的优劣，利用遥感手段判断竹林立地的优劣，为竹资源的生产提供可靠的技术指导，同时，预估竹林地将来的竹林生产力，进而对竹林后续造林的效果作出预估。掌握立地条件的空间分布格式演变规律，对多功能森林经营起重要的保障作用(白冬艳,2013)。

(五)土壤肥力监测

目前,学术界对土壤肥力的定义还未达成一致,不同专家对土壤肥力的定义略有差别。在国外,Doran J W 和 Oparkin T B 在 1994 年提出(Doran J W 等,1994),土壤肥力是指土壤在整个生态系统内部所表现出的促进生物生产力、维持动植物健康以及提高环境质量的能力;而 Badiane NNY 等在 2001 年提出(Badiane NNY,2001),土壤肥力是土壤物理、化学性质和生物特性等综合作用的结果,可以反映土壤为植物生长供应和协调营养条件以及环境条件的能力。虽然影响土壤肥力的各因素不是很明确,但是他们之间是紧密关联的。在国内,大部分学者对土壤肥力有较为统一的认识,他们认为:土壤肥力一方面表现为土壤的代谢及调节功能,另一方面表现为土壤内部在固定的地理位置和稳定的自然条件下的一种水、汽、热之间的动态平衡状态。(王海霞,2008;周云娥,2006;张鼎华,2001;陈双林,2002;肖复明,2008)

即使国内外诸多学者在土壤肥力的定义上出现分歧,但是毋庸置疑的是土壤肥力在整个自然界中充当着一个很重要的角色,不仅能提供动植物、微生物生长所需的物质,而且对于环境甚至是整个生物圈的平衡维持起到重要作用。目前,我国竹资源经营约有60%以上是粗放手段,对抚育和林地管理重视较弱,且区域竹林分的结构普遍单一,导致竹林的地力衰退趋势加剧,生产力水平下降,一些地区低产林占有很大的比例,其经营效益降低(赵超,2011)。仅约10%左右的竹资源管理利用集约经营,有良好的管理水平和技术人员配备。所以需要改进竹林资源的经营水平,开展竹林地土壤肥力监测有利于实现对竹林地土壤肥力的动态监测,为竹林资源的生长、管理以及可持续经营提供良好的技术保障。借助遥感技术实现对竹林地土壤肥力的监测,对快速、准确地获取和监测竹林地土壤特征及肥力状况具有重要意义。

(六)其他监测要素

气象灾害(主要有高温灾害、冰雪灾害等)和森林火灾等,是竹林资源胁迫性危害的因素,其中森林火灾是人类所面临的最重要的自然灾害之一。这些灾害的发生,轻则影响竹林内部结构、竹林植株的生长,重则会导致整片竹林死亡,造成重大的经济损失且打破生态平衡(徐昌棠,2008)。

1. 高温伤害

一些学者(李龙有,1987;柳丽娜,2014;李迎春等,2015;吕玉龙,2014)对毛竹的持续干旱灾害影响进行研究,结果表明:持续的干旱灾害会使植株受到严重伤害,轻则导致植株脱水、叶片枯黄,重则可能到时整片竹林活力降低,连续的干旱为森林火灾创造了条件,森林火险等级上升。竹林因为持续干旱,森林抵抗力下降,病害和虫害容易侵入植株,导致二次伤害。研究结果还说明,不同立地条件、不同生长水平的植株受到的伤害不同,在年龄尺度上,由于毛竹年龄越小,木质化程度越低,植株含水量较高,抗逆性较弱,在连续高温干旱情况下,受到损伤的程度越大;高海拔地区土壤含水量低于山地下部,故高海拔地区毛竹林受到的损伤大于海拔较低的毛竹林;阳坡毛竹林由于接收的太阳辐射能量较大,且蒸发水汽较多,其受到的损伤高于阴坡;坡位也会对毛竹的损伤程度产生影响,上坡位受灾程度大于中坡位大于下坡位。土壤厚度也会影响毛竹林的受伤害程度,土壤较浅的林地上生长的毛竹受到的损伤较大;山脊相比于山凹处受损更加严重;坡度越陡,土壤水分越难储存,导致高温对其伤害程度越大;处于风口处的竹林土壤及竹秆水分更易被蒸发,受损程度比背风处更大,受到高温伤害更大。

2. 冰雪、风雪伤害

毛竹在暴雪灾害下的受灾形式主要为翻兜、弯曲、爆裂、倒伏等,毛竹受灾的主要原因有毛竹冠层枝梢韧性强,易被积雪弯曲。当前期积雪在冠层尚未融化、后期降雪又覆盖在前期降雪上时,在持续低温与积雪的作用下,树冠上的雪积滞性高,不易散落,由于冰雪极易在分叉处聚集,使树冠上的承雪重量大大增加,因此造成了冰雪灾害(魏松正,2008)。冰雪灾害过后,由于毛竹林地会出现大面积的倒伏、折断树体,冰雪灾害过后气温回升较快,林内可燃物大量增加,火灾隐患也显著增加,需要及时对林内的竹林进行清理,把折断的树干、爆裂的树干、弯曲的树枝进行处理;采取护笋养竹措施,受灾后 3 年内禁止采挖春笋(饶国才,2008)。竹林在秋季应及时钩梢,钩去的梢端不超过竹冠总长的三分之一,很好地保持竹秆的挺拔,降低竹冠的遮挡,为新竹提高更多的光照,预防冰雪等在竹梢的积累。为避免竹林遭受冰雪灾害,建议竹林进行竹阔混交,混交的乔木会对倾斜的竹子起到支撑的作用,在大面积冰雪灾害发生时,可以减少竹林连片倾倒、降低竹株的弯曲程度、避免竹株折断、防止竹林翻兜(楼一平,2010)。

冰雪灾害主要导致整片竹林的地上形态发生改变,其变化主要表现在三个方面(赵金发,2009):

① 折断:秆梢凝结的冰雪重量超过竹秆本身的负荷极限以致竹秆折断,撕裂成几条蔑片,且撕裂的长度不到 50 cm。

② 破裂:秆梢凝结的冰雪重量超过竹秆本身的负荷极限以致竹秆折断,且撕裂成长度达 50 cm 以上的蔑片。

③ 冻枯:丛生竹地上部分受冻,竹秆枯死,无法正常生长。

3. 森林火灾

森林火灾是指失去人为控制,在林地内自由蔓延和扩展,对森林、森林生态系统和人类带来一定危害和损失的林火现象(赵佳明,2010)。森林火灾突发性强、破坏性大、处置救助较为困难(张端林,2010)。目前,森林火灾的监测是将遥感、GIS 技术与传统的森林火灾预测预报方法相结合,取长补短应用于森林火险预测管理和规划中。特别是在大兴安岭火灾中,遥感技术充分发挥了无可替代的作用。我国竹林资源在人们日常生活中的利用相当广泛,大量的人为干扰容易产生各种火灾发生隐患,需要时刻做好灾害防备工作。在竹林火灾的监测与预报工作中,各种资源遥感卫星和系列气象卫星由于具有周期短、密度高、多时相动态遥感的特殊能力,将为竹林火灾的监测提供了可靠、稳定的服务(邓旺华,2008)。

1.2.2 当前可用于竹资源监测的遥感数据

(一) 多光谱系列

1. 美国陆地卫星系列

美国陆地卫星(Landsat)系列卫星由美国航空航天局(NASA)和美国地质调查局(USGS)共同管理,是美国用于探测地球资源与环境的系列地球观测卫星系统,曾称作地球资源技术卫星(ERTS)。

第一颗陆地卫星是美国于 1972 年 7 月 23 日发射的 Landsat 卫星,这是世界上第一次发射的真正的地球观测卫星。迄今 Landsat 已经发射了 8 颗卫星,主要应用于陆地的资源探测、环境监测,它是世界上现在利用最为广泛的地球观测数据。

查阅相关 Landsat 系列卫星详细信息可以登录网址:http://www.radi.ac.cn/。

2. World Views

World view 系列卫星是美国 Digital Globe 公司的产品,该系列卫星可以为世界各地的商业用户提供满足其需要的高性能图像产品。

查阅相关 World Views 卫星详细信息可以登录网站:http://www.

godeyes. cn/。

3. GeoEye

GeoEye 是著名的地理空间信息供应商。可以帮助国防团体、战略合作伙伴、经销商和商业客户更好地对全球进行绘图、测量和监视。

查阅相关 GeoEye 卫星详细信息可以登录网站：https://www. satimaging-corp. com。

4. Quick Bird

Quick Bird 卫星于 2001 年 10 月由美国 DigitalGlobe 公司发射,具有最高的地理定位精度和海量星上存储,在林业遥感中发挥了重要的作用,主要为资源清查与监测、火灾监测预报、病虫害监测、火灾评估等方面。

查阅相关 Quick Bird 卫星详细信息可以登录网站：https://www. satimaging-corp. com。

5. IKONOS

IKONOS 是美国空间成像公司于 1999 年 9 月 24 日发射升空的世界第一颗高分辨率商用卫星,是由美国 Lockheed Martin 公司设计制造的,为农业、环保、资源管理、城市规划、运输、保险、电讯、灾害评估、应急指挥等众多行业和领域提供了数据保障。

查阅相关 IKONOS 卫星详细信息可以登录网站：https://www. satimaging-corp. com。

6. 法国地球观测卫星 SPOT 系列

SPOT 是法国空间研究中心（CNES）研制的地球观测卫星系统。SPOT 卫星系统包括一系列卫星及用于卫星控制、数据处理和分发的地面系统。由于卫星数据空间分辨率适中,可以在不同的观测角观测同一地区,得到立体视觉效果,因此在资源调查、农业、林业、土地管理、大比例尺地形图测绘等各方面都有十分广泛的应用,并且能进行高精度的高程测量与立体制图。

查阅相关 SPOT 系列卫星详细信息可以登录网站：https://www. satimaging-corp. com。

7. 法国 Pleiades 卫星

SPOT 卫星家族后续卫星命名为 Pleiades（普莱亚）,属法国 Astrium 公司。Pleiades 高分辨率卫星星座由 2 颗完全相同的卫星 Pleiades1A 和 Pleiades1B 组成。双星配合可实现全球任意地区的每日重访,最快速满足客户对任何地区的超高分辨率数据获取需求。

查阅相关 Pleiades 卫星详细信息可以登录网站：https://www.satimaging-corp.com。

8. 日本 ALOS 卫星

ALOS-1 日本对地观测卫星（Advanced Land Observing Satellite）于 2006 年 1 月 24 日发射，是世界上最大的地球观测卫星之一，它是为了进行常规的三维表面成像、精确的地面区域覆盖观测、灾难监测和资源勘查而设计的。

查阅相关 ALOS 卫星详细信息可以登录网站：http://global.jaxa.jp/pro-jects/sat/alos/。

9. 资源环境卫星

环境卫星是中国继气象、海洋、国土资源卫星之后的一个全新的民用卫星。环境与灾害监测预报小卫星星座由多颗小卫星组成，是一个配备了宽覆盖 CCD 相机、红外相机、高光谱成像仪、合成孔径雷达（SAR）等多种类型传感器的先进对地观测系统，是目前国内民用卫星中技术最复杂、指标最先进的系统。

查阅相关资源环境卫星详细信息可以登录网站：http://www.cresda.com/CN/。

10. 高分卫星

高分一号卫星是我国高分辨率对地观测系统的第一颗卫星，由中国航天科技集团公司所属空间技术研究院研制。于 2013 年 4 月 26 日 12 时 13 分 04 秒由长征二号丁运载火箭成功发射，开启了中国对地观测的新时代。高分一号卫星发射成功后，将能够为国土资源部门、农业部门、环境保护部门提供高精度、宽范围的空间观测服务，在地理测绘、海洋和气候气象观测、水利和林业资源监测、城市和交通精细化管理，疫情评估与公共卫生应急、地球系统科学研究等领域发挥重要作用。

查阅相关高分卫星详细信息可以登录网站：http://www.dsac.cn/Data Product/。

11. 天绘一号卫星

天绘一号是我国第一代传输型立体测绘卫星，主要用于科学研究、国土资源普查、地图测绘等领域的科学试验任务，由航天东方红卫星有限公司研制，是当时中国有效载荷比最高的高分辨率遥感卫星。天绘一号实现了中国测绘卫星从返回式胶片型到 CCD 传输型的跨越式发展，在中国首次实现了影像数据经过地面系统处理，无地面控制点条件下与美国 SRTM 相对精度 12 m/6 m 同等的技术水平。

查阅相关天绘一号卫星详细信息可以登录网站:http://www.dsac.cn/Data-Product/。

12. 高景一号卫星

高景一号卫星由中国航天科技集团公司五院所属航天东方红卫星有限公司抓总研制。卫星全色分辨率高达 0.5 m,多光谱分辨率 2 m,轨道高度 530 km,幅宽 12 km,过境时间为上午 10:30,日采集能力达到 300×10^4 km²。系统最终建成后,卫星日采集能力将达到 1200×10^4 km²,实现国内十大城市 3 天覆盖一次的能力,实现国内十大城市 1 天覆盖 1 次的能力。SuperView 卫星具有很高的敏捷性,可设定拍摄连续条带、多条带拼接、按目标拍摄多种采集模式,此外还可以进行立体采集。高景一号单次最大可拍摄 60 km×70 km 影像。

查阅相关高景一号卫星详细信息可以登录网站:http://www.godeyes.cn/。

(二) 高光谱系列

1. TERRA 及 AQUA 卫星

中分辨率成像光谱仪(MODerate-resolution Imaging Spectroradiometer)-MODIS 是 Terra 和 Aqua 卫星上搭载的主要传感器之一,两颗星相互配合,每 1～2 天可重复观测整个地球表面,得到 36 个波段的观测数据,这些数据将有助于我们深入理解全球陆地、海洋和低层大气内的动态变化过程,因此,MODIS 在发展有效的、全球性的用于预测全球变化的地球系统相互作用模型中起着重要的作用,其精确地预测将有助于决策者制定与环境保护相关的重大决策。

查阅相关 TERRA 及 AQUA 卫星详细信息可以登录网站:https://ladsweb.nascom.nasa.gov/search。

2. Envisat-1 卫星

Envisat-1 属极轨对地观测卫星系列之一(ESA Polar Platform),于 2002 年升空。该卫星是欧洲迄今建造的最大的环境卫星,也是费用最高的地球观测卫星(总研制成本约 25 亿美元)。星上载有 10 种探测设备,主要有:ASAR(先进的合成孔径雷达)、MERIS(中等分辨率成像频谱仪)、AASTR(先进的跟踪扫描辐射计)、RA-2(雷达高度计)以及 Michelson 干涉仪、微波辐射计(MWR)等。可生成海洋、海岸、极地冰冠和陆地的高质量图像,为科学家提供更高分辨率的图像来研究海洋的变化。Envisat-1 数据主要用于监视环境,即对地球表面和大气层进行连续的观测,供制图、资源勘查、气象及灾害判断之用。其卫星搭载的 MERIS(中等分辨率成像频谱仪)传感器属高光谱传感器。

查阅相关 Envisat-1 卫星详细信息可以登录网站：：http://www.ceode. cas. cn/。

3. EO-1 卫星

地球观测卫星-1(EO-1)是 NASA 新千年计划（NMP）的第一颗对地观测卫星，也是面向 21 世纪为接替 LANDSAT7 而研制的新型地球观测卫星，目的是对卫星本体和新型遥感器技术进行验证。在该卫星上搭载了高光谱成像光谱仪 Hyperion、高级陆地成像仪 ALI(Advanced Land Imager)和大气校正仪 AC(Atmospheric Corrector)三种传感器。

查阅相关 EO-1 卫星详细信息可以登录网站：：http://earthexplorer. usgs. gov/。

（三）雷达系列

从遥感手段和技术上来讲，雷达的发展是遥感技术从被动遥感向主动遥感发展的一个重要阶段。雷达是利用电磁波探测目标的电子设备。雷达发射电磁波对目标进行照射并接收其回波，由此获得目标至电磁波发射点的距离、距离变化率（径向速度）、方位、高度等信息。雷达分类标准有很多，但目前林业调查使用主要集中在合成孔径雷达和激光雷达。合成孔径雷达是成像雷达，波源为电磁波，毫米波到米波均有，视用途而定。激光雷达技术是一种利用激光器发射激光脉冲并接受回波，可以快速、精确、高效地获取地面三维空间信息的主动遥感探测技术（翟国君，2002）。

1. 激光雷达

"激光雷达"，英文为 LiDAR(light detection andranging)，是一种主动遥感技术。相对于传统光学被动遥感提供的二维平面信息，激光雷达可以提供包含高度的三维数据，能够更加精确地提取森林冠层高度、覆盖度、叶面积指数和生物量等关键参数，为竹林业的科学研究提供了更多的信息量；根据激光雷达系统搭载平台的不同，可分为机载小光斑激光雷达和星载大光斑激光雷达、地面激光雷达三类。

星载激光雷达能全天候、全天时的对地观测，受地面和天空背景干扰小，具有高垂直分辨率、视域较宽，瞬时视场角较大和运行成本低等优势，这些优势使其在海洋测绘、土地调查与测量、环境监测和森林调查等方面应用较为广泛（Ben-Arie, 2009）。机载激光雷达以其灵活的机动性，高分辨率等优势，在数字化城市（Hua, 2012；Zhongyuan，2012）、高精度森林资源调查（Magnussen，2010）方面有广泛的应用。通过对点云数据的加工处理，可以建立数字地表模型和数字高程模型进而可以得到冠层高度模型(CHM),进而获取地表上地物(如冠层、建筑物)的分布和高度。

地面激光雷达以高密度、高精度的点云数据快速获取森林单木参数如树位置、胸径、树干材积以及林分中树密度及蓄积量等成为可能,这种方式不仅节省了人力,还提高了工作效率,现在已经成为快速获取树木几何参数的一种有效方法。但是 TLS 数据获取范围有限,在结构复杂的林分内由于遮挡原因,不能完全反映上层树冠信息。

2. 合成孔径雷达

合成孔径雷达(Synthetic Aperture Radar,SAR)是一种高分辨率成像雷达,可以在能见度极低的气象条件下得到类似光学照相的高分辨雷达图像。利用雷达与目标的相对运动把尺寸较小的真实天线孔径用数据处理的方法合成一个较大的等效天线孔径的雷达,也称综合孔径雷达。

一般情况下,地球有 60%～70% 被云层覆盖,可见光、红外技术在这种天气下难以获得有效数据,不能及时为林业行业提供数据支持。而合成孔径雷达具有全天时、全天候以及能够穿透掩盖物、较好反映地表结构信息的能力,为林业遥感提供了新的数据源,有效解决了上述问题。SAR 遥感通过获取各种森林生物物理参数,被广泛用于识别森林类型、森林密度、年龄和监测森林生长、再生状况、森林砍伐、森林灾害以及估算森林的生物量、蓄积量,特别是对热带雨林砍伐监测,雷达几乎是唯一可以依赖的信息源,这些信息有效提高了人们对森林资源的认识。

查阅相关合成孔径雷达详细信息可以登录网站:：http://www.eurimage.com。

1.3　竹林资源监测需求及未来发展

1.3.1　竹林资源监测需求

我国森林资源监测调查主要分为 5 类:一是国家森林资源连续清查,简称一类调查;二是森林资源规划设计调查,简称二类调查;三是森林作业设计调查,简称三类调查;四是年度森林资源专项调查;五是专业调查。通常经过一定年限才会进行大规模的一类调查与二类调查,耗时、费力,并且调查具有很大的难度,三类调查通常只是对需要设计规划的林地进行调查,并不似一类与二类调查一样的完整性与连续性,专项调查与专业调查更是如此。虽然一类调查与二类调查具有很高的准确性,但年限过长,在两次一类或二类调查之间的林木变动数据通常不会被记录在资料中。

因此虽然我国森林资源监测体系已相对完善,但由于监测内容过多、森林资源总量庞大,对竹林资源的监测内容滞后或完整性不够,这会导致林业决策者对总体规划背景的错误认识,从而导致服务能力不强,与竹产业现代化和生态林业建设的要求存在一定的差距。所以竹林资源的监测迫切需要引入新方法与新技术,遥感技术具有快速、准确、连续的特点正好满足竹林资源监测的需求,引入遥感技术对竹林资源的监测具有十分重要的意义。

1.3.2 竹林资源监测未来发展

自从遥感监测技术引入森林资源监测和调查以来,遥感技术的应用已经成为森林资源数据获取的有效手段之一(李柱,2012)。卫星影像的利用为林业遥感提供了丰富的信息源,拓宽了林业遥感的应用深度与广度,为森林资源调查和监测工作带来了新的发展机遇。当前,林业科学正走向信息化、数字化,遥感作为最重要的快捷数据源,在森林资源经营管理技术中发挥着不可或缺的作用。将有限的竹林地资源发挥最大的效益且保持其可持续经营,需要对竹林资源进行合理的生态保护与人工经营。遥感技术的发展为竹林资源经营与管理提供了新的发展机遇,在卫星影像技术逐步普及及其精度不断提高的形式下,竹林资源监测的成本正在不断下降。同时,精确的影像数据可以有效替代传统的人工调查方式,这使林业系统的人力、物力成本得到节约,提高了资源监测工作者的工作效率,有利于竹林资源监测在新时代要求下更加深入地发展。

我国森林资源监测在遥感资源应用的新形势下发展迅速,我国宏观调控政策需要全国总体森林清查数据的支持。1993～1997 年,我国接受联合国开发计划署(UNDP)援助,"建立森林资源监测体系"项目顺利进行。该项目把遥感技术、地理信息技术、数据库和数学预测模型以及地面调查方法结合起来,建立新的以航天遥感技术为主要信息采集手段的全国森林资源监测体系,项目在江西进行了省级规模的试点(张彦林,2008)。2000 年,由我国国防科工委支持,以西藏东南部的林芝地区为示范区,开展了"森林资源一号卫星在西藏自治区森林资源调查中国的应用"示范项目,该项目的实施全面推动了我国自主研发卫星遥感数据源的决心和信心。2003 年,由我国国家林业局调查规划设计院主持,中国林业科学研究院、浙江大学、中国科学院遥感应用研究所等多家单位共同参与的"森林资源遥感监测定量化综合处理与业务运行系统"研究,进一步推动了遥感技术在森林资源清查中的应用,促进森林资源监测从定性描述向定量监测发展(刘玉锋,2013)。2015年,我国首次将生态建设写进五年规划,代表国家对森林资源的生态效益要求更加明确。随着国家对生态建设的重视程度进一步加深,相应机构启动了多项生态建设工程。其中,竹资源的生态效益也受到众多学者的重视。在生态效益方面,竹林的固碳作用、防风固沙功能以及水土保持性能等,越来越受到科研院所及高校的重视与国家政策的倾斜。

遥感监测技术因为其使用平台的多样化,在不断更新换代的精确传感器应用下,森林资源的经营管理更加具有实时性、快捷性、准确性。特别是无人机应用,使数据影响获取更加快速、便捷。将遥感技术与计算机数据库技术结合,使森林资源管理及经营的计算机数据库的智能系统受到人们的期待。在移动互联网、人工智能等新技术带来的日新月异的改变中,我国的传统林业开始向"智慧林业"迈进。智慧林业是指充分利用云计算、物联网、大数据、移动互联网等新一代信息技术。智慧林业的核心是利用现代信息技术,建立一种智慧化发展的长效机制,实现林业高效高质发展。近年来,随着"互联网+"的快速发展,互联网跨界融合创新模式进入林业领域,利用移动互联网、物联网、大数据、云计算等技术推动信息化与林业深度融合,开启了"智慧林业"大门,我国林业物联网建设逐步走上了有序、快步发展的轨道。

国家林业局制定的《中国智慧林业发展指导意见》指出,信息化在林业中的应用已经从零散的点的应用发展到融合的全面的创新应用,随着现代信息技术的逐步应用,能实现林业资源的实时、动态监测和管理,更透彻地感知摸清生态环境状况、遏制生态危机,更深入地监测预警事件、支撑生态行动、预防生态灾害。2011~2013年,国家林业局先后开展了"中国林业信息化体制机制研究"和"中国智慧林业发展规划研究",在此基础上出台了《国家林业局关于进一步加快林业信息化发展的指导意见》和《中国智慧林业发展指导意见》。2012~2013年,在深入研究的基础上,编制了《中国林业物联网发展框架设计》,这在国家部委中是第一份,国家层面的林业物联网顶层设计基本形成。2013年至今,国家林业局信息办先后申请立项了《林业物联网术语》等4个行业标准及《林业物联网传感器技术规范》等4项国家标准,同时开展了"林业物联网标准体系研究"工作,这些标准将对林业物联网健康有序发展起到重要作用。

　　虽然智能时代已经来临,但竹林资源监测因其自身的特点,在智能化的道路上前进并不轻松。智慧林业的建设,是一项长期性、系统性工作,需分步骤、分阶段扎实推进。相比其他树种的监测,竹林资源因为其不仅具有一般森林的面积覆盖广、资源监测周期长等特点,而且加上竹林资源自身的生长速度快、面积覆盖率高、纯林结构多等,使得构建物联网需要大量的设备和资金作为支持。建设智慧竹林资源监测与管理系统,要更加注重信息与资源本身的契合程度与总体整合程度,推进信息化业务协同,提升全行业管理服务水平和信息资源利用水平。结合竹林资源特性,集成关键核心技术,创新发展竹林资源特有的监测模式和机制,提取有效信息,并在资源管理层次强化各级林业信息化部门在规划引领、统筹协调、应用示范等方面的主导作用,建立统筹管理体系。最终做到面向各级林业部门和林农群众日益多元化的需求,提供随时、随地、随需、低成本的信息服务,以信息化推动竹林业发展方式和管理方式转型升级。

　　随着我国竹产业日益受到重视,各种竹林资源研究机构相继成立,国内机构主要有:国际竹藤组织、国际竹藤中心、国家林业局竹子研究中心、竹藤标准化技术委员会、中国竹产业协会、中国林学会竹子分会、中国林学会竹藤资源利用分会、世界竹藤技术委员会中国秘书处、中国竹子之乡、中国木竹产业技术创新战略联盟、竹藤产业发展创新驱动联盟、竹林生态定位站。这些机构成立极大地促进了竹产业的发展,更需要全面的竹林资源监测基础数据。因而应用高光谱遥感数据进行监测,以获取更多的竹林资源信息量,将成为今后竹林资源动态监测的重要发展趋势。这些遥感获取的大数据在监测竹林资源面积动态、竹林资源林分质量、竹林资源灾害等方面具有巨大的应用前景。建立相应的竹林遥感监测技术,实现竹林资源管理、信息查询、数据服务等,对于我国竹林资源信息整合与竹林资源专题管理的实现具有重要意义。

参 考 文 献

Badiane N N Y,Chotte J L,Pate E,*et al*. Use of soil enzyme activities to monitor soil quality in natural and improved fallows fallows in semi-arid tropical regions [J]. Applied Soil Ecology,2001,18: 229 - 238.

Doran J W,Oparkin T B. Defining Soil Quality for a Sustainable Environment[J]. Soil Science Society of America Journal,1994 (1):3 - 21.

Hua S,Ru Y,Guanghui O,*et a*l. The Three-dimensional Reconstruction of the Building Based on LIDAR Data and Aerial Images [J]. Urban Geotechnical Investigation ﹠ Surveying. 2012,2025.

Magnussen S,Naesset E,Gobakken T. Reliability of LIDAR derived predictors of forest inventory attributes:A case study with Norway spruce[J]. Remote Sensing of Environment. 2010, 114(4):700 - 712.

Zhongyuan Z. Reaearch on Modeling Precision and Standard of 3D Digital City[J]. Procedia Environmental Sciences. 2012,12521 - 12527.

白冬艳. 多功能森林经营效益优化及财政政策调控研究[D]. 沈阳农业大学,2013.

曾宪文. 观赏竹在湖南城市绿地中的应用研究[D]. 中南林业科技大学,2007.

陈双林,杨伟真. 我国毛竹人工林地力衰退成因分析[J]. 林业科技开发,2002,16(5): 3 - 6.

陈婷婷. 永安市林地土壤肥力遥感估测研究[D].福建农林大学,2012.

邓书斌,陈秋锦. 植被波谱特征与植被指数综述[C]. 中国遥感应用协会 2010 年会暨区域遥感发展与产业高层论坛论文集. 2010.

邓旺华,范少辉,官凤英. 遥感技术在竹资源监测中的应用探讨[J]. 竹子研究汇刊,2008, 03:8-11+16.

邓旺华. 竹林地面光谱特征及遥感信息提取方法研究[D].中国林业科学研究院,2009.

樊宝敏,李智勇. 黄河流域竹类资源历史分布状况研究[J]. 林业科学,2005,41(3): 75 - 81.

方海义,杨书运. 一次北半球中高纬度地区冬季气象灾害分析[J]. 高原气象,2012, 31(3):723 - 730.

付满意. 梁山慈竹和料慈竹立地类型划分与立地质量评价[D]. 西南林业大学,2014.

顾大形,陈双林,郑炜曼,等. 竹子生态适应性研究综述[J]. 竹子研究汇刊,2010,29(1): 17 - 23.

国际竹藤组织. 世界竹子资源概况[J]. 世界竹藤通讯,2005,3(1):30.

国家林业局. 竹林项目碳汇计量与监测方法[J]. 世界竹藤通讯,2013,01:11.

黄承韬. 省级森林火灾视频监控与指挥平台的建设[J]. 信息技术,2009,04:89 - 92.

贾昃. 森林下层植物资源的航空遥感分析——以川西针叶林下箭竹为例[J]. 北京师范大学学报自然科学版,1993(3):416 - 954.

江苏省林业科学研究所. 关于宜兴山区一九七八年毛竹林基地旱情调查[J]. 江苏林业科技,1978,04:23 - 26.

江泽慧,王戈,费本华,等. 竹木复合材料的研究及发展[J]. 林业科学研究,2002,15(6): 712 - 718.

康喜信,胡永红,等,上海竹种图志[M].上海:上海交通大学出版社,2011.

李娟,张小斌,薛皎,等. 基于 Lucid 多途径检索的竹林害虫智能诊断系统研建[J]. 浙江农林大学学报,2016,33(1):122-129.

李龙有,张培新. 干旱和高温危害毛竹竹笋—幼竹生长初报[J]. 竹子研究汇刊,1987,04:55-59.

李迎春,杨清平,郭子武,等. 毛竹林持续高温干旱灾害特征及影响因素分析[J]. 林业科学研究,2015,28(5):646-653.

李柱. 遥感技术在云南省森林资源清查中的应用[J]. 山东林业科技,2012,42(2):107-108.

刘玉锋,陈冬花,郑朝贵. 高分辨率遥感数据云杉林林分冠幅估计[J]. 新疆农业大学学报,2013,36(2):153-157.

柳丽娜,董敦义,李云,李雪涛. 浙江安吉县毛竹林高温干旱灾害调研报告[J]. 世界竹藤通讯,2014,01:24-28.

楼一平. 国际竹藤组织中国竹林生物多样性保护和可持续利用指南:技术手册和政策建议[M]. 中国林业出版社,2010.

吕玉龙. 高温干旱对毛竹林的危害及抗旱经营措施建议[J]. 林业实用技术,2014,08:53-55.

马明. 西南典型亚热带森林生态系统汞的输入、输出与来源特征[D].西南大学,2013.

饶国才,袁雯丽,刘芬. 江西抚州毛竹林冰雪灾害恢复重建措施[J]. 世界竹藤通讯,2008,6(4):35-38.

任国业. 大熊猫主食竹的彩红外遥感解译技术探讨[J]. 遥感技术动态,1990,02:58-59.

任国业. 大熊猫主食竹的彩红外遥感判读技术探讨[J]. 遥感信息,1990,04:15-17.

任国业. 大熊猫主食竹资源的遥感调查[J]. 遥感信息,1989,02:34-35.

施拥军,刘恩斌,周国模,等. 基于随机过程的毛竹笋期生长模型构建及应用[J]. 林业科学,2013,49(9):89-93.

谭昌伟,王纪华,黄文江,等. 高光谱遥感在植被理化信息提取中的应用动态[J]. 西北农林科技大学学报自然科学版,2005,33(5):151-156.

王超群. 人工林立地质量评价系统的研建[D]. 北京林业大学,2013.

王海霞,应国庆,彭九生,等. 江西毛竹林土壤肥力初步研究[J]. 竹子研究汇刊,2008,27(3).

王静. 多源遥感数据的小麦病害预测监测研究[D]. 南京信息工程大学,2015.

魏松正,张水生,钟寿旺,等. 南方重大冰雪灾害对福建省建阳市毛竹林的影响及成因分析[J]. 福建林业科技,2008,35(4):203-206.

吴家森,胡睦荫,蔡庭付,等. 毛竹生长与土壤环境[J]. 竹子研究汇刊,2006,25(2):3-6.

吴家森,姜培坤,王祖良. 天目山国家级自然保护区毛竹扩张对林地土壤肥力的影响[J]. 江西农业大学学报,2008,04:689-692.

肖复明,范少辉,汪思龙,等. 毛竹林细根生物量及其周转的研究[C]. 中国林业青年学术年会. 2008.

徐昌棠. 竹林灾害复苏技术[J]. 宁波农业科技,2008,04:12.

徐家琦,秦海清. 毛竹北移和引种栽培制约因素研究[J]. 世界竹藤通讯,2003,1(2):27-31.

殷有,王萌,刘明国,等. 森林立地分类与评价研究[J]. 安徽农业科学,2007,35(19):5765-5767.

余坤勇,刘健,许章华,等. 南方地区竹资源专题信息提取研究[J]. 遥感技术与应用,2009,24(4):449-455.

翟国君,黄谟涛,欧阳永忠,等. 卫星测高原理及其应用[J]. 海洋测绘,2002,22(1):57-62.

张鼎华,叶章发,范必有,等. 抚育间伐对人工林土壤肥力的影响[J]. 应用生态学报,2001,12(5):672-676.

张端林,梅海林,柳先发,等. 浙南边远山区森林火情频发的成因及对策[J]. 绿色科技,2010(10):94-95.

张光辉. 高光谱遥感技术在现代林业中的应用与发展[J]. 四川林勘设计,2007(16):214.

张竞成,袁琳,王纪华,等. 作物病虫害遥感监测研究进展[J]. 农业工程学报,2012,28(20):1-11.

张彦林. 基于"3S"技术的山东省森林蓄积量定量估测研究[D]. 北京林业大学,2008.

张志欣. 簕竹属部分竹种间亲缘关系的RAPD标记研究[D]. 福建农林大学,2008.

赵超. 不同海拔毛竹林土壤特征及肥力评价的研究[D]. 北京林业大学,2011.

赵春燕,杨志高. 高光谱遥感技术及其在森林监测中的应用探讨[J]. 林业调查规划,2006,31(1):4-6.

赵佳明,吕盛,李寿波. 如何提高军地联合扑火救灾行动的指挥效能[J]. 森林防火,2010(4):14-17.

赵金发,董文渊,毛闻君,等. 冰雪灾害对大关县4种竹林损害的调查研究[J]. 西部林业科学,2009,38(1):96-100.

郑晶晶. 保水剂与氮肥互作对沿海防护竹林抗旱性的影响研究[D]. 福建农林大学,2015.

郑兰英,胡兴宜,王晓荣. 竹林水土保持功能研究进展与展望[J]. 世界竹藤通讯,2012,10(6):42-47.

郑郁善,洪伟. 毛竹经营学[M]. 厦门:厦门大学出版社,1998.

中巴地球资源卫星02B星正式交付使用[J]. 卫星与网络,2008(1):69-70.

中国竹子网 http://www.fgr.cn/CNBamboo/RESOURCES/resources.htm.

周芳纯.竹林培育学 [M].北京:中国林业出版社,1998,1-95.

周云娥,白洪青.德清县早园笋产业现状与发展对策[J].竹子研究汇刊,2006,25(3):42-44.

第二章　竹林资源光谱数据库的构建

　　光谱数据库是研究关于物体发射、反射、吸收、透射电磁波的能力与特征的重要工具。构建光谱数据库,是遥感基础研究和应用研究领域不可或缺的重要环节和内容,它对遥感信息获取和处理的方法创新、提高遥感影像分类识别精度和可靠性起着不可替代的作用,有重要的理论和实际意义(夏涛,2007)。光谱数据库是面向高光谱数据的具体应用,可以实现高光谱数据与其属性数据的高效存储和管理,为光谱数据的查找与读取提供便捷。因而,构建竹林资源光谱数据库在竹类资源的识别、光谱数据与属性数据的调用、查询等方面具有重要的意义。目前,竹林资源数据库构建的模块有:光谱信息检索、光谱信息显示、光谱曲线显示、光谱信息描述,各个模块之间是有机结合。本章就竹林资源光谱数据库构建的意义与作用、现状及需求分析、原则与方法、设计及实现等方面加以介绍,最后给出竹林资源光谱数据库构建案例、应用的实际情况。

2.1　竹林资源光谱数据库构建的意义与作用

2.1.1　光谱数据库构建的意义

　　收集和整理所测地物的各种光谱数据及对应地物属性的数据集合称为光谱数据库,为了有效地存储、管理和查询所需要的地物光谱数据,需要建立一个高效实用的光谱数据库管理系统。高光谱遥感的核心是图谱合一,即能获取目标的连续、窄波段的图像数据。通过高光谱成像光谱仪所获取的地球表面图像包含了丰富的空间、辐射和光谱信息,可在光谱维上进行图像信息的处理与定量分析(李新双,2005;李兴,2006)。在高光谱图像处理中,高光谱数据库占据着极其重要的位置。不同的地物具有不同的波谱特征,这已成为人们利用高光谱遥感数据认识和识别地物、提取地表信息的主要方法和手段。高光谱成像光谱仪产生了庞大的数据量,建立地物光谱数据库,有利于用先进的计算机技术保存、管理和分析这些信息,有利于提高遥感信息的分析处理水平,使其能得到更加高效、合理的应用,并给人们认识、识别及匹配地物提供基础。传统的竹资源监测方法费时费力且成本高,而光谱技术具有灵敏性高、信息丰富、省时省力、准确稳定等优点,因此建立竹资源光谱数据库实现对竹林光谱数据的收集、存储、共享、管理,对竹林的健康经营具有重要意义。

2.1.2 光谱数据库构建的作用

光谱数据库是由高光谱成像光谱仪或野外光谱仪在一定条件下测得的各类地物反射光谱数据的集合,能够根据用户的需求,提高光谱数据的利用率和适用性,能够对大量的地物目标按照一定的标准,进行统一的管理、查询,提供高光谱数据的各种分析功能,并具有图像光谱维显示分析等模块,对准确地解译遥感图像信息、快速地实现未知地物的匹配、提高遥感分类识别水平起着至关重要的作用。不同地物表面具有不同的波谱特征,典型地物波谱数据已成为人们利用遥感信号识别地物与提取地表信息的重要参考数据,人们期望通过用遥感获取的波谱数据与标准地物波谱的匹配提高遥感识别地物的准确性(王锦地等,2009)。光谱数据库在竹林资源监测上的作用主要体现在以下几个方面(张兵,2002;李兴,2006):

(1)为竹林资源面积监测提供解译基础。当数据库存储的地面光谱辐射特征参数在空间尺度上与遥感影像像元尺度相适应,且具有典型性和代表性,同时地面光谱测量与高光谱影像获取时的条件相一致时,可以通过光谱特征匹配法进行遥感影像的分类,从而达到对地面竹林资源属性进行标注的目的,得到遥感影像中的竹林资源面积信息。

(2)为竹林质量识别提供光谱基础。由于光谱可以对同一物体的不同质量特征产生不同的光谱特征响应,所以通过建立不同质量竹林样地与其对应的光谱特征的关系,便可以实现竹林质量识别。

(3)为竹林地土壤肥力监测提供光谱参数。通过建立地面目标特征参数数据(样地光谱参数)与目标实测特征(样地调查生物特征与生物化学参量)之间的联系,便可以实现定量土壤肥力监测。

(4)为竹灾害监测提供基础识别。竹林发生灾害时,竹林光谱必然发生改变,且发生火灾、虫害、冰雪灾害均具有不同的光谱特征,可以通过其不同的光谱特征区别突发性灾害的种类,为救灾指挥提供必要的基础识别参数以及为救灾之后竹林恢复情况提供持续性监测与判别指标。

（5）为光谱尺度变换提供必要数据。在经验线性法反射率转换中，需要引入地面光谱辐射计测量的地面点光谱数据，完成遥感像元亮度图像到反射率图像的转换。

2.2　竹林资源光谱数据库构建的现状及需求分析

2.2.1　国内外光谱数据库构建的现状

光谱数据的收集和光谱数据库系统的建立对于提高光谱数据的利用率，发展光谱信息处理分析的新方法和提高分类识别精度起着非常重要的作用（李少鹏，2013）。根据国内外地物光谱数据库的发展历程和研究现状，目前地物光谱数据库的发展趋势大体分为两个方面：① 针对不同的地物类型、特定的应用目的，着重研究其精细波谱特征与其生理生化组成及环境的关系等专业型地物光谱数据库；② 在专业型地物光谱数据库发展的基础上，建立综合性的通用型光谱数据库。

从国外研究来看，最早在 20 世纪 40 年代，苏联对 300 多种地物的可见光光谱进行了测量，并出版了《自然物体的光谱发射特征》一书，书中就植被、土壤、岩矿、水体这四大类地物的光谱进行反射特征的研究（卜晓翠，2008；万余庆，2001）。20 世纪 60 年代末至 70 年代初，美国国家航空航天局建立了地球资源信息系统（ER-SIS，the NASA earth resource spectral information system），系统中包括植被、土壤、岩矿、水体四大类地物的电磁波谱特性数据，该系统的建立不仅满足了当时不同专业人员的应用需求，而且为后续光谱数据库的发展奠定了技术基础。

20 世纪 80 年代后期，美国地质调查局（USGS）组织了国际地质对比计划，建立了 USGS-MIN 光谱数据库，该数据库包含 444 个样本的 498 个光谱，218 种矿物。光谱分辨率为 4 nm（波长 0.2～0.8 μm）和 10 nm（波长 0.8～2.35 μm），并通过附带的软件提供光谱库参数和光谱数据资料。该数据库从光谱仪、定标、测量规范、数据库结构与格式，到光谱特性与地质的关系分析，专门就地质光谱特性进行了比较全面的研究。20 世纪 90 年代，美国喷气推进实验室（JPL）采用 Beckman UV-5240 型光谱仪对 160 种不同粒度的常见矿物进行了测试，测试对象范围为 125～50 μm，45～12 μm 以及小于 45 μm 三种粒度，同时进行了 X 射线测试分析，以研究微粒尺度与光谱之间的关系，根据粒度范围分别建立了 3 个光谱库 JPL1、

JPL2、JPL3，突出反映了粒度对光谱反射率的影响。该标准矿物光谱数据库中除包含矿物反射光谱数据外，还规范了矿物样品采集、样品纯度和组分分析方法。1990 年开始，美国 Johns Hopkins 大学（JHU）为了比较光谱分辨率和采样间隔对光谱特征的影响，使用五种不同的光谱测量仪器，对 26 种样本（岩石、矿物、地球土壤、月球土壤、人工材料、陨石、植被、水体、雪和冰等）建立了 IGCP-264 地物光谱数据库。加利福尼亚技术研究所于 2005 年建立了 ASTER 光谱库，包括相关的辅助信息，并有数据库检索功能供用户查询，数据来源于 USGS、JPL、JHU 三个光谱数据库，共计 8 类，近 2000 种地物的光谱数据，光谱波段范围从 0.4 μm 扩展至 25 μm（中红外波谱区）。

　　从国内研究来看，我国从 20 世纪 70 年代开始跟踪国外的地物波谱测量与数据库技术，并开始自主研发，逐步在云南腾冲、长春净月潭、哈密、洞庭湖、怀来、山东济宁、黑河等地区建立遥感试验场。试验场建设主要是面向遥感地质勘查技术发展的应用需求，建设野外与室内相适应和匹配的遥感地质试验场的仿真实验平台，这些基础实验良好地促进了我国早期遥感技术的建设和发展（梁树能，2015）。

　　"七五"期间，在国家攻关项目"高空遥感实用系统"的子课题支持下，全国建立了 13 个遥感基础实验场，全面规范了典型地物光谱的收集和分析方法，收集并建立了包括植被、土壤、岩矿、水体和人工地物目标五大类地物、300 余种约 15 000 余条光谱组成的地物光谱数据库。该数据库的建立和不断发展推动了我国遥感基础研究水平和解译分类精度的提高，并为我国地物光谱数据库的发展奠定了重要的技术基础（李少鹏，2013）。1987 年，中国科学院空间科学技术中心编写了《中国地球资源光谱信息资料汇编》，包含岩石、土壤、水体、植被、农作物等地物的光谱曲线共 1000 条，波长范围主要为 0.4～1.08 m，部分在 0.4～2.48 m 之间，并有相应的实验分析报告。1990 年，中国科学院遥感所出版了《中国典型地物波谱及其特征分析》一书，书中给出了 173 种植物、31 种土壤、66 种岩石、7 种水体，共计 277 种中国典型地物波谱特征。"九五"期间，作为国防科工委卫星应用重点项目的子项目"典型下垫面辐射光谱特性数据库"，中国科学院上海技术物理所在国家卫星气象中心、中国科学院安徽光机所和中国科学院遥感所等单位工作基础上，建立了基于 Windows 界面的地物波谱数据库。1998 年，中国科学院遥感所高光谱研究室以 Visual Foxpro 为平台，建立了一套相对独立的高光谱数据库系统。这是我国第一个系统的光谱库。该系统实现了数据库基本分析功能的查询检索、添加、删除及修改等功能，提供了光谱曲线包络线消除、光谱特征波段突出等光谱分析功能。2001

年,北京师范大学主持了国家"973"项目,开展了星机地同步遥感实验,获取了大量的冬小麦地面光谱测量数据、飞行图和配套的结构参数、农学参数、农田小气候参数和气象参数等系统的实验数据,并设计开发了以植被、土壤岩石和水体为主要内容的地物光谱数据库。2005 年建立的国家典型地物波谱数据库,收集了岩矿、农作物、水体等地物,覆盖全国范围的成套波谱数据 3 万余条。该数据库实现了不同观测尺度测定的光谱数据之间、实验室与野外实验点上测量的地物光谱数据与遥感学之间的关联。

此外通过各种遥感应用项目,在林业、农业、环境和城市等方面也进行了许多地物波谱测量,并建立了很多不同用途的光谱数据库。如国家海洋局大连环保所联合中国科学院上海技术物理所等多家单位以水污染特别是海洋污染为重点获得了 300 多组光谱测量数据,编写了《中国污染水体光谱特征》一书;新疆农业大学在典型盐渍土区实测典型盐渍土壤及盐生植物光谱数据,并使用 Java 语言编程建立了"新疆盐渍土壤和盐生植被高光谱遥感数据库";中国科学院计算机科学研究所研制了"中国药用植物数据库系统"(CMP)等等。

2.2.2　竹林资源光谱数据库构建需求分析

竹林被称为"世界第二大森林",以竹子资源利用发展的竹产业拥有巨大的经济价值、生态价值和文化价值。随着社会的发展、科学技术的进步、人类的生活水平的提高,现代竹产业不仅是单纯的竹林培养和经营业,还有越来越多的竹产品加工业、竹文化旅游和林下饲养业等,竹林资源的需求量和需求层次有了更广泛的提升。我国竹林资源主要分布在山区和边远丘陵地带,监测和管理手段十分落后,竹林资源基础资料不准,缺乏有效的决策指导。随着遥感技术的发展,快速而有效地提取森林资源专题信息和对其进行动态监测已不再是难题。利用遥感技术的现势性可实时地摸清竹林资源现状,对于合理规划区域的竹产业发展和建设将提供重要的宏观指导作用,是我国竹产业发展的现实需要。

鉴于现代竹产业的经营需求和竹林生长的特性,建立典型竹林的光谱数据库,为建立遥感监测竹林生态环境信息管理,快速分析、处理、提取存储有效信息,及竹林健康生长动态监测提供了一定的便利。收集典型竹林光谱数据,通过光谱参数特征的提取分析,可为快速构建不同的波段模型提供特征光谱信息,加快信息的处理效率,对收集光谱数据进行科学管理与维护;可为遥感技术与应用发展提供数据支持,为遥感解译、地物匹配、遥感分类识别提供基础信息,以促进竹林健康经营的遥感监测。

2.3 竹林资源光谱库构建的原则、方法

2.3.1 竹林资源光谱数据库构建的原则

竹林资源光谱数据库获取有不同的方法,调查时由于不同的环境或人为因素,很可能对调查过程的数据产生极大的影响,因此,为了满足竹林资源数据库的精细分类要求,数据库系统设计应该遵循以下原则(赵自力,2007;史素慧,2012):

1. 数据类型完整性原则

针对各类竹林资源要素属性信息探测的要求,数据库中的内容应包括所有时期、种类的竹林资源调查要素的光谱信息,同时还应包括相应的高光谱影像数据、环境特征参数等信息。竹林资源数据库系统建设初期可以采用系统扩充接口,采取分期建设、逐步完善的策略。

2. 可扩展性和开放性原则

由于涉及的数据从内容到形式的多样化和复杂性以及数据信息动态积累的特点,不论应用系统功能还是将要管理和处理的数据,都会随系统的建设和用户需求的变化进行改变和扩充,所以系统在规划设计时必须充分考虑未来扩充的需求,对数据和系统均应设计可扩充需求的方案。因此在开发平台和数据库管理软件选择方面应考虑与现有系统和数据的兼容性问题,从而提高现有数据的使用和改造效率。

3. 系统运行可靠性原则

数据库系统的可靠性,包括发生故障时的可恢复性、故障恢复所需时间和故障发生频率。数据库发生故障时,应具备完整恢复数据库的能力。一方面要求系统具有较强的纠错能力,网络结构和软硬件环境具有高度的可靠性,不因某个操作或停电等意外事件而导致数据丢失和系统瘫痪。另一方面,系统能够具备数据备份功能。为了防止数据库内容的丢失、泄露和被恶意修改,系统应具有授权、用户确认、口令、审计等功能,以确保其安全性。

4. 系统设计规范化原则

竹林资源光谱数据是在不同时间和不同地点观测的光谱数据和环境参数数据,观测、记录人员也不同,系统设计与开发应采用符合国家基础地理信息的规范

和标准的数据,包括竹种命名规则、属性数据字段的设计、数据结构、存储模型、字段类型等均应符合要求。

5. 经济性原则

在保证系统各项功能实现的前提下,依据现有条件,以最好的性能价格比配置软、硬件环境,在系统开发方面注重可操作性、缩短开发周期,降低开发成本,避免单独追求先进的技术带来的资金浪费。

6. 面向用户原则

系统设计开发应在对用户需求充分分析的基础上进行。系统的功能设置、数据结构设计要依据用户的现有条件,满足要素属性分类识别要求,并尽量采用多种信息服务模式,以用户习惯的方式进行数据服务,同时要求系统要界面友好,操作方便。

2.3.2 竹林资源光谱数据库构建的方法

(一) Access 数据库方法

Microsoft Office Access 是由微软发布的关系数据库管理系统。它结合了MicrosoftJet Database Engine 和图形用户界面两项特点,是 Microsoft Office 的系统程序之一。Microsoft Office Access 是微软把数据库引擎的图形用户界面和软件开发工具结合在一起的一个数据库管理系统(杜毅,2012),是微软 Office 的一个成员。Microsoft Office Access 以它自己的格式将数据存储在基于 Access Jet 的数据库引擎里。它还可以直接导入或者链接存储在其他应用程序和数据库中的数据。

软件开发人员和数据架构师可以使用 Microsoft Office Access 开发应用软件,"高级用户"可以使用它来构建软件应用程序。与其他办公应用程序一样,Access支持 Visual Basic 宏语言,它是一个面向对象的编程语言,可以引用各种对象,包括 DAO(数据访问对象)、ActiveX 数据对象以及许多其他的 ActiveX 组件。可视对象用于显示表和报表,它们的方法和属性是在 VBA 编程环境下,VBA 代码模块可以声明和调用 Windows 操作系统函数。

(二) Foxtable 数据库方法

Foxtable 将 Excel、Access、Foxpro、VB 等数据库的优势融合在一起,无论是数据录入、查询、统计,还是报表生成,都前所未有的强大和易用,普通用户无须编写任何代码,即可轻松完成复杂的数据管理工作。同时 Foxtable 又是一个高效开发工具,针对数据管理软件的开发作了大量的优化,使得用户在开发过程中只需关注商业逻辑,无须纠缠于具体功能的实现,这样 Foxtable 不仅开发效率十倍于其他专业开发工具,而且更加易用(陈楚祥,2015),从而让普通人也能快速开发出各种基于互联网的管理系统,如进销存、MRP、ERP、OA、CRM、SCM、MIS 系统等。此外,Foxtable 不仅内建数据库,还支持 Access、SQL Server、Oracle 等主流数据库作为外部数据源,并提供了数据动态加载、后台统计等功能,使得相距千里的不同电脑能协同处理数据以及海量数据管理。不仅如此,Foxtable 还同时具备 B/S 和 C/S 架构的优势,可以像 B/S 软件一样易于部署,同时又具备 C/S 软件良好的用户体验和交互性。经过多年的发展,用户使用 Foxtable 自行开发管理系统,可以不再受制于软件公司,也节省了数以十万甚至百万的费用。

（三）Oracle 数据库

Oracle 数据库系统是美国 Oracle 公司(甲骨文)提供的以分布式数据库为核心的一组软件产品,是目前最流行的客户/服务器(Client/Server)或 B/S 体系结构的数据库之一(王颖,2012)。Oracle 数据库作为一个通用的数据库系统,它具有完整的数据管理功能;作为一个关系数据库,它是一个完备关系的产品;作为分布式数据库,它实现了分布式处理功能。

（四）MySQL 数据库

MySQL 是由瑞典 MySQL AB 公司开发的一种关联数据库管理系统。关联数据库将数据保存在不同的表中,而不是将所有数据放在一个大仓库内,这样就增加了速度并提高了灵活性。MySQL 所使用的 SQL 语言是用于访问数据库的最常用标准化语言。MySQL 软件采用了双授权政策,它分为社区版和商业版,由于其体积小、速度快、总体拥有成本低,尤其是开放源码这一特点,一般中小型网站的开发都选择 MySQL 作为网站数据库。

（五）DB2 数据库

DB2 是美国 IBM 公司开发的一套关系型数据库管理系统,它主要的运行环境为 UNIX(包括 IBM 自家的 AIX)、Linux、IBM i(旧称 OS/400)、z/OS 以及 Windows 服务器版本。DB2 主要应用于大型应用系统,具有较好的可伸缩性,可支持从大型机到单用户环境,应用于所有常见的服务器操作系统平台下。DB2 提供了高层次的数据利用性、完整性、安全性、可恢复性以及小规模到大规模应用程序的执行能力,具有与平台无关的基本功能和 SQL 命令。DB2 采用了数据分级技术,能够使大型机数据很方便地下载到 LAN 数据库服务器,使得客户机/服务器用户和基于 LAN 的应用程序可以访问大型机数据,并使数据库本地化及远程连接透明化。DB2 以拥有一个非常完备的查询优化器而著称,其外部连接改善了查询性能,并支持多任务并行查询。DB2 具有很好的网络支持能力,每个子系统都可以连接十几万个分布式用户,可同时激活上千个活动线程,对大型分布式应用系统尤为适用。

（六）SQL Server 数据库

SQL Server 是 Microsoft 公司推出的关系型数据库管理系统,具有使用方便可伸缩性好与相关软件集成程度高等优点,可跨越从运行 Microsoft Windows 98 的膝上型电脑到运行 Microsoft Windows 2012 的大型多处理器的服务器等多种平台使用。Microsoft SQL Server 是一个全面的数据库平台,使用集成的商业智能(BI)工具提供了企业级的数据管理。Microsoft SQL Server 数据库引擎为关系型数据和结构化数据提供了更安全可靠的存储功能,可以构建和管理用于业务的高可用和高性能的数据应用程序。

2.4　光谱数据库设计及实现

2.4.1　光谱数据库系统设计

光谱数据库系统以光谱数据库为中心,各类模块围绕数据库开发,并且通过数据库管理信息。光谱数据库按照实际需要分为光谱信息检索、光谱信息显示、光谱曲线显示、光谱信息描述等 4 个模块,各个模块之间有机结合。具体功能如下:

① 光谱数据库:管理由光谱仪采集得到的光谱信息,并记录光谱信息属性。

② 光谱信息检索:依据属性类型来检索光谱信息。

③ 光谱信息显示:以列表的形式显示所检索到的光谱信息。

④ 光谱曲线显示:将光谱数据以光谱曲线的形式显示,可以同时显示多条光谱曲线。

⑤ 光谱信息描述:对显示的光谱曲线的相关信息进行描述。

2.4.2　数据字典字段设计

数据字典的内容为系统数据库中涉及的数据,主要包括数据字段名称、字段类型、字段长度、是否为空等方面的内容。图 2-1 为光谱信息表关系,图中描述了数据库中所有表的结构(李增禄,2010)。表 2-1 至表 2-6 描述了光谱数据库字典关键字段的设置内容。

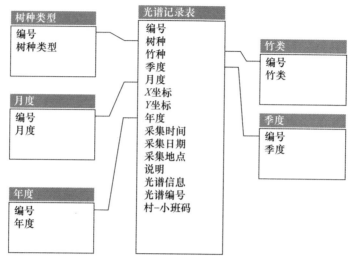

图 2-1　光谱信息表关系

表 2-1　数据库字典关键字段设置

域名	类型	精度	尺度	是否允许空值	长度	关键字	防御值
编号	数值	0	0	N	4	Y	
树种	数值	0	0	N	2		
竹种	数值	0	0	Y	2		
季度	数值	0	0	N	2		
X 坐标	数值	0	0	N	8		
Y 坐标	数值	0	0	N	8		
年度	数值	0	0	N	2		
采集时间	时间						
采集日期	日期						
采集地点	文本						
说明	文本						
光谱信息	备注			N			
光谱编号	文本						

表 2-2　年度表

域名	类型	精度	尺度	是否允许空值	长度	关键字	防御值
编号	数值	0	0	N	2	Y	
年度	文本			N			

表 2-3　季度表

域名	类型	精度	尺度	是否允许空值	长度	关键字	防御值
编号	数值	0	0	N	2	Y	
季度	文本			N			

表 2-4　月度表

域名	类型	精度	尺度	是否允许空值	长度	关键字	防御值
编号	数值	0	0	N	2	Y	
月度	文本			N			

表 2-5　树种类型表

域名	类型	精度	尺度	是否允许空值	长度	关键字	防御值
编号	数值	0	0	N	2	Y	
树种	文本			N			

表 2-6　竹种类型表

域名	类型	精度	尺度	是否允许空值	长度	关键字	防御值
编号	数值	0	0	N	2	Y	
竹种	文本			N			

2.4.3　光谱数据库实现

（一）光谱数据库实现环境

1. 硬件环境

系统开发是基于 Microsoft .NET Framework 2.0 构架之上，对系统硬件环境要求较高：

CPU：intel Pentium dual-core 以上；

内存：1024 M 以上；

硬盘：可用空间 40G 以上；

操作系统：Windows XP Professional；

开发环境：Microsoft .NET Framework 2.0。

2. 软件环境

Visual Studio 2005；

Aecess2003 数据库。

（二）光谱数据库实现界面

采用 VB. NET 2005 开发工具同 Access 2003 数据库系统相结合实现系统功能。运用 Access 数据库建立光谱信息表,树种类型表等相关系统数据信息表,窗体应用多文档界面(MDI)窗体,用于各功能窗体间切换,采用标准 Windows 风格,多种工具框相结合,简洁明了,使用方便。

2.5　竹林资源光谱数据库构建案例

野外光谱信息采集是遥感的重要基础工作。随着光谱信息采集数据的增加,仅依靠单一的文件系统方式已无法有效地管理丰富的光谱信息。野外采集的光谱信息是以数据的形式保存,在遥感工作中经常需要分析同一地区不同地物类型的光谱曲线差异以及同一地物类型在不同条件下的光谱曲线差异,这些在传统文件系统下需要进行多个操作步骤才能实现,影响了光谱信息的有效利用,因而设计一个有效管理光谱信息的系统可以提高光谱分析效率。本案例的光谱信息管理采用 Visual Studio 与 Access 相结合的方式来开发。Visual Studio 开发语言简洁,扩展性强,同时该语言应用广泛,具有丰富的参考资料,可以有效缩短开发周期。Aceess 具有与 Windows 系列风格相同的工作界面,支持 Windows 系列使用的操作方式;支持长文件名,使文件的管理更加方便快捷;支持拖放操作,简单设定关系表之间的关系等;支持剪贴板的剪切、复制、粘贴功能,使 Access 能方便地从外部获取数据信息;同时 Aceess 数据库不需要数据库管理系统支持,有利于光谱信息管理系统的安装和使用。

案例构建竹类、针叶树和阔叶树的主要树种在不同时相(年、季、月)、不同地形条件下冠层光谱的光谱数据库,反映地物光谱特征的时空变异;开发了便于比较与分析光谱数据的可视化管理工具,实现竹林光谱特征的定时、定点观测。

2.5.1　光谱数据采集

测定仪器:美国 ASD 公司的 FieldSpec HandHeld 手持式光谱辐射计。

测定时间:春季、夏季、秋季、冬季。

测定对象:竹类、针叶树和阔叶树的冠层光谱。

测定方法:测定时间为北京 10:00～14:00,仪器探头垂直距冠层 30～40 cm。

每个树种取 3 个样本,每个样本的观测次数(记录的光谱曲线条数)为 10 次,每组
光谱数据测量前后,均以标准参考板进行校正。

具体的试验流程如图 2-2 所示。

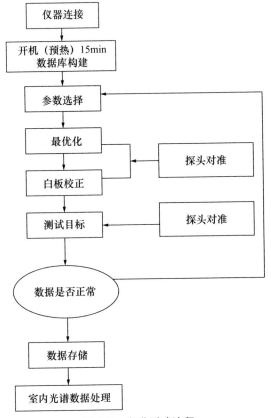

图 2-2　光谱测试流程

野外光谱测量的注意事项主要有以下几点(张朋涛,2015):

(1)光源:自然太阳光,要求有一定的辐照度以满足测量精度要求下的信噪
比,即要有一定的太阳高度角,测量时太阳天顶角小于 50°。

(2)环境:无严重大气污染,光照稳定,无卷云或浓积云,风力小于 3 级,避开
阴影和强反射体影响(测量者不穿白色服装)。

(3)时间:一般中纬度地区夏天测量时间为地方时早晨 10 点至地方时下午 2
点,低纬度地区可以适当放宽,高纬度地区和冬季则严格一些。

(4)取样:选择自然状态的表面与被测地物的宏观表面相平行,与观测仪器等
距,并充满仪器视场,探头向下正对被测物体,并保证板面清洁。

（5）测量速度：单通道波谱仪测量时要保证目标和参考体在相同的光照条件和环境状态下测定，每组测量在一分钟内完成。由于野外环境的不断变化，风、云及空气湿度等因素的改变会引起测量值的波动。在大气状况稳定时，参考板的反射率接近100%，反射率曲线为一直线。因此应观测参考板的反射率曲线，待其稳定时再进行测量。

在光谱数据采集的同时，记录下可能改变目标物和背景的光谱特征的因素（李国清，2009）：① 光线入射角、方位角；② 地表植被覆盖类型；③ 测量地理位置及坡度坡向；④ 立竹数、郁闭度和植被覆盖度。以上的记录项目将对数据处理与分析提供必要的修正参数。

2.5.2 典型地物光谱数据库的构建

不同时相上，同一地区的太阳高度角、光照强度会发生较明显的变化，而这直接影响地物对光的吸收、反射、散射与透射，因而，建立光谱数据库需要考虑到时间因素的影响。利用已测定了的多个时相期的典型地物的光谱反射率，建立了各地物的光谱数据库。数据库功能主要有：

1. 数据库连接

系统连接 Access 2003 采用 OLEDB（Object Linking and Embedding, Database 连接方式，OLEDB 又称为 OLE DB 或 OLE-DB），一个基于 COM 的数据存储对象，能提供对所有类型的数据的操作，甚至能在离线的情况下存取数据（高甜甜，2010）。OLEDB 将传统的数据库系统划分为多个逻辑组件，这些组件之间相对独立又相互通信（郭民，2004）。

2. 光谱信息查询

在光谱信息表中，每条光谱信息都具有多条属性，系统设计了一种多功能的查询方式，该查询算法能够满足使用者对多种属性复合的查询需求，实现光谱信息有效检索。

3. 光谱信息显示

光谱信息使用 DataGridview 控件。DataGridview 控件的每一个单元格都可以包含文本值，但不能链接或内嵌对象，可以在代码中指定当前单元格，或者用户可以使用鼠标或箭头键在运行时改变它。通过在单元格中键入或编程的方式，单元格可以交互地编辑。单元格能够被单独地选定或按照行来选定（夏凡壹，2013）。

4. 光谱曲线与光谱信息描述

光谱曲线显示采用 MSChart 控件来实现。MSChart 控件与一个数据网格数据关联，该数据网格存放了要显示的数据，也可以包含用于图表中标识系列或类别的标签。图表应用程序设计者在数据网格中插入数据或从报表或矩阵中输入数据（王坚，2010），系统采用二维曲线方式来实现光谱信息曲线的显示，采用文本框（Textbox）描述光谱信息。

5. 光谱管理信息系统的实现

综合采用 VB. NET 2005 开发工具同 Access 2003 数据库系统实现系统功能。运用 Access 数据库建立光谱信息表，树种类型表等相关系统数据信息表，应用多文档界面（MDI）窗体，用于各功能窗体间切换，采用标准 Windows 风格，多种工具框相结合，实现了光谱管理信息系统的构建（见图 2-3）。

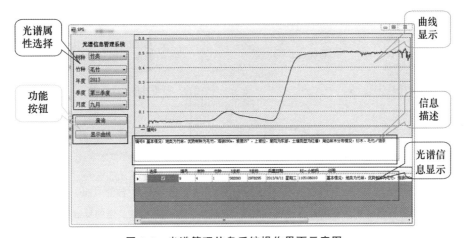

图 2-3　光谱管理信息系统操作界面示意图

2.6　竹林资源光谱数据库应用

2.6.1 典型植被反射光谱曲线特征比较

利用所构建的光谱数据库，将 2007 年 11 月至 2008 年 10 月所测定的不同植被类型的反射光谱曲线数据导入数据库，进行数据查询与相关属性信息的提取，进行不同时相下同一树种的植被反射光谱曲线特征比较分析，结果见图 2-4 至图 2-11。

图 2-4、图 2-5 是 2007 年 11 月(冬季)不同植被类型的反射光谱曲线及一阶导数曲线图。在图 2-4 中,各植被类型的反射率在可见光波段差异不大,在近红外波段则较为明显。"绿区"中各植被类型的光谱反射率均小于 10%,其中杉木具有最大的反射率值为 9.53%。红光吸收谷主要位于 670~680 nm 之间的波段。在近红外波段,杉木的反射率约为 60%,明显高于其他植被类型,比木荷和大年毛竹高约 20%。通过一阶导数曲线(图 2-5)可知,各植被类型的绿峰均较为明显,主要位于 550 nm 左右,杉木的峰值略高于其他植被类型。各植被类型的斜率峰值均位于 718 nm 和 719 nm,杉木的斜率峰值为 0.012,明显高于其他 4 种类型,木荷、大年毛竹、马尾松和小年毛竹峰值分别为 0.008、0.007、0.007 和 0.006。从红边振幅特征来看,杉木和木荷的振幅均高于大年毛竹和小年毛竹,春季和夏季的幅度明显高于秋季和冬季,这一特征与木荷相似,秋、冬季由于叶绿素的减少导致红边振幅的下降,这主要也与毛竹的换叶机制有关。

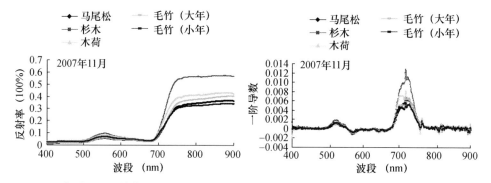

图 2-4 冬季不同植被类型的反射光谱曲线   图 2-5 冬季不同植被类型的反射光谱一阶导数

图 2-6、图 2-7 是 2008 年 4 月(春季)不同植被类型的反射光谱曲线及一阶导数曲线图。在这个时期小年毛竹已经基本落叶,只需考虑大年毛竹的光谱特征。从图 2-7 可知,不同植被类型在可见光波段和近红外波段的反射率差异均较明显。其中,各植被类型的"绿区"最大值位于 551~556 nm 波段,光谱反射率差异较大,其中毛竹具有最大的反射率值为 12%,木荷、马尾松和杉木的反射率值分别为 9.7%、7.1% 和 4.3%。红光吸收谷较为集中,主要位于 672 nm 左右。在近红外波段,各植被类型的反射率差异较大,其中木荷的反射率明显高于其他植被类型,最大值约为 62.1%,毛竹、马尾松和杉木的反射率分别为 51.2%、37% 和 22%。通过一阶导数曲线(图 2-7)表明,各植被类型的绿峰最大值位于 520~530 nm 之间且较为明显,其中毛竹的峰值为 0.003,明显高于其他植被类型。从斜率峰值来看,各

植被类型的峰值均位于 717 nm 和 718 nm，与图 2-5 结果极为相似。其中木荷的斜率峰值为 0.014，并明显高于其他 3 种类型，毛竹、马尾松和杉木的斜率峰值分别为 0.009、0.008 和 0.004。从红边振幅特征来看，4 种植被类型的红边振幅在春季出现了较为明显的差异。

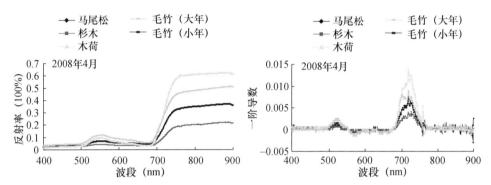

图 2-6　春季不同植被类型的反射光谱曲线　图 2-7　春季不同植被类型的反射光谱一阶导数

　　图 2-8、图 2-9 是 2008 年 7 月（夏季）不同植被类型的反射光谱曲线及一阶导数曲线图。夏季是植被的生长旺季，植物体的各种生理代谢最为活跃。从图 2-9 可知，可见光波段和近红外波段中不同植被类型的反射率差异较图 2-6 的有所减小。"绿区"中马尾松的反射率最大值位于 555 nm，木荷、杉木和毛竹均位于 556 nm。木荷具有最大的反射率值为 11.8%，毛竹、杉木和马尾松的反射率值分别为 10.4%、8.7% 和 6.7%，光谱反射率差异较小。红光吸收谷主要位于 670~675 nm 之间。在近红外波段，杉木的反射率高达 55.9%，木荷、毛竹和马尾松的反射率分别为 51.5%、45.8% 和 43%。图 2-9 所示，各植被类型的绿峰最大值位于 525 nm 左右。从斜率峰值来看，各植被类型的峰值均位于 718 nm。杉木的斜率峰明显高

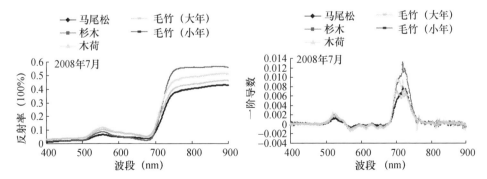

图 2-8　夏季不同植被类型的反射光谱曲线　图 2-9　夏季不同植被类型的反射光谱一阶导数

于其他3种类型,杉木、木荷、马尾松和毛竹的斜率峰值分别为0.013、0.009、0.008和0.007。杉木和木荷的红边振幅大于马尾松和大年毛竹,但后二者之间的差异不明显。

图2-10、图2-11是2008年10月(秋季)不同植被类型的反射光谱曲线及一阶导数曲线图。从图2-10可知,不同植被类型的反射率在可见光波段较为集中,但反射值较4月份和7月份有所下降,杉木的反射率为最大值7.6%,小年毛竹则仅为3.7%。红光吸收谷最小值位于670 nm处。在近红外波段不同植被类型的差异较大,杉木与木荷的反射率约在40%左右,大年毛竹与马尾松约为30%,小年毛竹反射率为20%左右。从图2-11可知,不同植被类型的绿峰最大值位于525 nm处,但比4月份和7月份的数据均有所下降。不同植被类型的斜率峰值均位于718 nm,杉木和木荷的斜率峰值均为0.009,明显高于其他植被类型。马尾松、大年毛竹和小年毛竹的斜率峰值分别为0.006、0.0055和0.004。从红边振幅特征来看,杉木和木荷的振幅差异不大,其次为马尾松和毛竹大年,毛竹小年最小。

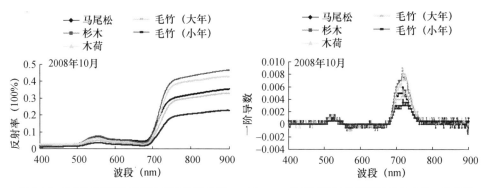

图2-10　秋季不同植被类型的反射光谱曲线　　图2-11　秋季不同植被类型的反射光谱一阶导数

2.6.2　不同时相典型地物光谱特征分析

植物的光谱特征如可见光的绿峰和红光与近红外之间的红边特征等的变化,能够反映植物的生化含量变化、物候期和类别等信息。闽北地区竹林常与马尾松、杉木和木荷等乡土的针叶树、阔叶树混交生长。毛竹、针叶树和阔叶树之间叶片组成、内含物含量、冠层结构及物候特征等因素的不同,导致不同植被类型之间以及同一植被类型在不同季节下光谱特征存在较大差异。植物的光谱特征如可见光的绿峰和红光与近红外之间的红边特征等的变化能够反映植物的生化含量变化、物候期和类别等信息。

（一）不同时相典型树种的反射光谱曲线特征比较

利用所构建的光谱数据库,将 2007 年 11 月至 2008 年 10 月所测定的不同植被类型的反射光谱曲线数据导入数据库,进行数据查询与相关属性信息的提取,进行同一树种在不同时相植被反射光谱曲线特征比较分析,结果见图 2-12 至图 2-17。

马尾松是我国长江流域及其以南地区绿化及造林的重要树种,其在不同季节的光谱反射率基本保持稳定(图 2-12),在可见光波段的最大值均位于 556 nm 处,其中春季的反射率为最大值 7.10%,夏季、秋季和冬季的反射率值分别为 6.70%、6.90%和 5.72%。在近红外波段,夏季的光谱反射率值则大于其他季节,秋季的反射率最小,两者之间相差约 10%。从一阶导数曲线(图 2-13)来看,光谱反射的绿峰均较明显,绿峰和红边斜率峰的最大值分别位于 526 nm 和 718 nm 处,不同季节之间反射率值差异不明显,两者的最大值分别为 0.0015 和 0.0081。从红边振幅和红边位置变化情况来看,不同季节植物冠层的叶绿素含量变化不大。

不同季节杉木的光谱反射率在可见光波段和近红外波段均差异明显,其中夏季和冬季的光谱反射率明显高于春季和秋季(图 2-14)。杉木在可见光波段的光谱反射率最大值均位于 556 nm 处,冬季的反射率为最大值 9.54%,夏季与冬季的反射率为 8.70%,秋季的反射率值仅为 7.60%,春季为最小值 4.30%;红光吸收谷最小值位于 671 或 672 nm 处。在近红外波段,夏季和冬季的光谱反射率约比秋季高 15%,春季的反射率最小。杉木的光谱反射绿峰位于 525 nm,其中春季的峰值为 0.0010,明显低于其他季节。红边斜率峰值均位于 718 nm 处且差异明显,其中夏季为最大值 0.0132(图 2-15)。从杉木的红边振幅来看,春季的振幅最小,表明冠层的叶绿素含量最小,这主要和杉木新叶的生长状况有关。

木荷光谱反射率与杉木的有所不同,春季的光谱反射率最高,其次为夏季,秋季和冬季则较为接近(图 2-16)。木荷在可见光波段的光谱反射率最大值均位于 556 nm 处,夏季的反射率为最大值 11.76%,春季、秋季和冬季的反射率分别为 9.70%、8.23%和 6.3%。在近红外波段,春季的光谱反射率比夏季的高约 15%,比秋季和冬季高约 25%。杉木的光谱反射绿峰位于 525 nm,但不同季节间差异不明显。从红边特征看,最大斜率峰值均位于 718 nm,其中春季的峰值为 0.0135,明显高于其他季节(图 2-17)。春季和夏季的振幅明显高于秋季和冬季,这主要和阔叶树的物候有关,秋、冬季由于植物叶绿素的减少导致红边振幅的下降。

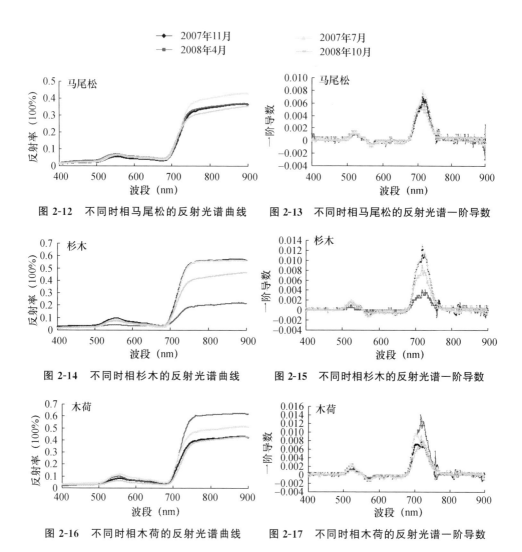

图 2-12　不同时相马尾松的反射光谱曲线　　图 2-13　不同时相马尾松的反射光谱一阶导数

图 2-14　不同时相杉木的反射光谱曲线　　图 2-15　不同时相杉木的反射光谱一阶导数

图 2-16　不同时相木荷的反射光谱曲线　　图 2-17　不同时相木荷的反射光谱一阶导数

（二）不同季节毛竹林与典型地物光谱特征差异分析

毛竹具有大年和小年之分，其光谱反射特征也有别于其他植被类型。从整体来看，毛竹的春季、夏季光谱反射率高于秋季和冬季，毛竹大年的反射率大于毛竹小年（图 2-18）。毛竹在可见光波段的光谱反射率最大值位于 556 nm 处，春季的反射率为最大值 12.00%，秋季的毛竹小年的反射率为最低值 3.7%。在近红外波段，光谱反射率值大小为：春季＞夏季＞冬季（大年）＞冬季（小年）＞秋季（大年）＞秋季（小年）。毛竹的光谱反射绿峰均位于 526 nm，春季的峰值为最大值 0.0025。毛竹的最大红边斜率峰值位于 718 nm 处，其中春季为最大值 0.009，秋季（小年）为最小值 0.004(图 2-19)。毛竹的红边振幅特征显示春季和夏季的幅度明显高于秋季和冬季,这一特征与木荷相似,秋、冬季由于植物叶绿素的减少导致红边振幅的下降,这主要与毛竹的大、小年换叶机制有关。

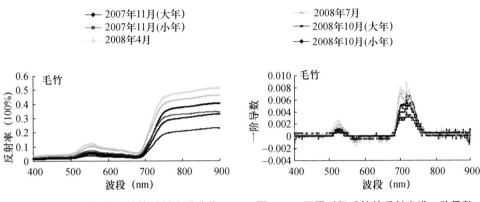

图 2-18　不同时相毛竹的反射光谱曲线　　**图 2-19　不同时相毛竹的反射光谱一阶导数**

2.6.3　其他地物光谱特征

利用所构建的光谱数据库,将 2007 年 11 月所测定的不同地物类型的反射光谱曲线数据导入数据库,进行数据查询与相关属性信息的提取,进行不同土地利用类型的反射光谱曲线特征比较分析,结果见图 2-20。包括水泥路面、裸地和农田。水泥路面的光谱反射率在可见光波段呈上升趋势,拐点出现在 600 nm 处,而在近红外波段则基本趋于平稳,是非常理想的地物光谱重建地面测试点。裸地的光谱在可见光和短波近红外范围内随波长的增加反射率增大,与水泥路面相较于 713 nm 处,并逐渐趋于平稳。农田由于作物的覆盖,表现出了植物与土壤混合后的光谱特征,在 670 nm 处具有明显的红光吸收谷。

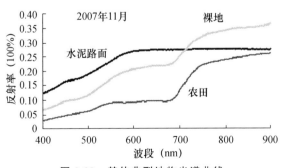

图 2-20　其他典型地物光谱曲线

2.6.4　光谱数据库匹配技术应用

将野外实测的毛竹、马尾松、杉木、阔叶树等各树种的冠层光谱数据,经重采样等数据处理,与 TM 影像进行匹配,为 TM 影像的遥感解译提供重要基础。重采样匹配得到的 TM 影像蓝、绿、红、近红外波段的光谱反射率见图 2-21,这样各林种光谱在重采样后的 4 个 TM 波段范围的光谱反射率就构成各林种的光谱向量,进而得到各树种的光谱相似值,见表 2-7。

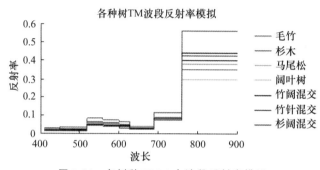

图 2-21　各树种 TM 4 个波段反射率模拟

表 2-7　各树种间光谱相似值

	毛竹	杉木	马尾松	阔叶树	竹针混交	竹阔混交	杉阔混交
毛竹		0.10 558	0.01 652	0.02 892	0.02 621	0.04 832	0.04 260
杉木	0.10 558		0.09 014	0.13 425	0.08 253	0.06 030	0.06 992
马尾松	0.01 652	0.09 014		0.04 445	0.01 049	0.03 203	0.02 665
阔叶树	0.02 892	0.13 425	0.04 445		0.05 295	0.07 582	0.06 855
竹针混交	0.02 621	0.08 253	0.01 049	0.05 295		0.02 292	0.01 639
竹阔混交	0.04 832	0.06 030	0.03 203	0.07 582	0.02 292		0.01 039
杉阔混交	0.04 260	0.06 992	0.02 665	0.06 855	0.01 639	0.01 039	

通过图 2-21 可知:在绿波段,杉木易与其他林种相区分;在近红外波段,各林种的光谱反射率都有大幅度的提高,并且各树种的反射率差异比可见光波段大,非常容易区分;各树种的光谱反射率曲线形状非常相似。在近红外波段各树种都有较高的反射率是由于叶子的细胞壁和细胞空隙间折射率不同,导致多重反射引起的。各树种间的叶子内部结构变化大,故在近红外波段的反射差异比在可见光波段大得多。各树种的光谱反射率曲线形状非常相似是因为影响其波谱特性的主导控制因素是一致的。

通过对各树种的光谱曲线进行相似性分析,根据表 2-7 可知:毛竹和杉木、杉木与阔叶树的光谱相似值相对最大;马尾松与杉木、竹针混交林和杉木、竹阔混交林与杉木、杉阔混交林与杉木、杉阔混交林与阔叶树、阔叶树与竹阔混交林的光谱相似值也比较大。由于光谱相似值越小表示两光谱越相似,那么树种间光谱相似值越大,意味着树种的光谱曲线的差异越大,在遥感影像上越容易区分。

遥感图像基于光谱的分类方法,取决于其光谱的差异,分类的原则是类间差别最大,而类内差别最小。从研究结果可以看到,各树种间的光谱曲线有一定差异,尤其两两树种间的光谱差异较为明显。

2.7　本 章 小 结

光谱数据库是高光谱成像光谱仪或野外光谱仪在一定条件下测得的各类地物反射光谱数据的集合,对准确地解译遥感图像信息、快速地实现未知地物的匹配、提高遥感分类识别水平起着至关重要的作用。因此,建立地物光谱数据库,是提高遥感信息的分析处理水平的重要保障。

竹林资源光谱数据库的建立可以为竹林资源遥感监测与管理提供良好的数据基础,便于竹林资源信息的监测分析;同时,也使竹林资源系统监测更为客观,判断竹林资源种类技术更为快捷;甚至,与算法结合,将测定产生的大量光谱信息进行很好的归类与总结。光谱数据库提供的查询功能可以快速读取使用者所需要的资料,排除不合适的数据资料,并可将大量属性数据随光谱信息一起呈现,省去了大量的人工成本与时间。本章介绍了光谱数据库构建的意义、作用以及光谱数据库构建的现状,以竹林资源光谱数据库构建的原则和方法为基础,设计了光谱数据库和数据字典字段。通过先进的计算机技术来保存、管理和分析采集的光谱信息,实现了光谱数据库的高效、合理应用。

参 考 文 献

卜晓翠. 典型地物波谱数据库的创建及与 GIS 的结合[D]. 长安大学,2008.

陈楚祥. 高新技术产业发展空间统计分析与综合评价系统研究[D]. 暨南大学,2015.

杜毅. 数据库在线协同维护系统的设计与实现[D]. 郑州大学,2012.

高甜甜. 电信投资效益评估模型的设计与实现[D]. 北京邮电大学,2011.

郭民，罗中先，戴跃洪，等. CAD/CAPP 与 ERP 集成的数据接口实现[J]. 西华大学学报自然科学版，2004，23(3):10-12.

荆淑霞，贾振华. 在计算机语言教学中渗透"工程"思想[J]. 北华航天工业学院学报，2002，12(2):25-27.

李国清. 南方山地丘陵森林主要树种遥感信息提取研究[D]. 福建农林大学，2009.

李新双，张良培，李平湘. 光谱数据库系统的设计及应用[J]. 测绘地理信息，2004，29(5):6-8.

李新双. 光谱数据库的设计及光谱匹配技术研究[D]. 武汉大学，2005.

李兴. 高光谱数据库及数据挖掘研究[D]. 中国科学院研究生院(遥感应用研究所)，2006.

李增禄，陈昌雄，余坤勇，等. 林火扑救指挥系统空间数据库构建[J]. 三明学院学报，2010，27(6):565-570.

李少鹏. 新疆典型荒漠植物光谱数据库系统设计与实现[D]. 新疆农业大学，2013.

梁树能，甘甫平，张振华，等. 国内外遥感试验场建设进展[J]. 地质力学学报，2015(2):129-141.

任利华. 地物波谱数据库设计与开发[D]. 解放军信息工程大学，2008.

史素慧. 基于.NET 的 WebGIS 生成工具的研究[D]. 河北农业大学，2012.

万余庆，阎永忠，张凤丽. 延河流域植物光谱特征分析[J]. 国土资源遥感，2001，03:15-20.

王坚. 西南民航安全管理特性分析系统研究[D]. 电子科技大学，2010.

王锦地，张兵. 我国典型地物标准波谱数据库[A]. 第一届环境遥感应用技术国际研讨会，2009.

王锦地. 中国典型地物波谱知识库[M]. 北京:科学出版社，2009.

王颖. 基于 Android 的嵌入式视频会议系统的设计与实现[D]. 华南理工大学，2012.

夏凡壹. 海底观测网岸基数据局域网系统的设计与实现[D]. 浙江大学，2013.

夏涛. 生态水遥感定量研究中野外地物光谱数据采集及处理[D]. 成都理工大学，2007.

张兵. 时空信息辅助下的高光谱数据挖掘[D]. 中国科学院遥感应用研究所，2002.

赵自力. GIS 管理信息发布系统开发及关键技术研究[D]. 中南大学，2007.

第三章　竹林资源调查因子的遥感监测

　　当前,我国竹林资源监测主要通过国家森林资源连续清查(一类调查)和森林资源规划设计调查(二类调查)获得各时期竹林资源的面积和株数总量。监测方法时间间隔长、人力投入大,加之我国竹林资源分布在山区或边远地区,调查监测耗时且难度大。此外,由于竹自身的扩鞭生长特性和较强的人为干扰作用,竹资源信息时刻处于一个动态的变化过程。传统的竹林资源监测手段制约了我国竹资源的科学区划、合理开发和高效利用以及病虫害、火灾的预报和监测工作的有效开展(邓旺华等,2008)。如何准确有效地调查监测竹资源,掌握特定范围内竹林生长状况、资源现状等信息,对于竹林经营管理,竹林资源分布规划及竹材料的获取利用、产能提高有着十分重要的意义。

3.1　传统竹林资源调查技术

3.1.1　竹林资源调查方式

　　竹林资源的调查与一般森林资源调查方法大体一致,都是通过对若干个特定因子调查,最终得到调查结果。竹林资源调查的主要方式可以总结为直接测量和间接测量两大类。传统的竹资源调查方式多为直接测量,就是利用测量工具能够直接获取最终的目的数据,比如卡尺测径得到直径数据,测高仪得到的树高数据等。而间接测量往往并不是这种情况,大多是从某种仪器或设备获取的直接形态的数据出发,导算出其他需要的数据的过程,比如竹林遥感影像是来自现实竹林的直接数据,为进一步得到该林分的郁闭度数据,则必须通过某种算法从影像中反演出来。

3.1.2　竹林资源调查方法

（一）调查要素

由于竹林资源与一般森林树种在结构形态和生长习性上存在着一定的区别，在进行竹林资源的调查时应根据其本身的特点选择调查的要素，调查要素取决于调查目的和调查对象的实际情况。一般情况下调查要素主要有以下几种：

（1）竹林面积：竹林资源在调查地块中所占的面积。

（2）立竹度（密度）：单位面积的竹株数。

（3）年龄结构：竹林的年龄以度表示，二年为一度。竹林中各度竹株数的占比。

（4）整齐度：指竹株按胸高径阶分布的集中与分散程度。

（5）立竹匀度：说明竹林中立竹分布状况的指标，用单位面积上分布立竹平均株数（n）和标准差的比值表示，均匀度越大，竹子分布越均匀。

（6）叶面积指数：指竹林单位面积上竹叶总面积与林地面积之比。

（7）竹郁闭度：竹林冠覆盖面积与地表面积的比例。

（8）其他专项调查：竹林病虫害调查、竹林土壤肥力调查、竹林火灾调查、竹林气候调查、竹林生产力调查、竹林立地质量调查等。

（二）调查方法

毛竹林的调查主要是采用样圆串调查法：通过目测对比选择具有代表性的调查点位，设置半径为 3.26 m 的样圆，面积为 33.3 m²，同一水平直线上，连续做三个相切的样圆。测量每个样圆内每株毛竹的胸径，判断其年龄（度），并记录每个样圆内的株数及立竹度（即各龄级竹的株数）。

样圆串设计如图 3-1 所示。

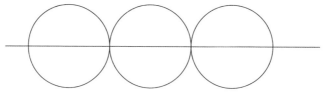

图 3-1　样圆串示意图

（1）样圆串（即三个样圆）的株数取平均值（即每个样圆株数累加除以 3 的值），再乘以 20 即为一亩的株数。

（2）调查时应在毛竹的胸高位置用粉笔划记，记号应绕竹干一周，以免株数重漏。

（3）丛生竹，1 丛按 1 株计算。

（4）毛竹龄级（度）划分标准，见表 3-1。

表 3-1　毛竹竹度划分标准

竹度	年龄	主要形态特征
一度	1 年	竹秆深绿色，箨环上有褐色"睫毛"，箨环下有一圈白粉
二度	2～3 年	绿色，箨环上的褐色毛稀疏或脱光，箨环下的白色粉环颜色变成深灰
三度	4～5 年	绿色，并有灰白色蜡质层
四度	6～7 年	绿黄色，灰白色蜡质层较厚，箨环下的白粉环变成灰黑色
五度	8 年以上	绿黄带古铜色或古铜色，秆上灰白色蜡质层脱落或大部分脱落

（5）毛竹年龄判断可根据以下方法：

① 观察竹秆皮色法。竹秆随年龄的变化，皮色及其他一些特征也会发生变化。当年生（即 1 年生，1 度）的毛竹秆粉绿色，节间具粉质毛，摸触有毛感，箨环上有褐色"睫毛"，箨环下有一圈白粉环，竹秆基部有较完整的竹箨；2～3 年生（二度）竹秆绿色，箨环上"睫毛"已脱落或稀疏，箨环下白粉环有黑点，节间触摸已无毛感，竹秆基部有箨但已腐烂；4～5 年（三度）秆黄绿色，节间表面有一薄蜡质层，箨环下的白粉环已有黑斑，秆基部笋箨已全部腐烂；6～7 年生（四度）秆黄绿色，节间蜡质层更厚，呈灰色，手触摸有滑感，箨环下白粉环大多为黑斑占据，呈灰黑绿色；8～9 年生（五度）秆绿黄，甚至有的深黄色，节间蜡质层不均匀脱落，箨环下白粉环已基本为黑色；10 年生（六度）以上秆古铜色，节间蜡质层已脱落，常有地衣贴生。

注意：局部环境影响会误判，如林缘竹受太阳照射时间长，二度竹皮色就变黄了，立地条件差，皮色变化也会提前。

② 数龄痕。新生毛竹第 2 年春笋换叶（称为一度），以后每 2 年就换叶一次，每换叶一次为一度，即增加 1 度竹龄。竹株换叶时小枝顶端枯死脱落，留下一个龄痕（枝痕），龄痕下的催芽又长出小枝，隔年小枝末端又带叶脱落，再留下一个龄痕，龄痕的催芽又长新枝，依此类推，从竹枝上数龄痕可以确定竹龄。

注意：强风摇曳，造成枝条摩擦，产生非正常落叶，即末端小枝折断，在折断处下一个节的侧芽又萌生出新的小枝，这就增加了一个龄痕，形成一度二痕；同时小虫咬断末端小枝，或干旱促进某些竹枝提前落叶，都会造成一度多痕现象，使计算年龄产生错误。

（6）毛竹林分株数：指毛竹林样地的毛竹株数。现场调查整个样地内的毛竹总株数，记录在"毛竹林分株数"栏内。当年生的竹笋，高度大于等于 1.5 m 的计株数，高度低于 1.5 m 的不计株数。

（7）毛竹散生株数：指地类为非毛竹林样地的毛竹株数。现场调查整个样地散生毛竹株数，记录在"毛竹散生株数"栏内，高度小于 1.5 m 的不计株数。

（8）杂竹株数：调查记载杂竹林样地和其他地类样地内杂竹（胸径大于等于 2 cm）总株数。

（9）竹种分类：在竹林调查中，根据竹种的生物学特性，将竹林细分为散生型竹林、丛生型竹林和混生型竹林。详细分类如下：

① 散生型竹林（单轴散生型）：在土壤中有横向生长的竹鞭，竹鞭顶芽通常不出土，由鞭上侧芽成竹，竹秆在地面散生。其中：毛竹林竹龄大于等于 2 年，每公顷立竹成活 300 株以上；大径杂竹林（具有工艺或食用价值的竹类，胸径大于等于 5 cm 的散生大径杂竹）每公顷立竹株数标准与毛竹相同；小径杂竹林（胸径 2～5 cm 的散生小径杂竹）覆盖度大于等于 30％（关玉贤，2015）。

② 丛生型竹林（合轴型）：靠地下茎竹篼上的笋芽出土成竹，无延伸的竹鞭，竹秆紧密相依，在地面形成密集的竹丛。其中：丛生大径竹竹龄大于等于 2 年，每公顷保存 150 丛以上；丛生小径竹（胸径 2～5 cm 的丛生小径杂竹）覆盖度大于等于 30％。

③ 混生型竹林（复轴混生型）：兼有单轴和合轴两种类型的地下茎，竹秆在地面散生又有成丛。其成林标准参照散生型和丛生型标准综合而定（关玉贤，2015）。

3.2　竹林资源调查因子遥感专题信息

竹资源在调查监测方面同样遵循森林资源的遥感监测技术体系。目前，在"3S"（遥感、地理信息系统和全球定位系统的简称）综合技术的支撑下，遥感信息在扩大森林资源调查范围、提高工作效率、防止偏估等方面发挥了重要作用（王雪，2009）。遥感系统是一个从地面到空中直至空间；从信息收集、存储、传输处理到分析判读、应用的完整技术体系。

3.2.1　调查因子遥感专题信息的获取

遥感信息获取是遥感技术系统的中心工作。遥感工作平台以及传感器是确保遥感信息获取的物质保证。遥感(工作)平台是指装载传感器进行遥感探测的运载工具,如飞机、人造地球卫星、宇宙飞船等。按其飞行高度的不同可分为近地(面)工作平台,航空平台和航天平台。这三种平台各有不同的特点和用途,根据需要可单独使用,也可配合启用,组成多层次立体观测系统。传感器是指收集和记录地物电磁辐射(反射或发射)能量信息的装置,如航空摄影机、多光谱扫描仪等。它是信息获取的核心部件,在遥感平台上装载上传感器,按照确定的飞行路线飞行或运转进行探测,即可获得所需的遥感信息。常见的竹林遥感专题信息获取的设备及技术包括:地基数字可见光照相机、卫星系统、激光雷达遥感系统等。此外,还有一种无人机遥感系统。

无人机遥感系统是近几年迅猛发展的技术手段,主要通过无人机搭载机载多波段扫描仪获取遥感信息。机载多波段扫描仪与相应的轨道遥感器比较,在空间和波谱分辨率以及数据采集时间、地点等多方面,具有更大的灵活性、自主性和适用性,成为星基遥感的重要补助,尤其是近年无人机的发展,为竹林资源的监测带来突破性的技术变革。如飞机航拍、机载三维激光遥感、无人机航拍等,都是传统卫星遥感影像很好的替代方式。目前,有一些商用的或公开可用的多波段扫描仪(MSS),包括 Daedalus 公司的机载多波段扫描仪(Airborne Multispectral Scanner,AMS)(见图 3-2)和 NASA 的机载陆地应用遥感系统(Airborne Terrestrial Applications sensor,ATLAS)。

图 3-2　机载多波段扫描仪

3.2.2 调查因子遥感专题信息的基础试验

遥感试验的主要工作是对地物电磁辐射特性以及信息的获取、传输、处理分析等技术手段的试验研究。遥感试验是整个遥感技术系统的基础。遥感探测前需要遥感试验提供地物的光谱特性,以便选择传感器的类型和工作波段。遥感探测中对遥感数据的初步处理也需要遥感试验提供各种校正需要的信息和数据。在获得遥感数据之后,遥感试验也可为判读应用提供基础。遥感试验在整个遥感过程中起着承上启下的重要作用(蒋宗立,2004)。

1. 地物专题信息遥感识别基础试验

图像解译是遥感技术应用的一项基础的、重要的工作。不同的地物具有不同的电磁波辐射能量,在遥感影像上表现为不同的像元灰度值。根据遥感技术的电磁波成像原理(梅安新等,2001;朱骥等,2002),各种地物由于其结构、组成以及理化性质的差异,从而导致不同的地物对电磁波的反射存在差异。光谱和纹理特征是目前较为常用的两种直接解译标志,而任何的地物分类或专题信息提取基本上都离不开地物光谱信息的应用。植被的反射波谱曲线规律性明显而独特,这种现象在遥感图像的不同波段上则会形成不同的像元光谱值。可利用同一地物在不同波段上所形成的像元光谱值的差异,进行植被覆盖及分类等研究(刘健等,2007)。在我国南方地区多为山地丘陵地形,单纯利用地物光谱特征开展信息提取往往受"同物异谱"和"异物同谱"现象的强烈干扰,地物识别精度较低。因此,在地物光谱特征的基础上,加入纹理特征进行地物信息的识别基础试验,是提高分类识别精度的重要所在。例如竹资源的光谱特征与杉木、马尾松等较为相似,可通过基于像元与面向对象光谱阈值比较,结合纹理的识别,开展竹林资源遥感识别基础试验研究(刘健等,2010)。

2. 遥感因子获取基础试验

遥感图像隐含信息的提取是在遥感识别的基础上,进一步深化遥感技术应用的关键内容。遥感因子包括很多种形式,例如各种植被指数、纹理指数、坡向、坡位、坡度、地貌、海拔、土壤种类、土壤属性以及气象因子等指标。根据影像来源的不同,选定各种遥感监测因子的获取方法。目前,竹林综合指标监测需要大量基础数据,实地调查存在一定的局限,需要的竹林植被覆盖信息、竹林环境信息以及竹林气候信息,可分别通过遥感手段获取的植被指数、提取的坡度、坡向、海拔等地形因子以及降雨量、气温等指标来反映,利用遥感影像结合合适的方法进行获取,大规模监测森林参数、环境因子与气象因子的遥感监测、获取的基础试验,对提高调查效率,减少调查成本具有重要作用。

3. 竹林资源遥感区划基础试验

竹林资源的遥感区划是固有影像信息提取分析后,进行的一种实践性的操作,是将遥感技术推向实地具体应用的重要试验。随着高空间分辨率影像的出现以及计算机软件技术的不断发展,逐渐形成针对高分辨率影像的自动解译图像的方法,例如人工神经网络、小波分析、分形技术和模糊分类方法等,并根据遥感影像信息形成的大的地性线、分类经营区划线、权属边界线和土壤类型区划线等基本小班划分的基本原则(张艮龙等,2010),避免人为主观地对竹林资源进行不合理的区划,通过结合图像信息自动解译技术与遥感影像各种划分参考线的生成,利用遥感手段进行竹林区划的基础试验,为竹林区划提供一种新的技术与方法。

4. 森林参数遥感定性定量基础试验

森林参数的定性定量不仅是遥感技术应用的核心目标,对遥感行业发展以及竹林生态系统机理性研究具有重要意义。当前遥感技术定性化逐渐转变为定量化发展,已经不仅仅将遥感技术用于判断竹林植被参数的"有"和"无","多"与"少"的遥感定性判定,而现在已把焦点聚集于如何用遥感手段对竹林植被参数进行量化估测与实时监测,例如森林生态系统健康的判定,不再局限于森林是否有病虫害或者是虫害等级高低的定性试验,研究学者已经将森林植被净初级生产力(NPP)和叶面积指数(LAI)等定量化的指标应用于森林生态系统健康的评价(肖风劲等,2003)。同时结合遥感因子获取基础试验,获取各类遥感因子量化指标,例如通过获取归一化植被指数(NDVI)、红边参数、纹理指数等遥感监测因子,突破传统定性试验的局限与不足,应用"基于片层-面向类"的定量算法实现定量基础试验(亓兴兰,2011)。

3.2.3 调查因子遥感专题信息预处理

图像清晰、信息丰富、类型间边界清楚、几何位置准确、分类精度高的图像为正确获得现势性较强的信息、修订非遥感资料以及相互验证提供基本保证。直接从传感器获得的遥感数据,由于传感器本身的缺陷、平台的姿态、感知和传输中大气的影响、地形的影响以及其他因素的干扰,获得的遥感数据含有光谱和几何特征上的失真和畸变,同时,获得的遥感图像包含对象表面及一定空间层次的多种特征,而监测所需要的信息必须尽量真实准确地表达监测对象的某些方面的特征。因此,原始的遥感数据必须经过一系列的处理和分析,消除几何和光谱畸变,突出关心的信息,淡化不必要的信息,即首先通过必要步骤进行图像复原,然后根据监测的内容通过各种方法进行图像增强,最后应用多种分类和分析方法提取特征信息,在此基础上,完成遥感制图、进行解译、判读和应用。遥感图像处理主要步骤包括彩色图像合成(优化波段组合)、几何精校正、特征信息提取、图像镶嵌、重采样、分类以及制图等一系列图像处理和分析。

3.2.4 调查因子遥感专题信息的提取

竹林调查因子遥感专题信息的提取可根据提取结果的类型分为定性指标提取和定量指标提取两类。定性指标的提取多属于传统竹林调查中直观展现的各类因子,如竹林分布面积、竹种组成、竹林树高、胸径、冠幅等因子;竹林调查的定量指标是基于遥感技术背景下,利用遥感影像的特性进行分析从而提取出如竹林病虫害状况、火灾预测因子、林地土壤肥力、林地质量等调查因子。可归为:① 影像信息直接判定;② 结合环境要素的遥感信息定量反演;③ 基于模型结合的遥感替代估测。

3.2.5 调查因子遥感专题信息的应用

遥感信息应用是遥感的最终目的。遥感应用则应根据专业目标的需要,选择适宜的遥感信息及其工作方法进行,以取得较好的社会效益和经济效益。

1. 竹林资源调查和规划

传统的竹林资源调查和规划以地面调查为主,精度低、野外工作强度大,耗时耗财。随着遥感信息技术及社会对竹林资源信息需求的多样化,遥感技术在竹资源调查中的作用越来越重要,范围越来越广,类型越来越丰富。航天、航空、地面等不同平台类型,如微波雷达、激光雷达等,千米级到厘米级不同空间分辨率,单波段到高光谱不同光谱分辨率的遥感数据在竹林调查与规划中均有应用。激光扫描在林业上的应用包括地形海拔的确定(Kraus 等,1998);单树树高和蓄积的估测(Brandtberg 等,1999);数字化航空照片上林分、样地和树木的水平测量以及树冠的识别;等等。芬兰是将遥感在森林资源调查与规划中应用的典型之一,其用于森林调查规划最合适的一种遥感图像是目前使用的数字航空照片,而对于大区域森林调查则采用被动式卫星图片(Anttila 等,2002;Holopainen,1998),航空照片在其竹林规划中使用已成为传统。我国遥感在竹林资源调查与规划中应用起步较晚,早期主要用于一类调查和二类调查。随后,国家林业局进行了全国范围内采用SPOT 等高分辨率卫星数据开展森林资源调查的研究,掀起了新一轮的森林资源航天遥感调查热潮。遥感信息技术现已广泛用于遥感蓄积量估测、森林资源面积、郁闭度、树种分布等专题信息提取。

2. 森林火灾的监测预报

森林火灾是自然灾害中最为严重的一种,森林一旦发生火灾,不仅会使辛苦几年培育的竹木顷刻间化为灰烬,而且会对生态环境带来严重的负面影响。如果能及时监测、预报森林火灾,其带来的损失就会大大减小。这时,遥感技术对预测森林火灾起到了至关重要的作用。我国林业早在 20 世纪 50 年代就开展了利用航空遥感技术进行森林火灾监测,其在 1987 年大兴安岭特大森林火灾监测中发挥了非常重要的作用。随着卫星遥感技术的深入发展与应用,我国科研人员不断地探讨利用遥感技术进行森林防火应用的研究,并取得了一定的成效,如利用 MODIS 等遥感卫星数据有效解决了森林火灾预警监测模型中可燃物类型的分类方法、植被因子的估测、小火点自动识别等方面的应用技术(覃先林,2005);MODIS 数据用于森林火灾预警;海事卫星技术等应用于我国森林火灾的预防、监测及扑救工作中;近年来,随着无人机遥感技术的兴起,该技术也用于森林火灾监测中。目前,我国国家森林防火指挥部卫星森林火灾监测系统已发展成为国家森林防火指挥部和各省市林业部门防火办对森林火灾宏观监测的主要手段,并为扑救指挥提供了可靠的数据保障和技术支撑。

3. 森林病虫害监测

受害森林群落的光谱特征变化是森林病虫害遥感监测的主要依据。相关研究学者不断尝试利用雷达遥感、航天遥感、卫星遥感等遥感技术进行森林病虫害监测。雷达遥感主要应用于监测害虫迁飞、迁移等行为,例如,雷达能监测到 143 m 处的马尾松毛虫成虫以及吊持在氢气球下升空 1020 m 的马尾松毛虫成虫(薛贤清等,1987)。航空遥感广泛用于监测害虫的种群动态、树种死亡率、受害群落林冠变化,获取病虫害信息等。卫星遥感如 TM 影像 5、4、3 波段合成能够判别不同虫害区域、不同植被指数的差异来监测森林病虫害等级、估测森林病虫害面积及区域、森林损失等。遥感监测森林病虫害具有面积大、周期短、获取的信息不受干扰等优势,越来越得到人们的广泛关注,具有广阔的发展前景,而高光谱遥感技术的出现进一步拓宽了遥感监测森林病虫害这一新领域,寻找病虫危害程度与原始光谱、植被指数等变化之间的关系,确定不同树种病虫害监测的敏感波段和敏感时期,是目前高光谱遥感用于森林病虫害监测的研究热点和关键。目前已实现杉木炭疽病的早期监测(伍南等,2012)、马尾松虫害等级监测(许章华等,2013)、松萎蔫病的早期监测(王晓堂,2011)等。

4. 竹林地土壤肥力遥感监测

我国于 20 世纪 80 年代初首次利用遥感技术,进行了第二次土壤普查。不少学者利用遥感技术,运用获取的多波段、不同时相的遥感影像,进行了防护林地区的土地、森林资源的调查与评价等工作。随后遥感技术被广泛运用于土壤肥力的研究,并取得了一定的成果。土壤肥力遥感监测是指从遥感数据中获取有用的信息来反演土壤质量,从土壤光谱和植被光谱中提取与土壤肥力相关性高的指标,利用多元统计回归、逐步多元回归分析、最小二乘和主成分分析等统计学方法来构建反演模型,以估测研究区的土壤肥力。近年来神经网络方法也运用于土壤肥力预测,通过各地研究结果表明神经网络方法对土壤肥力的预测精度高于其他的方法。

5. 其他要素遥感监测

遥感技术除用于上述领域监测,还用于竹林资源健康、竹林地土壤水分、竹林生长质量等方面的监测。如土壤水分的遥感监测方法主要为可见光和近红外遥感、热红外遥感、微波遥感、高光谱遥感和陆面数据同化法等(胡猛等,2013),方法上则有热惯量模型、植被指数、温度变化及光谱反射率等理化参数不断运用于地面土壤水分的估测(田国珍等 2013),等等。遥感技术使森林各方面的监测成为可能,为今后森林可持续经营提供参考。

3.2.6 遥感在竹林资源调查中应用的发展趋势

自从遥感技术引入到竹林资源调查中以来,通过几十年的应用和发展,遥感技术已成为竹林资源数据获取的有效手段之一。卫星遥感在空间分辨率和光谱分辨率方面的提高,为遥感提供了丰富的信息源,拓宽了遥感应用的深度和广度,给竹林资源清查和监测工作带来了新的发展机遇。当前,竹业正走向信息化、数字化,而作为其最重要的数据源的遥感发展,为竹业信息的顺利实施提供了强大的信息保证。遥感在竹林资源调查中的应用将具有广阔的发展前景。

(1) 为了满足国家森林资源连续清查的业务要求,在现有森林资源清查体系的基础上,以统计理论抽样技术为基础,以"3S"技术为支撑,遥感监测与地面调查技术相结合的多阶遥感监测体系的建立与应用,能充分发挥遥感的优势,快速、准确清查总体竹林资源的数量、质量及其消长动态,从而掌握竹林生态系统的现状和变化趋势。

（2）建立遥感控制点影像库,不仅能提高竹林资源清查遥感监测的效率和精度,对林业其他领域或其他行业的遥感监测也是非常有必要和有利的基础建设。

（3）建立不同地类和不同竹林资源类型的解译标志,形成我国不同区域的竹业遥感解译标志库,为竹资源的自动信息提取和遥感样地的判读及分析提供依据。

（4）随着遥感技术与信息处理技术的提高以及竹业工作的需要,竹林资源清查中遥感监测正从定性走向定量,从静态估算走向动态监测,从试验走向实际生产应用。

（5）通过遥感的宏观监测技术,结合现有森林资源清查体系 5 年 1 次累加的调查技术,形成竹林资源清查技术方法、构建相关技术体系,为国家竹业生态建设、竹业产业开发、绿色 GDP 的核算以及竹林资源可持续经营与管理等提供依据。

（6）通过"3S"技术在竹业资源与生态环境综合监测中的应用,优化技术体系,建立以"3S"技术为平台的新型监测评价模式和体系。

（7）将低分辨率宽视场的遥感数据,如 MODIS、AVHRE、SPOT-vegatation 或 CBERS-WFI 等引入竹林资源清查体系,并与现有清查体系结合,以其宏观、高时间分辨率的优势,可以提供竹资源宏观监测数据,并缩短提供宏观监测成果的周期。

（8）随着高光谱遥感技术的发展,研究和尝试高光谱数据在竹林资源清查中的应用,分析不同竹林类型,甚至竹种的光谱特征,建立光谱库,将有利于提高竹资源信息的自动化提取效率和精度。

3.3　竹林资源调查遥感监测

3.3.1　面积监测

掌握准确的竹林资源面积及分布状况,有助于竹林采伐、种植的科学规划,也是竹林资源资产评估的基础指标,直接关系到竹林的产出与效益。传统森林面积测量多是通过人工设置样地或光学测量仪器进行测量。"3S"技术在林业调查工作中普及后,利用遥感影像数据和卫星定位技术使得面积的测量变得准确快捷,见表 3-2。

表 3-2 遥感面积监测方法

监测方法	特　点
遥感影像识别法	常见的分类识别方法有非监督分类法,监督分类法,面向对象分类法等。在分类的过程中应注意同一地物不同特性的选取,以增加识别的精度,并且进行抽样实地验证,保证面积计算结果的准确。该方法的优点在于计算速度快、覆盖范围广,但存在识别精度不高、小块林分计算误差大等不足,适合大范围的面积估测。
遥感影像人工目视判读法	与利用专业软件的遥感影像识别法不同,人工目视判读法更多的是需要人工目视影像,并手工绘制竹林资源分布的区域,虽然该方法也可以在计算机软件上实现,但精准仔细的手绘是不可缺少的。该方法适合于小面积竹林的面积测算,并要求影像的空间分辨率要尽可能的高。该方法的优点在于测算结果精度高,但是需要耗费的时间和人力较多,不适合大范围的竹林面积估测。
手持 GPS 绕测法	该方法主要利用高精度 GPS 的测量功能,调查人员携带手持 GPS 接收机,开启轨迹模式,绕着要测量的竹林巡查一周后,通过 GPS 的内的轨迹计算功能即可算出竹林面积。需要注意的是,为保证测量的精度,应当同时携带一至两台 GPS 接收机进行调查,保证定位点的准确;同时应将记录数据导出,与研究区遥感影像进行叠加,确认无缺漏即可。

3.3.2 立竹密度监测

从光合作用充分利用太阳能的角度看,单位面积立竹数多比少好,但是植物本身维持生命活动还不断地进行呼吸作用,密度越大,竹子物质消耗也越多。因此,竹林的密度可以通过群体净光合率来衡量,只有当净光合率达到最大值时,笋、竹才能获得最高产量。

据我们的观察研究发现,未钩梢的竹林,立竹密度 3000～3750 株/hm^2,平均胸径 10 cm,其叶面积指数 8.02,通过对竹冠多层次光透射率的测定,如竹冠上面全光为 100%,则在冠层表面以下 2 m 处的透光率就仅为 50%。冠层中部为 20%,下部就只有 4%～5%。也就是说,林内地面受光量只有全光的 4%～5%,光能表观利用率达到 95% 以上。但同时对净光合率测定的结果是竹冠层上部,白天净光合率都为正值,中层有正有负,下层大多数情况为负值,负值说明光合作用小于呼吸作用,这部分叶子对生长起反作用。表明未钩梢的毛竹林,当立竹密度达3000～3750 株/hm^2、叶面积指数达 8 时,竹林密度已经偏大。

利用遥感技术的监测立竹密度的核心依旧是对竹林的影像识别,立竹密度监测需要精确地识别出具体的竹株数量。值得关注的是,竹类植物以散生竹、丛生竹区分其生长分布特性,使得丛生竹的竹株单株识别变得异常困难;即使是散生竹,若郁闭度较高也很难在影像中很好地提取单株竹的分布信息。这就要求更加精细的影像与细致的操作,也是当前亟待解决的技术和研究热点之一。面对地物信息复杂,提取要求较高的任务时,常使用高分辨率影像进行分析提取,利用高分辨率影像丰富的纹理特征结合人工目视判读,可以提高提取精度。上述提到的单株立竹的识别亦可使用地基或机载激光雷达,利用激光雷达高穿透力以及密集地扫描,可以将立竹通过点云的形式获取,在利用分析软件即可很轻松地识别出扫描范围内的立竹株数。

3.3.3　竹病虫害监测

遥感技术在竹资源病虫害监测研究中具有常规的地面调查方法不可比拟的优越性。竹类植物受到病虫危害后,其叶片内部组织结构和功能的变异以及竹株形态结构的非正常变化,使得受病虫危害的竹株在光谱特性上发生明显变化,根据光谱反射率的差异和结构异常在航空或航天遥感数字图像上的记录,通过图像增强处理和模式识别,并在地理信息系统和专家系统的支持下,就可以实施对竹林病虫害的监测(表 3-3)。

表 3-3　遥感病虫害监测方法

监测方法	特　点
影像分类法	影像分类法主要用于检测病虫害导致树木冠层光谱发生变化。根据危害后的光谱差异,利用多光谱影像分类的方法就可以成功地监测。
影像差技术	影像差技术主要用于监测病虫害导致树木大量失叶而光谱变化不显著时,可以应用危害前后的影像作差值来监测失叶量。
植被指数 VID 技术	利用各类植被指数(归一化植被指数、比值植被指数、差值植被指数、正交植被指数和垂直植被指数等)差建立数学模型。
GIS 技术和 数学方法	随着 GIS 技术的发展和各种数学模型在遥感中的应用也为森林病虫的遥感监测提供了新的技术手段。GIS 技术用于建立背景信息库,管理、更新和分析空间数据,提高遥感监测森林病虫害的精度;运用数学方法,如多元线性回归、线性回归、对数回归、多项式对数回归、逐步回归、统计自相关、图像半方差分析技术、元胞转换模型、人工神经网络、典型相关分析 CCA、时间序列分析和格局识别技术等为遥感监测森林病虫害提供了新的活力。

3.3.4　竹林生长质量监测

森林结构和质量决定森林生态功能效益的发挥,因此可选用能反映森林生态功能并能结合连续清查和森林资源"二类调查"的小班调查的因子作为森林质量评价指标,可以对一个地区的所有森林进行定量的质量评价,并用于指导小班经营,真正服务于林业科学管理和决策(严会超,2005)。竹具有速生,扩张快的特点,这一特性决定了竹林结构对竹林的生长质量有着较大的影响。从人工种植集约经营的竹林与自然生长的竹林之间就能看出二者的巨大差异。拥有合理的林分结构和科学分布的竹林,竹株生长状况都表现出较为良好的态势。

竹林结构(ST)包括建群种的组成(SP)、立竹度(NO)、立竹年龄构成(AG)、立竹个体大小(D)、立竹整齐度(U)、立柱分布均匀度(E)、叶面积指数(LAI)、产量结构(PRO)和鞭系统组成(RI)等因子。它们的关系式如下:

$$ST = f(SP、NO、AG、D、U、E、LAI、PRO、RI)$$

竹林结构对竹林生长的影响,是组成结构诸因子共同综合的作用。在对竹林生长的作用过程中,因子之间是既相互配合又相互制约的。当然,各因子对竹林生长的作用大小、影响程度是不相同的。

3.3.5 经营措施监测

毛竹林的经营水平的高低称为经营级,可划分为三个等级(表3-4)。

表 3-4　毛竹经营等级

等　级	特　征
Ⅰ经营级	有深翻、松土、锄草、并适当施肥等整套改善土壤理化性质的措施、有合理留笋育竹、合理采伐的二套制度能及时防治病虫害等,并能有 4～6 年周期性的采取以上措施的称为Ⅰ经营级,即属于集约经营型。
Ⅱ经营级	每年仅劈山或除草松土二次,尚能注意留笋有竹和合理采伐,但不能形成一套科学的留笋育竹和采伐制度,一般能注意防治病虫害,连续这样经营 6 年以上、称为Ⅱ经营级,即一般经营型。
Ⅲ经营级	两年劈山一次,不能做到合理留笋育竹和科学采伐,没有进行病虫害防治或防治不得法,连续这样经营 6 年以上称为Ⅲ经营级,即粗放经营型。

根据精确的竹林经营措施遥感监测数据,结合实地调查,可对研究区的竹林经营做出评价及改进,并进行产量预测。有助于改善经营手段,节约经营支出,提高竹林产量。毛竹林的经营措施涉及采伐、施肥等多个环节。竹林生长迅速,对水分、土壤肥力有较高要求。卫星遥感数据拥有丰富的光谱信息,以此建立模型监测调查区域的土壤肥力,就能掌握竹林地的施肥状况,针对肥力匮乏的区域可以准确地指示其分布,避免过度施肥和漏施的情况发生(土壤肥力监测方法见 8.3.4 节)。

3.3.6　其他要素监测

竹林是森林的重要组成部分,特别在我国南方地区,竹林常与其他树种林分混交生长,对竹林各类不同调查要素的遥感监测多数与森林资源遥感监测相通。但值得注意的是,竹类植物具有生长迅速,分布范围扩张快,对水肥要求高等特点,且多数成规模的竹林林分常由人工经营,伴随较为频繁的施肥与采伐。所以在进行针对竹林资源的遥感监测时,要适当考虑竹类植物本身的生物学特性以及人为干扰的影响。

3.4　本章小结

竹林作为我国森林资源的重要的组成部分,具有其独特的生理及生态学特性。在我国的森林资源调查中,竹资源的调查有着十分重要的地位。然而我国的森林资源调查手段仍处于较为落后的阶段,远远不能满足对竹资源进行合理开发与利用的需求。

随着不同空间分辨率遥感信息源的开发以及各种遥感数据的处理、分析与管理等技术的日趋成熟,越来越多的遥感信息源在我国森林资源监测中已经得到了广泛应用。通过遥感影像数据分析提取的植被指数、纹理指标等,可进行森林动态变化、林地立地质量、土壤肥力的精准检测,对林分树高、林木郁闭度、蓄积量等重要指标参数的提取也去了巨大的突破,特别在林木病害监测、森林火灾监测等方面的遥感应用,彻底改变了传统监测模式,充分凸显了遥感技术在森林资源监测中高效、精确、便捷的优势。竹林不但是森林的重要组成,更扮演着我国林业生产的重要角色,竹林经济的快速发展离不开科学的经营管理与合理的资源分配。利用遥感技术手段,能够快速准确地掌握竹林生长及分布动态;监测土壤肥力变化;进行病虫害、火灾预警等工作,切实有效地改进了竹资源生产管理模式,减少人力财力支出,为竹林经济的健康发展提供了良好的保障。但值得关注的是,由于竹资源具有地域及生物生理的特殊性,国内外针对竹林资源遥感的研究还处于初级阶段,在竹林地物光谱特性、信息提取方法以及动态监测技术等还有待于进行深入的研究。

参 考 文 献

Anttila P. Updating Stand Level Inventory Data Applying Growth Models and Visual Interpretation of Aerial Photographs[J]. Silva Fennica，2002，36(2):549-560.

Brandtberg T. Automatic individual tree-based analysis of high spatial resolution remotely sensed data [J]. Acta Universitatis Agriculturae Sueciae Silvestria，1999.

Holopainen，M. Forest habitat mapping by means of digitized aerial photographs and multispectral airborne measurements. University of Helsinki，DeparTMent of Forest Resource Managament，Publications 18. Doctoral thesis,1998.

Kraus K，Pfeifer N. Determination of terrain models in wooded areas with airborne laser scanner data[J]. Isprs Journal of Photogrammetry & Remote Sensing，1998，53(4):193-203.

陈婷婷. 永安市林地土壤肥力遥感估测研究[D]. 福建农林大学，2012.

巩垠熙，高原，仇琪，等. 基于遥感影像的神经网络立地质量评价研究[J]. 中南林业科技大学学报，2013，33(10):42-47.

关玉贤. 福建省森林覆盖率影响因素分析及对策研究[J]. 林业勘察设计，2015(1):10-13.

国家林业局. 林资发[2004]25号，一类调查技术规定.

国家林业局. 林资发[2003]61号，森林资源规划设计调查主要技术规定.

国家林业局. 森林资源资产化管理法规制度选编[M]. 中国林业出版社，2002.

胡猛，冯起，席海洋. 遥感技术监测干旱区土壤水分研究进展[J]. 土壤通报，2013(5):1270-1275.

刘健，余坤勇，亓兴兰，等. 基于专家分类知识库的林地分类[J]. 福建农林大学学报(自然科学版)，2006，35(1):42-46.

刘健，余坤勇，许章华，等. 竹资源专题信息提取纹理特征量构建研究[J]. 遥感信息，2010(6):87-94.

刘健. 基于"3S"技术闽江流域生态公益林体系高效空间配置研究[D]. 北京林业大学，2006.

亓兴兰. SPOT-5遥感影像马尾松毛虫害信息提取技术研究[D]. 福建农林大学，2011.

田国珍，武永利. 土壤水分遥感监测及关键技术[J]. 山西农业科学，2013，41(9):1021-1026.

王晓堂. 基于高光谱的松萎蔫病动态变化的研究[D]. 2011,南京:南京林业大学.

王雪. 遥感技术在森林资源二类调查中的应用研究[D]. 长安大学，2009.

伍南，刘君昂，周国英，等. 基于高光谱数据的病害胁迫下杉木冠层色素含量估算研究[J].

中国农学通报,2012,28(1):73-79.

肖凤劲,欧阳华,傅伯杰,等.森林生态系统健康评价指标及其在中国的应用[J].地理学报,2003,58(6):803-809.

许章华,刘健,余坤勇,等.松毛虫危害马尾松光谱特征分析与等级检测[J].光谱学与光谱分析,2013,33(2):428-433.

薛贤清,田子章,陈瑞鹿,等.应用雷达监测马尾松毛虫踪迹的探讨[J].林业科技通讯,1987,(6):28-32.

严会超.生态公益林质量评价与可持续经营研究[D].中国农业大学,2005.

余坤勇,林芳,刘健,等.基于RS的闽江流域马尾松林分蓄积量估测模型研究[J].福建林业科技,2006,33(1):16-19.

张艮龙,冯益明,贾建华,等.基于SPOT-5遥感影像的小班区划探讨[J].浙江农林大学学报,2010,27(2):299-303.

第四章　竹林资源信息遥感识别监测技术

遥感识别技术的具体运用主要是由遥感影像分类技术来体现,其目的是根据影像中每个像素在不同波段的光谱亮度、空间结构特征等,按照特定规则或算法达到地物类别划分。遥感影像分类的方法有许多,常规方法一般根据是否需要训练样本可以分为监督分类(如最大似然法、平行算法)和非监督分类(如 ISODATA 方法、K-均值聚类算法)。随着遥感技术、计算机技术等不断地发展,面向对象、人工神经网络、支持向量机、决策树分类、专家分类等新的分类方法不断涌现,这些方法在多光谱遥感和高光谱遥感中得到广泛应用。多光谱影像主要运用以上分类方法进行地物类型的提取。高光谱影像除了应用以上方法外,常用的分类方法还有光谱角度填图、线性波谱解混、光谱波形匹配、光谱特征匹配、混合调制匹配滤波等。无论哪种方法,均在森林遥感信息提取上得到不同程度的应用,但是对于竹林识别的运用并不多见。

决策理论(或统计)方法是遥感影像自动识别分类的主要方法,该方法需要从被识别的模式(即对象)中提取一组模式特征,即一组模式属性的测量值,并将其定义在一个特征空间中,利用决策原理划分特征空间以区分具有不同特征的队形,从而达到分类的目的(孙家抦等,2009)。光谱特征和纹理特征是遥感影像对象特征的两种主要特征,其中,遥感影像分类中最常用的方法是基于光谱特征分类的方法,而基于纹理特征分类的方法则是作为辅助光谱特征分类的手段,目前这两种方法已经运用于竹林资源信息的遥感识别中。本章目的主要是让读者了解遥感识别竹资源的技术流程,通过对竹林资源光谱和纹理特征的差异以及不同树种在各种地形条件下光谱差异等有效特征的描述,介绍多光谱和高光谱数据遥感识别竹林资源的有效信息特征和识别技术,为今后竹林资源信息的识别思路构建与提取,提供新的方法与技术支撑。

4.1 竹林资源遥感识别原理与识别特征

4.1.1 竹林资源遥感识别原理

我国地处世界竹资源分布的中心,竹林资源总面积和竹产业量均位居世界第一,丰富的竹资源为我国林业发展和生态环境建设做出了巨大贡献(刘健等,2016)。因而,正确监测与识别竹资源是实现生态、社会和经济效益的基础和依据。在我国,利用遥感、地理信息系统及全球定位系统相结合地全方位监测森林资源已成为研究的热点,但对我国亚热带特殊森林资源的竹林,其监测与识别还处于初步阶段。传统的竹林资源调查方法已无法满足现代竹资源经营管理的需要。随着遥感空间信息技术的发展,为竹林资源监测与识别提供了重要的有效途径。最初遥感对竹资源的监测与识别主要是依据典型植被的波谱特征和空间特征与其他地物的差别,波谱特征包括色调和颜色,空间特征包括纹理、形状、大小、位置、布局、阴影、图形等。传统遥感分类主要依据一些统计类型的计算模式,利用地物的光谱、纹理、色彩、形状等信息进行目视判读,通过专家知识进行逻辑推理和分析确保分类的精度,是遥感影像信息提取中不可替代的分类方法。不过这种方法也存在不足之处,要求信息提取者遥感、地物知识经验丰富,专业性要求强(胡湛晗,2015)。随着计算机技术的迅猛发展,基于计算机作为平台利用影像的光谱特性进行分类的方法应用广泛,分为监督分类和非监督分类两大类,主要是依据人工参与程度,是否对图像中的每一个像元按照某种特定规则或者算法来实现对影像类别的划分,实现遥感影像上目标地物的分类,从而达到竹林资源的识别(杨志刚,2006;孙艳霞,2005;黄丽梅,2009)。目前,支持向量机、神经网络分类等方法也运用到竹资源的识别中,达到了很好的分类效果。

竹林资源的识别目前主要是依据其光谱特征和纹理特征,并选择合适的分类方法进行提取。植被光谱特征因不同植物叶子的组织结构和所含色素不同以及物候期差异、叶片水分含量不同等,其光谱特征是不一样的,植物的光谱特征可以使植物在遥感影像上有效地与其他地物区分开来,从而成为区分植被类型、长势及估算生物量的依据。如大年毛竹春季、夏季的光谱反射率高于秋季和冬季,大年毛竹林春季和夏季的一阶导数曲线的红边波段呈"双峰",秋季和冬季呈"单峰";巴山木竹在 520~560 nm 范围内反射规律为开花竹<潜在开花竹<远距离未开花竹(刘

雪华等,2012)。早期,航天遥感数据,如 TM 数据以其丰富的光谱信息使得竹资源遥感信息提取取得了比较满意的结果(杜华强等,2008)。随着空间分辨率的提高,使得遥感影像中的光谱信息和纹理信息越来越丰富,地物内部结构越来越清晰,其在遥感影像中表现为地物的纹理结构越来越清楚;但由于影响地物光谱信息的因素较多,仅仅依靠影像中地物光谱信息无法识别一定程度上存在的"异物同谱、同物异谱"现象,而纹理信息则可以帮助抑制这种现象的发生(黄丽梅,2009)。纹理特征识别已成为图像分析的重要手段,依据光谱信息和纹理信息的树种分类屡见不鲜(杨志刚,2006),在竹林资源识别与分类中也比较常见(余坤勇等,2012;高国龙,2016)。

基于光谱和纹理信息的遥感分类主要涉及两个关键技术:一是如何能够从遥感影像数据中提取光谱和纹理信息,有效区分目标之间存在的"同物异谱和同谱异物"现象;二是如何简单便捷地从众多纹理特征中选取相关性小、冗余信息少的纹理特征,并利用这些特征和光谱信息组合,结合相关地理信息进行遥感影像分类或目标提取(胡文元,2009)。同时,高光谱数据的出现,因其细微的光谱特征差异为区分不同树种间极为相似的光谱特征提供了可能,大大地改善对竹林资源的识别和分类精度。目前,竹林资源的识别大多数基于光谱特征和纹理特征进行竹林资源信息的提取,由于竹林资源在一定时期光谱特征与其他树种相似,而纹理特征差别较大,因此,先利用光谱信息对遥感影像进行分类,再基于光谱分类的结果利用纹理特征进一步细分,使分类结果更加合理。

4.1.2 竹林资源遥感识别特征

(一) 竹林资源光谱特征

竹林资源光谱特征不仅遵循植被光谱特征的一般规律,而且不同竹林种类具有各自的光谱特征。图 4-1 为福建省顺昌县典型的毛竹林叶片光谱特征。在可见光波段范围内,毛竹林叶片光谱主要由叶片中的叶绿素、胡萝卜素、类胡萝卜素等色素决定,尤其是叶绿素起着最主要的作用。毛竹林叶片光谱特征主要有三点:一是健康的竹林资源在 400～670 nm 波段反射率低于 10%,此波段为光合有效波段,并在 550 nm 附近出现绿色反射峰,这是由于叶绿素强烈地吸收蓝光和红光波段的辐射能,少量吸收绿色波段能量所致;二是在 680 nm 为中心的红光波段呈吸收谷,之后在 680～750 nm 波段的反射率随波长增加而增加,在 750 nm 之后趋于平缓,此波段为毛竹光谱的"红边"波段;三是毛竹有大小年之分,其光谱特征有着明显的区别(官凤英等,2012)。

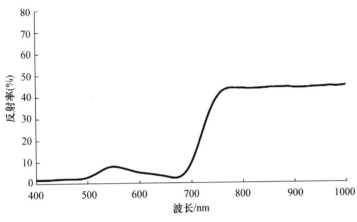

图 4-1　典型竹资源的光谱反射曲线

(二)竹林资源识别的光谱差异

竹林资源因组织结构、季相、生长特点等,其光谱特征可能与其他森林植被类型甚至竹林资源种内之间千差万别。

(1)一般来说,不同植被类型由于叶子的组织结构和所含色素不同,具有不同的光谱特征,因而,竹林资源位于森林植被中具有可识别性。图 4-2 为福建省永安市毛竹与其他森林植被在 HJ-1A HIS 影像上的光谱响应。在波长 460～680 nm 范围内,各森林植被类型的光谱值无明显区别,在 680～750 nm 处,形成高反射率,与典型植被光谱反射率一样,各森林类型的光谱曲线几近重合。经济林与其他森林类型在整条曲线上具有较好的区分性,特别在 720～950 nm 范围的光谱值明显高于其他森林类型。对毛竹而言,在整个光谱曲线上的光谱值都高于马尾松,二者

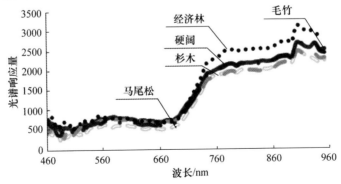

图 4-2　森林植被类型光谱响应比较

间具有较好的可分性;与杉木在波长 508~670 nm 范围内几乎重合,可分性不高,而在 740~950 nm 的红外光波段范围差异比较大;与硬阔在整个光谱曲线上的光谱值相近,仅在波长 540~700 nm 范围内有细微差别(刘健等,2016)。

(2)竹林资源具有独特的生长特点,如竹林资源开花前与开花后的光谱特征是不一样的,部分竹林资源有大年与小年的区别等,这些生长特点随季相变化具有不同的光谱特征。例如,大年毛竹和小年毛竹的光谱特征是不一样的,不同季节的大、小年毛竹光谱特征又有着明显的区别。以福建省顺昌县的毛竹林为例(图 4-3),毛竹林在绿光波段 520~590 nm 出现反射峰,峰值对应波长为 556 nm,此波段范围内春季毛竹林的反射率最大,秋季的小年毛竹林的反射率最低;640~680 nm 波段为毛竹林的红光吸收波段,红光吸收谷位于 680 nm,小年毛竹林秋季红光反射率最低。光谱反射率值大小排序依次为:春季、夏季、冬季(大年)、冬季(小年)、秋季(大年)、秋季(小年)(邓旺华,2009;官凤英等,2012)。

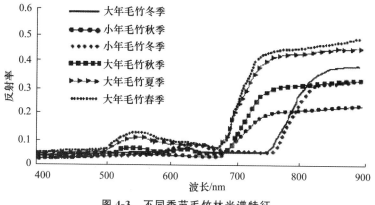

图 4-3　不同季节毛竹林光谱特征

(三)竹林资源纹理特征

纹理特征是由影像上一定频率重复出现的细部结构组成,是单一特征的集合,实地为同类地物聚集分布。影像上的纹理特征有光滑的、波纹的、斑纹的、线性及不规则的(表 4-1)。利用纹理特征进行遥感解译时,必须注意遥感影像的空间分辨率或者比例尺(陈圣波等,2011;朱亮璞,1994)。例如,在中比例尺上针叶林粗糙,幼林有绒感,草地细腻、平滑感强。在众多的遥感影像特征中,除像元的色彩/反差特征外,纹理是影像数字处理,尤其在影像自动分类过程中,使用比较频繁的一个影像特征。在实际工作中,通常从遥感影像上选取 $n \times n$(如 3×3 等)像元的移动窗口,然后求平均值、方差、偏斜度、陡坡等统计特征值,以描述其纹理特征影像(阎

表 4-1　纹理

类型	描述	地面特征	典型图像
平滑	地物地表起伏很小,色调几乎无变化	大规模分布的同一地物,如成片分布的水体	
细腻	地物地表起伏很小,有绒感,色调有变化但均匀分布	成片状连续分布的地物,幼年期的麦苗、草地等	
粗糙	地物地表起伏较大,色调有变化明显	在同一区域内,有不同相对高度较大的地物组成,阴影等明显	

守邕等,2013)。这些数据与多波段数据配合起来进行遥感影像分类,特别是地物光谱特征相似,而纹理特征差别较大的场合,可以弥补仅用波谱数据的不足,达到较好的自动分类效果。图 4-4 以 ALOS 影像数据经过光谱信息提取竹林地之后,利用纹理信息再提取竹林的一个实例,分别用 3×3、5×5、7×7、9×9、11×11、13×13 六种窗口计算得到的局部纹理图像。通过观察其目视效果可以发现,大窗口中纹理效果表现得较模糊,而小窗口的纹理效果较清晰,可以得到更佳的目视效

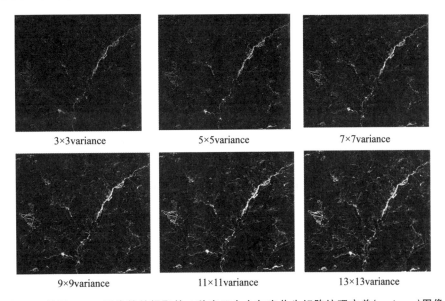

3×3variance　　5×5variance　　7×7variance

9×9variance　　11×11variance　　13×13variance

图 4-4　基于 AOLS 影像竹林提取的 6 种窗口大小灰度共生矩阵纹理方差(variance)图像

果。5×5 大小的窗口纹理紧密适中,目视效果也较好。

4.2 多光谱遥感地物识别方法

遥感图像分类的最终目标是将图像中每个像元按照某种规则或算法划分不同的类别,其核心是每个像元根据其在不同波段的光谱亮度、空间结构特征或者其他信息有差异(Lillesand et al,2000)。光谱模式识别通常是利用影像中每个像元的不同光谱模式。像元与其周围像元之间的空间关系(如图像纹理、特征大小、形状、方向性等;空间信息、时间信息、人文信息等)也常常用于遥感图像分类。遥感图像分类根据人工参与的程度分为监督分类、非监督分类及两者结合的混合分类(赵英时,2003)。影响分类的因素有许多,数据类别的可分性、训练样本的数量、数据的维数及所使用的分类器等均可影响影像分类的结果(Jia,1999)。对于多光谱与高光谱遥感影像,一般并不是所有波段都参与分类,往往只利用有限的波段,有些波段之间高度相关,去掉高度相关的波段对分类精度影响不大(汤国安等,2004)。为了提高分类精度和分类效率,分类前的特征选择与特征提取显得尤其重要(张立福,2005)。

4.2.1 竹林资源多光谱遥感识别特征构建

近红外波段在植物识别中具有重要的地位。由近红外波段参与的各种"植被指数"在植被信息提取中扮演重要的角色。另外,竹林叶片的颜色、团簇状的冠层结构与非竹林植被有明显的区别,不同树种的植被指数间有明显的差异。因此,选择合适的植被指数(如 *NDVI*、*PVI*、*RVI*、*DVI* 等)对竹林资源信息提取有很大的帮助(杜华强等,2012)。

对于多光谱遥感影像来说,仅仅依靠参与分类的波段进行特征提取,其精度往往是不够的,因而除了原始波段外,还需增加一些有原始波段变换而衍生的新波段,从而构建有效信息特征,如植被指数、纹理、主成分变换、空间彩色变换等,以提高分类精度。

(一)植被指数特征的构建

NDVI 在植被遥感中应用得最广泛。*NDVI* 是植被生长状态的最佳指示因子,其值限定在[−1,1]范围内,植被区的 *NDVI* 大于 0,而非植被如云、水、裸土和岩石等地物的 *NDVI* 值却小于等于 0,因此,几种典型的地面覆盖类型在 *NDVI*

图像上区分鲜明,植被能够被有效识别。$NDVI$ 是近红外波段反射率和红光波段反射率经非线性归一化处理得到,其计算公式为

$$NDVI = \frac{\rho_{NIR} - \rho_R}{\rho_{NIR} + \rho_R} \tag{4-1}$$

冠层植被指数(CVI)能够反映植被的冠层结构特征,尤其是竹林冠层结构特征与其他植被的差异明显,希望运用 CVI 能获取竹林冠层信息,为竹林信息识别提高精度。

$$CVI = \frac{\rho_{NIR} - \rho_{SWIR}}{\rho_{NIR} + \rho_{SWIR}} \tag{4-2}$$

另外,可见光波段与植物的色素有关,近红外波段与植被叶片或冠层结构有关。近红外波段与可见光波段的结合可反映植被色素和结构的综合指数,常见的植被指数分类特征还有以下几种,见表 4-2。利用不同地物在各种植被指数上的特征能够辅助灰度值进行信息提取。

表 4-2　常用植被指数

常用植被指数	计算公式	描述
比值植被 指数(RVI)	$RVI = \rho_{NIR} / \rho_{RED}$	植被发展高度旺盛、具有高覆盖度的植被监测中
差值植被 指数(DVI)	$RVI = \rho_{NIR} - \rho_{RED}$	对土壤背景敏感,植被越密,其中值越小
转换植被 指数(TVI)	$TVI = \sqrt{NDVI + 0.5}$	消除土壤、大气和综合因子影响
垂直植被 指数(PVI)	$PVI = (\rho_{NIR} - a \times \rho_{RED} - b) / \sqrt{1 + a^2}$	对植被具有适中的敏感性,利于提取各种背景下的植被专题信息
土壤调整植被 指数($SAVI$)	$SAVI = \frac{(1+L)(\rho_{NIR} - \rho_{RED})}{\rho_{NIR} + \rho_{RED} + L}$	公式中 L 考虑的是冠层近红外与红光小光差异,减小土壤噪声
增强型植被 指数(EVI)	$EVI = G \frac{\rho_{NIR} - \rho_{RED}}{\rho_{NIR} + c_1 \times \rho_{RED} - c_2 \times \rho_{GREEN} + L} (1+L)$	公式中 C、G、L 用以描述使用蓝光波段校正红光波段的大气气溶胶的影响 公式中 G 为增益系数,其值为 2.5,L 为土壤调节因子,其值为 1.0;C_1、C_2 分别为 6.0 和 7.5,通过蓝色波段来修正大气气溶胶对红光波段的影响。

（二）纹理特征的构建

纹理在影像上表现为根据色调或颜色变化而呈现出的细纹或细小的图案，这种细纹或细小的图案在某一确定的图像区域中以一定的规律重复出现（徐登云等，2012）。传统的森林识别主要依据光谱信息进行阈值分割，不能有效地解决森林资源在遥感影像中存在的"同物异谱"和"同谱异物"现象（都业军，2008）；而影像上的纹理特征可以体现出目标地物的细部结构或内部细小物体，它是对影像内部灰度级变化的量化，可以从图像中计算出来（孙艳霞，2005；魏飞鸣等，2008）。纹理特征提取方法主要有灰度共生矩阵法、Laws 纹理能量法、空间自相关函数法等。本书着重介绍统计分析方法中的灰度共生矩阵（GLCM，Gray Level Co-occurrence Matrices）方法进行最佳纹理特征的构建。

灰度共生矩阵提供了影像中像元与像元、像元与整体影像间的空间关系，其方法是先依据影像的灰度级数和灰度变化情况计算出四个方向（右、下、右上和左下）任意两个灰度级相邻出现的概率矩阵，该矩阵即为灰度共生矩阵，再将该矩阵做对称化和归一化处理得到灰度联合矩阵，灰度联合矩阵提供多个纹理量，可从多个侧面描述影像的纹理特征。灰度共生矩阵法提供了 8 个纹理量（何勇等，2016；Haralick et al，1973），如表 4-3 所示。

表 4-3　灰度共生矩阵常用纹理量统计

名称	计算公式	代表含义
均值	$MEA = \sum_{i=1}^{n}\sum_{j=1}^{n}iP(i,j)$ 或者 $\sum_{i=1}^{n}\sum_{j=1}^{n}jP(i,j)$	反映纹理的平均值
方差	$VAR = \sum_{i=1}^{n}\sum_{j=1}^{n}(i-\mu)^2P(i,j)$	表征纹理的离散度
协同性	$HOM = \sum_{i=1}^{n}\sum_{j=1}^{n}P(i,j)/[1+(i-j)^2]$	反映图像纹理的同质性，值大则说明图像纹理的不同区域间缺少变化，局部非常均匀
对比度	$CON = \sum_{i=1}^{n}\sum_{j=1}^{n}P(i,j)\times(i-j)^2$	表示纹理清晰度，纹理沟纹深则值大
相异性	$DIS = \sum_{i=1}^{n}\sum_{j=1}^{n}|i-j|P(i,j)$	表示纹理的行列差异
熵	$ENT = \sum_{i=1}^{n}\sum_{j=1}^{n}P(i,j)\times \ln P(i-j)$	图像所具有的信息量的度量，信息分散时值大

（续表）

名称	计算公式	代表含义
角二矩阵	$SM = \sum\limits_{i=1}^{n} \sum\limits_{j=1}^{n} P(i,j)^2$	也称能量,纹理越粗表示能量多,值大,反之亦然
相关性	$COR = \{ \sum\limits_{i=1}^{n} \sum\limits_{j=1}^{n} P(i,j) \times (j-n) \} /$ $(\sqrt{(i-n)^2} \times \sqrt{(j-n)^2})$	一行或列元素之间的相似度

　　纹理图像中每个像元的值反映了窗口区域内的纹理,设置不同大小的窗口得到的纹理值是不同的。最佳纹理特征的构建是利用灰度共生矩阵法,首先得分析均值与熵两种纹理特征与窗口大小的关系,熵反映了纹理的紧密程度,熵越大纹理则越细密。然后通过选取移动步长确定纹理图像,基于此来分析灰度共生矩阵法的 8 个纹理量,实现基于灰度共生矩阵法的最佳纹理特征的构建。

4.2.2　常规分类方法

　　常规的分类方法包含两大类,第一类是非监督分类,指分类者不用从遥感影像上的地物获取任何先验知识,仅利用影像上地物光谱特征的分布规律进行特征提取,从而达到分类目的过程。非监督分类使人为误差的机会减小,独特的、覆盖量小的类别均能被非监督分类方法识别,但非监督分类产生的类别并不一定是分类者想要的类别,也不一定与想要的类别相匹配。非监督分类包括循环集群法(ISO-DATA)、混合距离法(ISOMIX)和合成序列积群法等。其缺点是过分依赖计算机,得到的结果难以直接引用。因此,在实际生产中,该方法鲜有使用。

　　第二类是监督分类,即用已知类别的样本像元去识别那些未知类别像元的过程。就是在图像分类中,分类者基于已有影像按照已知经验对每一个地物类型选取一定数量的训练样本,计算机计算每种训练样本的统计量(均值、方差、协方差等),将每个像元与其作比较,自动地按照不同规则将像元划分到和训练样本最相似的样本类,这是遥感应用中最常用的方法,监督分类的流程如下:① 确定分类对象和类别;② 初步分析对象的影像特征,作必要的图像空间转化,增加特征差异,如植被指数、纹理特征提取与量化等;③ 根据图像数据和其他辅助数据选择训练样本,统计各个类别的特征量,均值、方差、协方差等;④ 选择合适的分类算法,输入必要的参数,约束判别条件;⑤ 比较分类结果,评价分类精度;⑥ 分类后处理,进行必要的合并与筛选;⑦ 编辑分类结果,制图输出。

4.2.3 其他分类方法

上述的各种分类方法均是以每个像元只能被归入一个类型中为前提,像元和类型之间的关系只能是一对一。但图像中的像元所对应的地面实体并不只是一个类别,而是两个或两个以上类别的混合体,这是由于遥感图像分辨率及其他因素影响的原故(周晖,2005)。比如,TM 30 m×30 m 的像元所对应的林地也许是由竹林、马尾松林、阔叶林组成的,将其归到单一的竹林、马尾松林和阔叶林明显地会引起很大的分类误差。

4.3 高光谱遥感地物识别技术

遥感技术的发展,主要体现在遥感信息在波谱特性、时间特性与空间特性的发展上,由此特性出现了多种遥感数据,经国际遥感界的共识,光谱分辨率在 $10^{-1}\lambda$ 数量级范围的称为多光谱(multispectral),这样的遥感器在可见光和近红外光谱区只有几个波段,如 Landsat MSS,TM,SPOT 等;而光谱分辨率在 $10^{-2}\lambda$ 的遥感信息称之为高光谱遥感(hyperspectral);随着遥感光谱分辨率的进一步提高,在达到 $10^{-3}\lambda$ 时,遥感即进入超高光谱(ultraspectral)阶段(陈述彭等,1998)。近年来,高光谱遥感迅速兴起并成为遥感发展的主导趋势之一(刘伟东,2002)。高光谱遥感技术是集探测器技术、精密光学机械、微弱信号检测、计算机技术、信息处理技术于一体的综合性技术。在成像过程中,它利用成像光谱仪以纳米级的光谱分辨率,以几十或几百个波段同时对地表地物成像,能够获得地物的连续光谱信息,实现了地物空间信息、辐射信息、光谱信息的同步获取,因而高光谱数据在地质调查、植被遥感、农业监测、大气遥感、水文学、灾害环境遥感及城市环境遥感等具有广泛的应用。

高光谱影像数据将图像信息和光谱数据有机地结合在一起,其中图像反映的是目标空间几何关系,光谱数据反映的是目标辐射属性的光谱信息,这两种数据的结合使人们可以通过融合图像分析和光谱分析的方法,从此类遥感数据中提取感兴趣的地物信息(张璇,2014)。与传统的全色、多光谱影像数据相比较,高光谱数据具有以下特点:

(1) 高光谱分辨率。高光谱遥感波长范围宽且连续,波段众多、有几百个连续通道,因而获取地物目标的光谱曲线几乎是连续的;而且光谱分辨率高。因大多数地物目标的吸收宽度一般为 20～40 nm,高光谱遥感能够满足地物探测的一般要求。

（2）图谱合一。高光谱遥感数据与其他遥感数据比较,其蕴含着丰富的地物信息,因而相对而言高光谱影响识别地物目标的能力有很大的提高。高光谱数据不仅能够有效地减少多光谱数据中存在的"异物同谱"和"同谱异物"现象,而且能够实现定量或半定量化分析。

（3）光谱波段多,在某一光谱范围内连续成像。高光谱影像数据量巨大,波段非常狭窄,且波段间相关性强,信息冗余多。因而有必要进行适当的特征压缩,选取有用的特征波段(张璇,2014;余旭初,2013)。

4.3.1　高光谱遥感识别竹资源特征

根据高光谱遥感数据的特点,波段选择是识别竹林资源信息的第一步,可以排除一部分响应小、信息量低的波段。各波段的最大、最小值和平均值能比较直接地反映传感器的响应特征,均方差则反映了各波段的信息量。图 4-5 给出了 Hyperion 高光谱数据的 176 个波段的均方差相应值。从图 4-5 可以看出,波段 120、128～133、161～166、179～193、197～198 和 200～223 的方差均值很小(原始波段编号),有的接近于 0,说明这些波段传感器的响应非常低,不能正确地反映地物的光谱特性,因此研究将这些波段剔除,最终对 122 个波段进行下一步的研究。

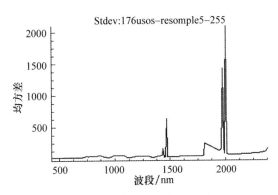

图 4-5　176 个波段的均方差曲线

1. 图像的标准差

通过图像的标准差,能够确定哪几部分甚至哪几个波段(即波段子集)包含信息量的多少(杨金红,2005)。其中,标准差是衡量图像信息量的重要指标,反映了灰度偏离均值的程度,标准差越大,则灰度级分布越分散,图像中所有灰度级出现

概率越趋于相等,则包含的信息量越趋于最大,地物之间就越容易区分(缪丽娟,2011)。图像的标准差可用下式来表示:

$$\sigma = \sqrt{\frac{\sum_{i=0}^{M-1}\sum_{j=0}^{N-1}[f(i,j)-m]^2}{MN}} \tag{4-3}$$

其中,M,N 分别表示某个波段的行、列数。图 4-6 给出了 EO 高光谱影像中 122 个波段的标准差。从图 4-6 可以看出,波段 1～30、51～53、69～74、90～93 标准差较小(基本都小于 20),所以这些波段子集包含的信息量就少,在选择波段时可以不予考虑;而波段 31～50、54～68、75～89、94～122 的标准差较大(介于 20 到 60 之间);波段 119～122 的标准差很大(其值都在 50 以上),其中波段 122 的标准差最大,是最优波段,所以这些波段子集包含的信息量就较多,是理想的候选波段子集。

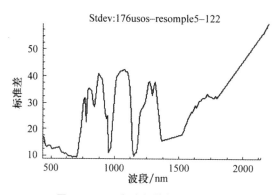

图 4-6　122 个波段的标准差曲线

2. 相关性

高光谱数据庞大,波段数目多、波段宽度窄的特点决定了高光谱数据波段间的相关性大、信息重叠度高。波段间的相关系数反映了两个波段间信息的重叠度,如果两个波段间的相关系数大,则说明它们的信息重叠度高,因此应尽量避免选择相关性大的两个通道,而取其中一个。N 个波段间的相关系数矩阵形式如下(R 为相关系数):

$$R = \begin{bmatrix} 1 & R_{12} & R_{13} & \cdots & R_{1N} \\ R_{21} & 1 & R_{23} & \cdots & R_{2N} \\ \cdots & \cdots & \cdots & \cdots & \cdots \\ R_{N1} & R_{N2} & R_{N3} & \cdots & 1 \end{bmatrix} \tag{4-4}$$

一般来说相邻波段间的相关系数较大,与相隔较远的波段间的相关系数较低如图 4-7,图像的明暗程度表示相关系数的大小。

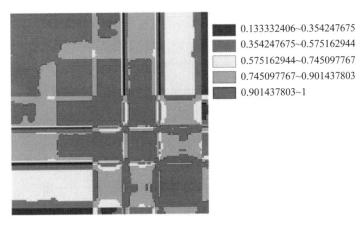

图例:
0.133332406~0.354247675
0.354247675~0.575162944
0.575162944~0.745097767
0.745097767~0.901437803
0.901437803~1

图 4-7　122 个波段的相关系数

3. 竹林资源高光谱特性

遥感数据是地物对电磁波反射信息及地物自身辐射信息的综合,本质上记载了地物的总辐射量即通常所说的 DN 值。各地物由于其结构、组成及物理化学性质不同,因而光谱特性在一般情况下也存在差异。基于此,从影像上选择了 5 种主要地物(竹林、杉木、马尾松、经济林、阔叶树),绘制其在 122 个波段上的光谱(DN值)曲线(如图 4-8)。根据曲线的变化趋势有针对地选择波段,选择原则是:DN 值重叠较少的,差异较大的波段。从图 4-8 看,经济林在 122 个波段上的 DN 值大于其他任一地物,所以在任一波段上都能区分经济林与其他地物;在 1~25 波段、31~50 波段、58~66 波段、74~85 波段、92~122 波段,竹林、杉木、阔叶林、经济林的 DN 值差异较明显,是理想的波段子集;在 80~85 波段,经济林、竹林和阔叶林的 DN 值差异较其他波段显著,所以这几种植被在这些波段子集上可分性要好一些,也是理想的波段子集,在进行最佳波段选择时可以考虑。而具有重叠现象的26~30 波段、51~57 波段、67~73 波段、86~91 波段并不是说不好,要结合其他因子来考虑是否选择。

4.3.2　高光谱提取竹林资源专题信息有效特征量分析

高光谱遥感数据不同于一般的遥感数据,它不仅包含高分辨率的光谱信息,还有一定的空间信息(如纹理信息等),综合利用这些光谱信息和空间特征能够提高

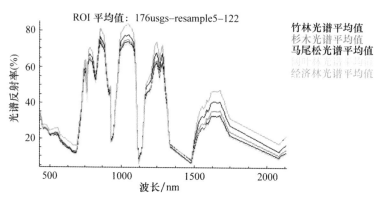

图 4-8　5 种地物的光谱特性

分类精度,但是分类特征要远远高于一般遥感数据分类中所使用的样本数。当光谱维数特征增加时,其特征组合更是呈指数增加,假设原始光谱波段数为 n,优选后的光谱波段是 $m(n>m)$,那么光谱特征组合数为

$$\frac{n!}{(n-m)!\times m!},$$

这个数是非常庞大的。Hughes 现象表明,处理高光谱遥感数据的特征提取是非常有必要的(杨哲海等,2004)。因而,目前遥感分类与识别领域中采取何种有效的手段进行高维遥感数据的特征提取是一个非常重要的研究方向。

（一）基于信息量的最佳波段选择

遥感图像的信息量主要取决于两个因素:一是图像的灰度等级或量化等级的数目,一般用记录灰度或亮度的字位数来量度;二是瞬时视场或像元的大小。前者主要影响波谱信息量,而后者主要影响空间信息量。信息的量度可以从两个不同的角度来考虑。一是由数据的传输和存储量出发,信息量相当于数据量,另一个考虑的角度是由分析和提取有用信息出发,同时尽量减少冗余或重复的信息。尤其在高光谱数据中,由于波段宽度窄的特点决定了其信息冗余度要比多光谱数据大得多,因此在高光谱数据最佳波段选择中尤其要考虑这个因素。主要方法有联合熵、协方差矩阵特征值法、最佳指数法、波段指数法和自适应波段选择,其中波段指数法和自适应波段选择法综合考虑了最佳波段选择中最重要的两个原则,即波段的信息含量和相关性。

1. 波段指数法

设 R_{ij} 为通道 i 与 j 之间的相关系数,将高光谱数据分为 k 组,每组的波段数分别为 $n_1,n_2,\cdots,n_k$。定义波段指数

$$p_i = \frac{S_i}{R_i}, \tag{4-5}$$

其中

$$R_i = R_w + R_a, R_w = \frac{1}{n_k}\sum_j^{n_k} R_{ij}(i \neq j)。$$

式中,S_i 为第 i 波段的标准差,R_w 为第 i 波段与所在组内其他波段相关系数的绝对值之和的平均值,R_a 为第 i 波段与所在组外的其他波段之间的相关系数的绝对值之和。一般地,标准差越大,波段的离散程度越大,所含的信息量越丰富,波段的总体相关系数的绝对值越小,波段间的独立性越强,信息冗余度越小(杨金红,2005)。

2. 自适应波段选择

自适应波段选择(Adaptive Band Selection,ABS)是高光谱遥感图像降维的新方法。该方法充分考虑了各波段的空间相关性和谱间相关性大小,并构造了相应的数学模型,对求出的各个波段指数进行由大到小的排列,系统根据设定的阈值自适应地选择需要的波段(赵春晖等,2007);也可以根据需要选择波段指数排在前面的 n 个波段。ABS 方法依据的原则为:选择的波段信息量要大;选择的波段与其他波段的相关性要小(刘汉湖,2008;刘健等,2010)。依此原则构建的数学模型如下:

$$I_i = \frac{\sigma_i}{(r_{i-1,i} + r_{i,i+1})/2}, \tag{4-6}$$

其中,σ_i 为第 i 个波段的标准差;$r_{i-1,i}$ 和 $r_{i,i+1}$ 是第 i 个波段与其前后两波段的相关系数,一般的,相关系数越小,两个波段数据之间的独立性越高,I_i 是第 i 幅图像的指数大小。

3. 最佳指数法

图像数据的标准差越大,所包含的信息量也越大;而波段间的相关系数越小,表明各波段图像数据的独立性越高、信息冗余度越小。为此,美国 Chavez 提出针对波段组合的最佳指数因子(Optimum Index Factor, OIF)方法,公式为

$$OIF = \sum_{i=1}^{3} S_i / \sum_{j=1}^{3} |r_{ij}|, \tag{4-7}$$

其中,S_i 为波段 i 的标准差,r_{ij} 为波段 i 与波段 j 之间的相关系数。

OIF 指数最大的波段组合,就是整体最优的波段组合。对 Hyperion 高光谱数据来说,其总波段数为 242 个,本章中研究总波段数位 122 个;显然通过简单的排列组合,共需要计算 122×121×120/6 次。由于数据量巨大,研究采用基于 C++

编程技术,求所有组合的 OIF。这种简单的统计会出现拉平现象,即一些信息量低、相关性高的波段纳入到最佳波段组合中,因此这种做法也不能得到信息含量高、内部各波段独立性强的波段组合。

（二）基于类间可分性的特征选取

在进行高光谱数据解译时,对于不同的应用目标往往需要分析不同地物类别在哪些波段或组合波段上最容易区分,也就是各地物类别间的可分性。其总的思想是求取已知类别样本区域之间在各波段或波段组合上的统计距离,包括均值间的标准距离、离散度、Bhattacharyya 距离（简称 B 距离）和 J-M 距离等（杨金红,2005;杨诸胜,006;赵春晖等,2007）。它们均是相对有效性的一种度量,只要算出不同类别在给定波段组合中的统计距离,并取最大者,便是区分这两类别的最佳波段组合。

1. 均值间的标准距离

均值间的标准距离包含了样本的均值与标准差,被定义为均值之差的绝对值除以标准差之和。其公式如下:

$$d = \frac{|u_1 - u_2|}{\sigma_1 + \sigma_2},$$

(4-8)

式中,u_1、u_2 为两类别的均值矢量,σ_1、σ_2 为两类别的标准差。

2. 离散度

相对距离是基于类间和类内方差,离散度则是基于类条件概率之差（Swain,1978）,表征两个地物类别 W_i 和 W_j 之间的可分性,表达式为

$$D = \frac{1}{2} \left\{ \mathrm{tr}\left[\left(\sum_i - \sum_j \right) \left(\sum_i^{-1} - \sum_j^{-1} \right) \right] + \mathrm{tr}\left[\left(\sum_i^{-1} - \sum_j^{-1} \right) (\mu_i - \mu_j)(\mu_i - \mu_j)^{\mathrm{T}} \right] \right\},$$

式中 μ_i,μ_j 分别表示 i,j 类样本区域的均值矢量;$\sum_i$,$\sum_j$ 分别为 i,j 类样本区域的协方差矩阵;$\mathrm{tr}[*]$ 为矩阵求积运算。

3. Bhattacharyya 距离

Bhattacharyya（B 距离）同时兼顾一次统计变量（如平均值）和二次统计变量（如协方差）,因此在测度高光谱多维空间中两类统计距离时,该距离是最佳测度。表达式为

$$D = \frac{1}{8} (\mu_i - \mu_j)^{\mathrm{T}} \left(\frac{\sum_i + \sum_j}{2} \right)^{-1} (\mu_i - \mu_j) + \frac{1}{2} \ln \left[\frac{\left| \frac{\sum_i + \sum_j}{2} \right|}{\left(\left| \sum_i \right| \left| \sum_j \right| \right)^{\frac{1}{2}}} \right],$$

(4-9)

计算任意两类对间在任意三波段组合上的 B 距离,取最大者的波段组合作为区分该两类的最佳波段。

(三) 基于主成分分析的特征提取

主成分分析(PCA)是一种简化数据集的技术,是一个线性变换。即把数据变换到一个新的坐标系统中,使得任何数据投影的最大方差在第一个坐标(称为第一主成分)上,第二大方差在第二坐标(第二主成分)上,依次类推。主成分分析能保持数据集对方差贡献最大的特征,是常用的多维数据集的降维方法。主成分分析法的原理如下:

(1) 对资料矩阵

$$X = \begin{bmatrix} x_{11} & \cdots & x_{1p} \\ \vdots & \ddots & \vdots \\ x_{n1} & \cdots & x_{np} \end{bmatrix},$$

标准化得

$$A = \begin{bmatrix} a_{11} & \cdots & a_{1p} \\ \vdots & \ddots & \vdots \\ a_{n1} & \cdots & a_{np} \end{bmatrix}, \tag{4-10}$$

$$a_{ij} = \frac{x_{ij} - \overline{x_j}}{\sqrt{(1/n)(x_{ij} - \overline{x_j})^2}},$$

其中,$i = 1, 2, \cdots, n; j = 1, 2, \cdots, p$,

而,

$$x_i = \frac{1}{n} \sum_{i=1}^{n} x_{ij}, \quad j = 1, 2, 3, \cdots, p。$$

(2) 求出相关矩阵

$$R = \begin{bmatrix} r_{11} & \cdots & r_{1p} \\ \vdots & \ddots & \vdots \\ r_{p1} & \cdots & r_{pp} \end{bmatrix}, \tag{4-11}$$

$$r_{jk} = \frac{\sum_{i=1}^{n} (a_{ij} - \overline{a_j})(a_{ik} - \overline{a_k})}{\sqrt{\sum_{i=1}^{n} (a_{ij} - \overline{a_j})^2 (a_{ik} - \overline{a_k})^2}}, \tag{4-12}$$

式中,i 为样本编号,$j, k = 1, 2 \cdots, p$。其中,

$$a_j = \frac{1}{n} \sum_{i=1}^{n} a_{ij} \text{。}$$

（3）求出 R 的特征值及其特征向量，令 $|R-N_p|=0$，得 p 个特征值 λ_i，$i=1$，$2,\cdots,p$。

（4）求出主成分，将求出的特征值从大到小依次排列，根据 $\left(\sum\limits_{i=1}^{m}\lambda_i\right) / \left(\sum\limits_{i=1}^{p}\lambda_i\right) \geqslant 85\%$ 原则确定 m，依次排列特征向量 $u_1,u_2\cdots,u_m$，最后得到所需的主成分（严红萍，2006）。

（四）基于独立成分分析的特征提取

独立成分分析（independent component analysis，ICA）也称为 H-J 算法，与主成分分析（PCA）相比，ICA 在信号分解方面有更好的性能，由其分离出的信号格分量之间具有统计独立性，而 PCA 只具有去相关性（廖丽娟，2011；杨国鹏，2010）。因此，该方法一经提出便广泛应用于通信、生物医学、语音信号分析、图像处理等领域。其统计变量模型如下：

$$x = As \text{。} \tag{4-13}$$

该公式表达的是独立成分分析模型，其中 s 表示独立成分，是隐藏的变量，而且混合矩阵 A 设为未知，能观察到的仅仅是随机向量 x（张媛，2006）。

（五）基于光谱重排的特征提取

不同地物的光谱信息是不相同的，很多时候直接利用原始光谱信息进行特征提取也是可以的，比如利用红边，绿峰，NDVI 等特征可以提取植被，而很多种矿物也有自己明显的光谱吸收特征。但在更多的情况下，当不同地物之间的光谱在形状、反射率（DN 值）、变化趋势等指标大致相同的时候，从原始光谱上很难发现需要提取的地物具有显著的特征信息。也就是说，这时地物之间的不相关性均匀地分布在各个波段（耿修瑞，2005）。针对这种情况，这里引入一种光谱重排的方法。该方法打破光谱按波长排列的次序，根据光谱反射率或 DN 值的大小重新排列各个波段，通过大量的实验发现任何两种不同地物的光谱通过光谱重排之后，总有显著的特征出现（而不是仅仅表现为幅度上的差别），并且不同地物的特征出现在不同的位置（谭德军，2013；耿修瑞，2005）。以两条光潜曲线 $r_1 = (r_{11},r_{12},\cdots,r_{1L})$，$r_2 = (r_{21},r_{22},\cdots,r_{2L})$ 为例来说明光谱重排的做法，其中 L 为波段数。

以 r_1 为基谱，将 $r_{11},r_{12},\cdots,r_{1L}$ 的值按照从小到大的顺序重新调整，得到重排光谱为

$$r_1^* = (r_{1k_1}, r_{1k_2}, \cdots, r_{1k_L}),$$

满足：当 $i < j$ 时，必有 $r_{1k_i} \leqslant r_{1kj}$。将 r_2 也按照相同顺序重新排序得到：

$$r_2^* = (r_{2k_1}, r_{2k_2}, \cdots, r_{2k_L})。$$

通过光谱排序，基谱的光谱曲线将变为单调上升的重排曲线，而其他的光谱曲线在按相应的顺序重排后一般都会有特征出现，而且选取不同的光谱曲线作为基谱，相应的特征位置会发生变化。为了免除或者减少噪声对光谱的影响，我们可以先用小波变换（相当于波段合并）来对原始光谱进行平滑处理（童庆禧，2006）。

4.3.3　高光谱图像常用的分类和识别方法

高光谱遥感具备提高地物识别和分类的能力，对于高光谱遥感图像分类，一种方法是通过主成分变换方法等特征提取算法，对原始数据进行特征提取；在低维空间内则利用上述如监督分类和非监督分类等已经成熟的多光谱图像分类方法进行（张立福，2005）。另一种方法则是直接在原始高维光谱数据上进行，利用光谱曲线和基于图像数据的方法来识别地物。如光谱匹配技术、支持向量机、简化最大似然法（Jia 等，1999）等。最常用的分类方法有以下几种。

（一）基于合成核支持向量机的高光谱图像分类

支持向量机（support vector machine，SVM）方法目前已将广泛地用于模式识别和机器学习（张策等，2011；张睿等，2009），由 Cortes C 等于 1995 年首次提出的，它在解决小样本、非线性及高维模式识别中表现出许多特有的优势，该方法是建立在统计学习理论基础上，新一代的监督学习系统（张策等，2011；Smola et al，2006；Vapnik V N，1995），其基本原理如下。

设样本集为 (x_i, y_i)，$i = 1, \cdots, n$，$x \in R^d$，$y \in \{+1, -1\}$ 是类别标号。d 维空间中线性判别函数的一般形式为

$$g(x) = w \cdot x + b,$$

则分类面的方程为

$$w^{\mathrm{T}} \cdot x + b = 0, \tag{4-14}$$

那么 w 为权值向量，b 为偏置，且两者须满足：

$$y_i [(w^{\mathrm{T}} \cdot x_i) + b] \geqslant 1 - \xi_i, \tag{4-15}$$

式中，ξ_i 表示理想情况下的偏离程度。再根据决策面在训练数据上平均分类误差最小的准则，即可推导出以下优化问题（黄昕等，2007），即

$$\vartheta(w,\xi) = \frac{1}{2}(w^{\mathrm{T}} \cdot w) + C\Big(\sum_{i=1}^{n}\xi_i\Big), \tag{4-16}$$

式中,C 是正则化参数,表示支持向量机对错分样本的惩罚程度,是错分样本比例和算法复杂度之间的平衡。利用拉格朗日乘子法,最优决策面的求解可转化为以下的约束优化问题,即

$$Q(a) = \sum_{i=1}^{n}a_i - \frac{1}{2}\sum_{i=1}^{n}\sum_{j=1}^{n}a_i a_j y_i y_j k(x_i,x_j), \tag{4-17}$$

式中,$a_i(i=1,2,\cdots,n)$ 为拉格朗日乘子,且满足以下条件

$$\sum_{i=1}^{n}y_i a_i = 0, 0 \leqslant a_i \leqslant C, \tag{4-18}$$

$k(x,x_i)$ 为核函数,满足 Mercer 定理,常用的核有多项式核和径向基核,分别为式(4-19)和式(4-20)所示:

$$k = (x^{\mathrm{T}}x_i + 1)^p, \tag{4-19}$$

$$k = e^{-\frac{1}{2\sigma^2}\|x-x_i\|^2}。 \tag{4-20}$$

(二) 基于光谱角填图的高光谱图像分类

波谱角分类(Spectral Angle Mapping,SAM)(Sohn Y et al,2002;Kruse et al,1993)是通过计算一个测试光谱(像元光谱)与一个参考光谱之间的"角度"来确定两者之间的相似性,夹角越小,两条光谱越相似(王宏勇等,2004;杨金红,2005;温兴平,2007)。其中,参考光谱可以是实验室或野外实测光谱,也可以是从图像中提取的像元光谱(浦瑞良等,2000)。SAM 将光谱数据看作空间矢量,矢量维度等于波段总数。SAM 的计算公式为(Weisberg A et al,1999)

$$\cos a = \frac{AB}{|A||B|} = \frac{\sum_{i=1}^{N}A_i B_i}{\sqrt{\sum_{i=1}^{N}A_i A_i}\sqrt{\sum_{i=1}^{N}B_i B_i}}, \tag{4-21}$$

其中,N 表示光谱采样波段数,A_i 和 B_i 均为光谱矢量,a 为光谱夹角。

图 4-9 为使用波谱分类法对最简单的二维矢量进行分类的示意图,当计算后光谱夹角大于 a 时归属于一类,否则归属于另一类。由于 SAM 计算的是光谱矢量之间的夹角,增加或减小像元点的亮度仅会导致光谱曲线反射率总体增加或减小,而不会改变光谱矢量的方向,因而光照条件对 SAM 方法的计算结果影响较小,一定程度上也克服了阴影区的影响。

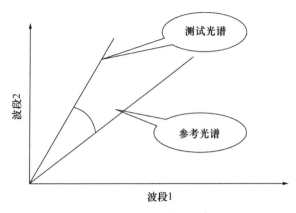

图 4-9　光谱夹角映射示意图

（三）基于光谱信息散度的高光谱图像分类

光谱信息散度(Spectral Information Divergence,SID)是通过像元光谱值的计算,比较光谱之间的光谱信息散度的相似性来确定两个像元之间的相似度(张良陪,2011)。假设两条光谱分别为 $x=[x_1,x_2,\cdots,x_N]^T$ 和 $y=[y_1,y_2,\cdots,y_N]^T$,则光谱信息散度 SID 可以通过公式(4-22、4-23)计算(Chang,1999):

$$\mathrm{SID}(x,y)=D(x\parallel y)+D(y\parallel x),\qquad(4\text{-}22)$$

式中,$D(x\parallel y)=\sum_{i=1}^{N}p_i\log\dfrac{p_i}{q_i};D(y\parallel x)=\sum_{i=1}^{N}q_i\log\dfrac{q_i}{p_i}$;

$$p_i=\frac{x}{\sum_{i=1}^{N}x_i};q_i=\frac{y}{\sum_{i=1}^{N}y_i}。\qquad(4\text{-}23)$$

（四）线性光谱混合分解

线性波谱解混(Linear Spectral Unmixing)指自然界的表面很少是由均一地物组成的,在遥感成像时,由于空间采样间隔往往大于地面目标,因此像元的光谱往往是数种地物光谱的混合效果(当参与混合的地物尺寸达到肉眼可见的规模时,它们的光谱以线性的方式按照面积比例混合),必须采用混合像元光谱分解技术来估计每个像元中多种成分的比例。解决混合像元的主要问题是选择最终端元以及建立光谱解混模型;端元提取的方法有许多,如顶点成分分析法(VCA)、像元纯度指数(PPI)、迭代误差分析(IEA)等。混合分解模型主要包括线性光谱混合模型、非线性光谱混合模型、神经网络模型等。线性光谱混合模型是混合像元分解最常用的方法,其是基于理想的光谱库包含某些特定的端元,当把它们线性组合在一起的时候,可以形成任何过渡型光谱,所研究的光谱可被看作是有较纯的端元光谱与端元丰度值相乘并且累加的结果(周廷,2015;万余庆,2016)。

线性混合模型分解模型中,第 λ 波段 i 像元处的反射率 R_λ 可表示为

$$R_\lambda = \sum_{k=1}^{n} f_{ki} C_{k\lambda} + \varepsilon_{i\lambda},\tag{4-24}$$

$$\sum_{k=1}^{n} f_{ki} = 1, \quad 0 \leqslant f_{ki} \leqslant 1\tag{4-25}$$

式中,f_{ki} 为对应于 i 像元的第 k 个端元组分所占的面积比例;$C_{k\lambda}$ 是混合像元中第 k 个端元组分在 λ 波段对应的反射率;n 为像元 i 所包含的端元组分数量;$\varepsilon_{i\lambda}$ 为测量值与模型光谱之间的误差。

通过计算各波段个像元误差项 ε_{ij} 的均方根误差 RMSE 来评价该模型的实用性优劣,

$$\text{RMSE} = \sqrt{\sum_{j=1}^{m} (\varepsilon_{ij})^2 / m}。\tag{4-26}$$

该方法模型物理意义明确,结构简单、便捷,是光谱分析研究中用途最广泛的技术之一,对解决像元内的混合问题有一定的效果,但是在实际应用中,还受到两个方面的影响:一是端元组分的代表性;二是端元组分的数量,端元组分的数量大小不仅会影响 RMSE 值,还会使得模型对设备噪声以及光谱本身的变化敏感。所以应该根据野外调查和鲜艳知识通过分析图像,初步选定具有代表意义的端元参与解混(郑丽,2010)。

4.4 "基于光谱片层-面向纹理类"竹林资源专题信息提取思路的构建

光谱和纹理特征是目前较为常用的两种直接解译标志,而任何的地物分类或专题信息提取基本上都离不开地物光谱信息的应用(刘健等,2010)。随着遥感图像应用的深入和发展,将光谱信息和纹理信息结合应用于专题信息的提取是提高地物分类精度的有效手段,尤其当光谱特征比较相似时,纹理信息的加入能够很好地解决对这些"同物异谱、同谱异物"现象。本书针对南方地区多为山地丘陵地形的特点,考虑到遥感影像大多存在的阴影是遥感影像上普遍存在的一个干扰现象,无论是光谱特征和纹理特征,阴影区和非阴影区同类地物的光谱值或纹理值可能会有显著差异,因而,进行林地遥感图像分类时首先得解决阴影区和明亮区的分割

问题。另外,单纯利用地物光谱特征开展信息提取往往受"同物异谱"和"异物同谱"现象的强烈干扰,分类精度较低。竹林资源的光谱特征与杉木、马尾松等较为相似,在杉木、马尾松分布面积广阔区域,其提高难度更大,这时加入纹理特征辅助分类是比较有效的。纹理特征辅助分类的方法主要有两种:一种是直接利用纹理特征,对不同纹理地物进行加权;另一种方法是先基于光谱信息对地物类型进行分类,再针对光谱分类的结果利用纹理特征对其进一步细分,例如,在光谱数据分类的基础上,对属于每一类的像元流进行分类,再利用纹理特征进行二次分类(孙家抦,2009)。本书重点阐述后面一种方法。

地物的光谱特征原理是遥感图像的主要成像方式,不同植被类型在遥感影像图上所体现出来的光谱变化特征,会在图像上会形成很多大大小小的较为"均一"光谱,将这些光谱较为"均一"作为"片"域处理("片"定义为有边缘围绕的连成一片的统计上均匀的区域,而分片所形成的不同区域可以说是空间上连接在一起的像元(余坤勇,2009),而边缘则是空间上局部统计值的变化),并赋予图像中所有像元以几何学和拓扑结构的过程,所形成各"片"的相关纹理特征的直方图中都有一维至多维的坡峰值和坡谷值存在,是利用计算机遥感图像的分割、进行聚类处理的依据(李永中等,1989;葛宏立等,2004;Narendra 等,1977;Khotanzad,1990)。这样根据地物的光谱特征原理,对遥感影像进行阴影区和明亮区的分"片"处理,在明暗区分"片"的基础上,根据各"片"内相应地物的纹理特征差异,寻找各"片"体现出纹理特征差异的一维至多维的坡峰值和坡谷值,应用基于直方图的图论方法进行聚类,再根据专题信息的阈值条件,提取所需的专题信息。"基于光谱片层-面向纹理类"竹林资源专题信息提取具体的识别流程(图 4-10)和步骤如下:

(1) 收集遥感影像及图像预处理。主要是先收集研究区几个时相的遥感影像数据,利用地形图或相关图层进行几何校正,然后将几何校正处理后的影像进行直方图匹配、拼接、大气校正和图像增强等预处理。

(2) 采用阈值法、监督分类法等,分割出竹林资源"光谱片层"。主要是利用植被指数(NDVI)结合阈值法提取林地专题信息,映射出遥感影像上的相应区域,利用光谱测定仪野外测定各植被类型专题信息,建立光谱数据库,并将光谱与相应区域的影像灰度值进行匹配,确定可体现出各植被类型差异性的相应波段,从而将映射出的区域进行林地明暗区分割。对多光谱数据如 TM 影像采用相关分析法、标准差法和 OIF 指数分析法,结合野外光谱数据,确定适合于林地明暗区域植被类型专题信息提取的最佳波段组合,以减少信息,提高计算机的运算速度。在此基础

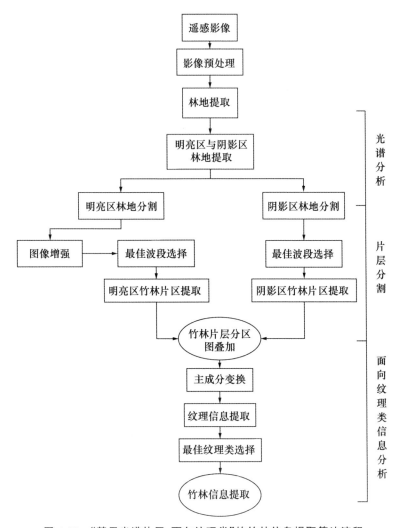

图 4-10 "基于光谱片层-面向纹理类"的竹林信息提取算法流程

上,对各植被类型建立训练区,采用监督分类法实现相应专题信息的提取,实现竹林资源"光谱片层"分割。

(3)竹林资源"光谱片层"的最佳纹理量的确定。依据研究确定的"光谱片层"提取竹林资源专题信息相应的纹理特征,通过香农信息熵及其相关性分析,结合 OIF 指数分析法确定适合于区域植被类型专题信息提取的最佳纹理量。其中,一幅 8 bit 表示的图像 X 的熵为

$$H(X) = -\sum_{i=0}^{255} P_i \log_2(P_i), \tag{4-27}$$

式中,P_i 为图像像素灰度值为 i 的概率。图像的香农信息熵可以表征一幅图像信息量的多少,一般剔除差异较大的纹理。

在此基础上,采用合适的分类方法实现竹林资源信息的提取。比较适合的分类方法有:基于像元的决策树法和基于对象的面向对象法。

(4)"基于光谱片层-面向纹理类"竹林资源专题信息提取的精度评价。在专题信息提取基础上,利用相应地面调查资料及相关图层,对专题图进行样点分类精度和面积差异性的精度验证,达 80%,方为达到要求。

4.5　"基于光谱片层-面向纹理类"竹林资源多光谱遥感专题信息提取

4.5.1　Lndsat 7 影像的竹林资源识别

(一)案例来源

本案例来源于国家"948"《竹资源动态监测技术引进》(2006425)项目和福建省自然科学基金《基于 RS 技术竹资源专题信息提取技术研究》(2008J0117)项目。

(二)研究区概况

研究区位于福建省南平市顺昌县(图 4-11),顺昌以低丘陵为主,属中亚热带海洋季风气候,土地肥沃,林地面积 168 667 hm^2,森林覆盖率高达 80.2%,是国家南方重点林区、中国竹子之乡、中国杉木之乡,同时是福建省毛竹生产基地县。

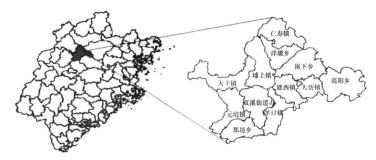

图 4-11　顺昌县地理位置

(三)数据源

数据包括:① 野外样地调查数据;② 顺昌县 1988 年、1992 年、2001 年和 2007 年 4 个不同时相 Landsat7 ETM 遥感影像;③ 1∶10000 地形图(图 4-12)和 1∶25 万 DEM 数据;④ 顺昌县森林资源调查及规划设计成果资料。ETM 遥感数据质量良好,利用 1∶10000 地形图进行几何校正,重采样方法为立方卷积法。

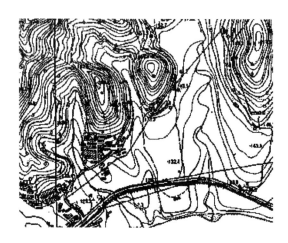

图 4-12 顺昌县 1∶10000 地形

(四)"基于光谱-面向纹理类"竹林资源专题信息识别与提取

本研究采用人工神经网络法实现研究区林地与非林地的分割,利用 *NDVI* 阈值分割(阈值为9)实现林地明亮区和阴影区两个片层分割,进而为竹林资源的识别奠定基础。因此,本研究构建了如图 4-13 竹林遥感信息提取特征模型。*T*1 表示阈值。

1. 基于光谱信息特征的竹资源光谱片层分割

研究区域位于我国东南部,地形以丘陵为主,受日照影响大,同一张影像图上明亮区和阴影区林地的像元灰度值差异较大,加之顺昌县森林覆盖率很高,不同地物之间的干扰性较强,同物异谱和异物同谱的现象较为严重,因而有必要将林地分割为明亮区和阴影区两个片层分别进行处理和分析(余坤勇等,2009)。

(1)缨帽变换

缨帽变换(Tasseled Cap)的目的是实现遥感影像的光谱增强,可以增大竹资源与其他树种的光谱特征差异。对 ETM 的 6 个波段(除第 6 波段,原来的第 7 波段代替第 6 波段,下同)进行缨帽变换,如表 4-4 和表 4-5 所示。

表 4-4 明亮区缨帽变换图各波段标准差

波段	TC1	TC2	TC3	TC4	TC5	TC6
标准差	22.059	2.578	1.429	4.831	2.595	2.260

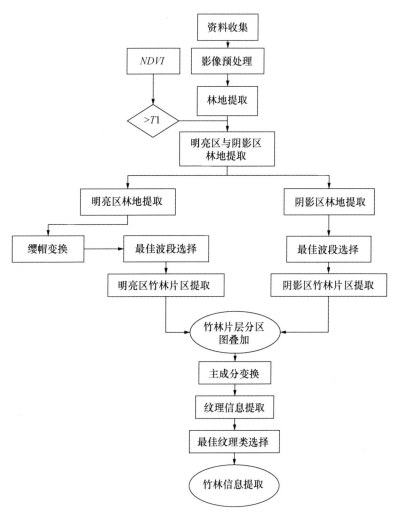

图 4-13　竹资源遥感信息提取的"光谱片层－面向纹理类"特征模型

表 4-5　明亮区缨帽变换图各波段相关系数矩阵表

波段号	TC1	TC2	TC3	TC4	TC5	TC6
TC1	1					
TC2	0.723 446	1				
TC3	0.012 632	0.392 232	1			
TC4	0.988 113	0.693 884	0.070 548	1		
TC5	$-0.993 08$	$-0.711 5$	$-0.000 66$	$-0.977 32$	1	
TC6	$-0.989 15$	$-0.690 11$	$-0.025 38$	$-0.985 98$	0.980 521	1

设置了包括 TC1、TC2、TC3、TC4、TC5、TC6 这 6 个波段作为代选分类特征波段。

（2）最佳组合波段

为了便于目视解译，需要进行 3 波段假彩色合成。在此采用式(4-7)最佳指数法(OIF)预选最佳的假彩色合成方案。OIF 指数越大则说明 3 个波段间的相关性越小，所包含的信息量越大。一般来说，选择最佳波段的原则有三点：所选的波段信息量要大；波段间的相关性要小；波段组合对所研究的地物类型的光谱差异要大（下同）(杜华强等，2008)。

表 4-6 给出了经 OIF 排序的前 20 种组合。由表 4-6 可以看出，134、135、137、123、124 五个波段组合的 OIF 指数位列前五，表明所涉及波段所含的信息量较大，波段间的相关性较小，但哪种波段组合是最佳的，还需要分析不同地物间的光谱差异(邓旺华，2009)。由于明亮区林地中不同典型植被第 4 波段的光谱差异普遍比 2、3 波段大，综合 OIF 的三个原则，最终选择 134 为最佳波段组合，采用最大似然法对林地明亮区进行监督分类，实现明亮区竹资源光谱片层分割(图 4-15)。

表 4-6　OIF 指数计算表

波段组合	标准差求和	相关系数求和	OIF 指数	指数排序	波段组合	标准差求和	相关系数求和	OIF 指数	指数排序
134	28.319	1.071	26.434	1	345	8.855	1.049	8.445	11
135	26.083	1.006	25.918	2	347	8.520	1.082	7.875	12
137	25.748	1.027	25.067	3	234	8.838	1.157	7.641	13
123	26.066	1.128	23.102	4	357	6.284	1.007	6.243	14
124	29.468	2.405	12.251	5	235	6.602	1.104	5.978	15
125	27.232	2.428	11.216	6	237	6.267	1.108	5.658	16
126	26.897	2.403	11.194	7	245	10.004	2.383	4.199	17
145	29.485	2.959	9.966	8	247	9.669	2.370	4.080	18
147	29.150	2.963	9.837	9	457	9.686	2.944	3.290	19
157	26.914	2.963	9.084	10	257	7.433	2.382	3.120	20

（3）阴影区各种典型植被光谱差异

较明亮区林地而言，竹资源在阴影区林地 ETM 影像图上具有较明显的光谱特征，与其他林地的光谱差异较大。通过 OIF 指数计算，并结合 ETM 影像图各波段的作用及不同植被的光谱曲线差异(图 4-14)，选择 745 组合作为最佳波段组合，对合成图进行初步目视判读，发现竹资源大体呈紫红色色调，而其他林地则为偏绿色调。利用最大似然法对阴影区林地进行监督分类,实现阴影区光谱片层区划(图4-16)。

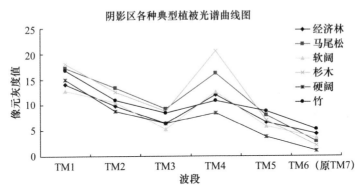

图 4-14　阴影区各种典型植被光谱曲线

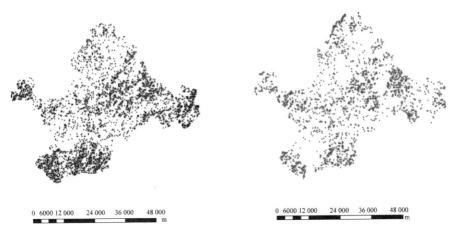

图 4-15　明亮区竹资源光谱片层区划 　　图 4-16　阴影区竹资源光谱片层区划

2. 面向纹理类的专题信息提取

(1) 主成分分析

主成分分析(PCA,Principal Component Analysis)是光谱增强的一种常用的数据压缩方法,它可以将具有相关性的多波段数据压缩到完全独立的较少的几个波段上,使图像数据更易于解译,如表 4-7 所示。由表 4-7 可以看出,主成分变换后,原来的 6 个波段的信息主要集中在第 1 主成分,即 PCA1。

表 4-7 基于光谱的竹资源专题信息对应影像图主成分变换分析表

主成分序号	1	2	3	4	5	6
贡献值	163.3497	3.665 175	0.553 927	0.105 037	0.065 035	0.058 502
贡献率	0.973494	0.021 843	0.003 301	0.000 626	0.000 388	0.000 349

（2）纹理量的构建

本研究根据 4.2.1 节利用灰度共生矩阵提取了如表 4-3 所示的 8 个纹理量。

（3）窗口大小的选择

纹理图像中每个像元的值反映了窗口区域内的纹理，设置不同大小的窗口得到的纹理值是不同的。研究过程中，分别设置不同的窗口大小，分析均值和熵两种纹理的特征与窗口大小的联系。纹理均值随着窗口大小的变化无明显改变（杨志刚，2006）。纹理熵随着窗口的变大而增大，当窗口大小设为 $7\times7\sim13\times13$ 时，熵值趋于稳定（图 4-17）。熵反映了纹理的紧密程度，熵越大纹理则越细密。

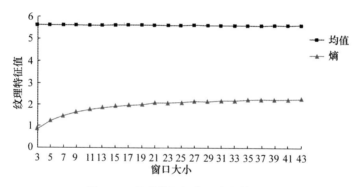

图 4-17 纹理特征与窗口大小的关系

图 4-18 为 3×3、5×5、7×7、9×9、11×11、13×13 六种窗口大小计算得到的纹理 Variance 值图像（局部）。通过观察其目视效果可以发现，大窗口中粗纹理表现较明显，而小窗口的细纹理则可以得到更佳的目视效果。7×7 大小的窗口纹理紧密适中，目视效果也较好，因而研究最终选定 7×7 的窗口。

（4）移动步长的选取

将步长设为（1,1）、（2,2）、（5,5）观察其目视效果。图 4-19 为窗口大小为 7×7，取不同步长时计算得到的纹理 variance 图像（局部）。结果表明，三种步长差别不大，但如果步长过大，图像纹理会产生偏移，因此步长不宜选取过大。研究将步长设为（1,1）。

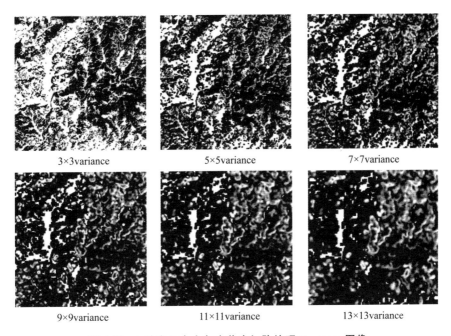

图 4-18　6 种窗口大小灰度共生矩阵纹理 Variance 图像

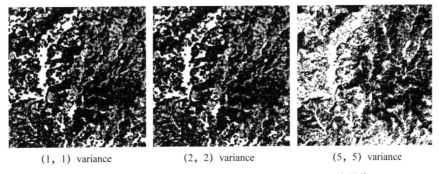

图 4-19　3 种步长灰度共生矩阵纹理方差(Variance)值图像

（5）最佳纹理量选择

通过上述对窗口大小和移动步长的选取后,对研究区影像图进行基于灰度共生矩阵的纹理信息提取。当窗口大小为 7×7,移动步长为(1,1)时,目视效果较好,利用灰度共生矩阵法对第一主成分图像进行纹理信息提取,得到一幅 8 维图像。纹理信息提取后得到一幅 8 维纹理图,为提高面向类的竹林信息提取效率,利用香农信息熵和相关性分析选择最佳的纹理量组合。表 4-8 为 8 种纹理图像的信息熵,表明协同性(Homogeneity)、相异性(Dissimilarity)和相关性(Correlation)三个纹理子图像的信息熵与其他纹理子图像的信息熵具有较大差异,而其图像的目视效果也较差,予以剔除。表 4-9 为 8 种纹理图像相关系数矩阵,均值与方差、对比度、相异性的相关性很大,说明信息存在较多的重叠和冗余,对比各纹理图像的目视效果与香农信息熵的分析结果,最终选取均值、熵、角二阶矩作为最佳纹理量组合(图 4-20)。

表 4-8　各纹理子图像信息熵

纹理量	均值	方差	协同性	对比度	相异性	熵	角二阶矩	相关性
信息熵	2.67 085	2.62 740	3.10 979	2.64 139	3.02 741	2.98 045	2.55 776	0.76 038

表 4-9　各纹理子图像信息熵的相关系数矩阵

纹理量	均值	方差	协同性	对比度	相异性	熵	角二阶矩	相关性
均值	1							
方差	0.9565	1						
协同性	0.8972	0.8738	1					
对比度	0.9171	0.9651	0.8679	1				
相异性	0.9281	0.9310	0.9725	0.9388	1			
熵	0.7966	0.7855	0.9451	0.7964	0.9027	1		
角二阶矩	0.4335	0.4539	0.6564	0.4993	0.5886	0.8384	1	
相关性	0.1596	0.1259	0.1382	0.0569	0.1370	−0.0707	−0.4509	1

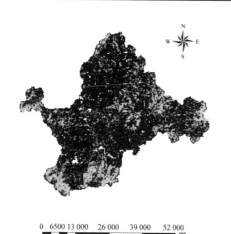

图 4-20　最佳纹理量组合(均值、方差、对比度)

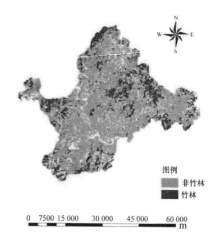

图例
非竹林
竹林

图 4-21　2001 年顺昌县竹资源分布(ALOS)

(五)"基于光谱-面向纹理类"竹资源专题信息识别结果

利用最佳纹理量在"光谱片层 A"的基础上选用最大似然法进行监督分类,结果如图 4-21。表 4-10 给出了基于"基于光谱-面向纹理类"竹资源专题信息提取精度分析误差，其中，竹林的分类精度达 84.8%，分类效果较好。

表 4-10　顺昌县 ETM 影像竹资源信息提取误差矩阵

样点数	竹林	非竹林	行合计
竹林	121	29	150
非竹林	9	91	100
总计	130	120	250

分类总精度＝84.8%　Kappa 总系数＝0.8235

4.5.2　EO-HyPerion 高光谱影像的竹资源识别

(一) 案例来源

本案例来源于国家"948"《竹资源动态监测技术引进》(2006425)项目和福建省自然科学基金《基于 RS 技术竹资源专题信息提取技术研究》(2008J0117)项目。

(二) 研究区

研究区域跨了闽清、德化、永泰等县市，其地理坐标为 $25°6\sim26°2'$N，$118°24\sim118°35'$E。本次实验所选的研究区是其中的一小块，大小为：238 行×227 列(本研究从 USGS 上提供的免费数据中下载的质量相对较好的数据，根据主要树种分布情况选了如图实验区，影像上部分区域存在云层，研究的树种在此分布面积少，因此研究中将其掩膜后进行信息提取)。

闽清县四周地势渐向中部闽江、梅溪河谷降低。以深切戴云—鹫峰山带的闽江为界，南部低山丘陵系戴云山脉东北麓，山岭绵亘，丘陵广布，有河谷平原；北部中低山地为鹫峰山脉南麓，地势急剧上升，山岭陡峭，全县最高峰须弥山海拔 1369 m。境内耕地 $1.73×10^4$ hm²，有林地 $9.78×10^4$ hm²，林木蓄积量 $354.7×10^4$ m³，毛竹 1713.1 万根，森林覆盖率 67.3%。永泰县有林地 $16.09×10^4$ hm²，林木蓄积量 $488.4×10^4$ m³，毛竹 1231.4 万根，森林覆盖率 77%。德化县地处福建省第二大山脉戴云山脉主体部分，以中低山地为主，大部地区海拔 700 m 以上，为闽中地势最高的县份。境内耕地 $1.25×10^4$ hm²，森林覆盖率 75.5%，有林地 $16.71×10^4$ hm²，林木蓄积量 $918.2×10^4$ m³，毛竹 2958.4 万根，竹资源在闽清、德化、永泰三县中属最多。

(三) 数据准备

数据包括：① 2008 年质量相对较好的闽清、德化、永泰等三个县市的 256 行×

6460 列的 EO-1 携带的 Hyperion 高光谱数据;② 野外样地调查数据;③ 1∶10000
地形图和 1∶25 万 DEM 数据;④ 研究区森林资源调查及规划设计成果资料。对
EO-1-Hyperion 高光谱数据的预处理包括辐射定标、非正常像元的恢复、垂直条纹
去除和几何纠正等,经预处理后 HyPerion 数据剩余 122 个波段,即:8～57,79～
120,128～166,179～223 被提取。

（四）EO-HyPerion 高光谱影像的竹资源识别与提取

本研究采用支持向量机(SVM)实现研究区林地与非林地的分割,采用 NDVI
阈值分割实现林地光谱片层分割,进而为竹资源的识别奠定基础,具体流程见
图 4-13。

1. 基于光谱的竹资源光谱片层分割

（1）主成分变换

将 HyPerion 预处理后的波段归并为 3 大区,即可见光、近红外、短波红外,结
果见表 4-11 并进行主成分分析。根据各波段区主成分贡献率达 90% 以上的作为
优选波段,见表 4-12。从表 4-12 中可以看出,第 1 和第 2 主成分贡献率之和均达
到 99% 以上,为此分别选择三个波段区的第一和第二主成分,共计 6 个作为优选波
段,相应的主成分贡献率和标准差如表 4-12 和表 4-13。

表 4-11 基于光谱特性的波段选择结果

波段区	波段选择
可见光	1～25、31～36
近红外	37～50、55～66
短波红外	74～85、92～122

表 4-12 主成分贡献率

波段区间	可见光波段区	近红外波段区	短波红外波段区
第 1+2 主成分贡献率和	99.50%	99.81%	99.64%

表 4-13 6 个主成分的标准差

波段	Pca1	Pca2	Pca3	Pca4	Pca5	Pca6
标准差	129.588	6.600	63.599	12.588	94.194	10.768

同时计算波段间相关系数,得到各波段的相关系数矩阵(表 4-14)。

表 4-14　6 个主成分的相关系数矩阵表

波段号	Pca1	Pca2	Pca3	Pca4	Pca5	Pca6
Pca1	1					
Pca2	0.031 06	1				
Pca3	0.983 425	0.112 515	1			
Pca4	−0.262 189	0.135 487	−0.094 563	1		
Pca5	0.989 058	−0.039 646	0.967 967	−0.271 228	1	
Pca6	0.410 714	0.093 799	0.384 087	−0.172 578	0.291 347	1

（2）最佳波段的选择

参考 OIF 指数最佳波段选择的方法与原则，结果见表 4-15，最终选择波段 146 为最佳波段组合，见图 4-22。

表 4-15　OIF 指数计算表

波段组合	标准差求和	相关系数求和	OIF 指数	指数排序	波段组合	标准差求和	相关系数求和	OIF 指数	指数排序
123	199.786	1.127	177.273	14	234	82.787	0.153	539.544	6
124	148.776	0.096	1555.550	2	235	164.393	1.041	157.943	15
125	230.381	0.980	234.970	13	236	80.967	0.590	137.139	17
126	146.956	0.536	274.389	12	245	113.382	0.175	646.467	5
134	205.775	0.627	328.362	9	246	29.956	0.057	528.255	7
135	287.381	2.940	97.734	20	256	111.562	0.346	322.899	10
136	203.955	1.778	114.696	18	345	170.381	0.602	282.943	11
145	236.370	0.456	518.764	8	346	86.956	0.117	743.554	4
146	152.944	0.024	6358.642	1	356	168.561	1.643	102.568	19
156	234.550	1.691	138.695	16	456	117.550	0.152	771.030	3

（3）光谱片层分割

将主成分分析得到的分类特征作为光谱信息分类特征，同样采用最大似然监督分类，对林地明亮区和阴影区片层分别进行竹资源提取，实现竹资源片层区划。然后利用得到明亮区和阴影区的竹资源光谱片层提取处理后波段数为 122 的 EO-HyPerion 高光谱影像图，将明亮区和阴影区的影像图进行叠加，即为研究区竹资源"光谱片层 A"。

图 4-22　主成分分析优选波段

2. 面向纹理类竹资源信息提取

同 4.5.1 小节中 Landsat 7 ETM 影像面向纹理提取竹资源信息流程一样,对处理后的 122 个波段的 EO-HyPerion 高光谱影像图进行主成分变换,选择第一主成分进行灰度共生矩阵的纹理信息提取,窗口选择 5×5,步长选择(1,1)后得到一幅 8 维图像,并对其进行香农信息熵计算和相关性分析,最终选择均值、角二矩阵、对比度最为最佳纹理量组合(图 4-23)。

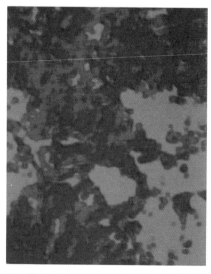

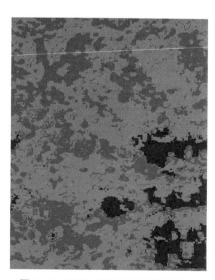

图 4-23　最佳纹理量组合(均值、角二阶距、对比度)　　图 4-24　2008 年顺昌县竹资源分布

（五）EO-HyPerion 高光谱影像的竹资源识别结果与精度评价

利用最佳纹理量在"光谱片层 A"的基础上选用最大似然法进行监督分类,结果如图 4-24。研究采用精度评价方法评价竹资源专题信息提取结果(如表 4-16),表 4-16 显示,竹资源提取总体精度为 84.78%,表明竹资源识别效果较好。

表 4-16　竹资源信息提取误差矩阵

样点数	竹林	非竹林	合计
竹林	98	17	115
非竹林	18	97	115
总计	116	114	230

分类总精度＝84.78%　Kappa 总系数＝0.7142

4.6　基于"高光谱窗口-多光谱面"的竹资源专题信息识别

树种的遥感识别,自 20 世纪 80 年代遥感技术应用于林业以来,国内外进行了大量的研究,并取得了大量的成果。当前应用于林业以及资源环境卫星的遥感数据,主体是以多光谱数据即光谱分辨率 $10^{-1}\lambda$ 为主,即可见光-近红外-短波红外范围。这种仅几个离散的成像波段的卫星影像数据难以体现地形影响下的遥感影像中同谱异物、同物异谱的差异,这也导致多光谱数据应用树种识别时精度一直未能有效提升的重要原因所在(何诗静等,2013)。而且我国南方林区为多丘陵、重山错落区,同时受亚热带气候影响,林下植被长势良好,这对于依赖于可见光为成像方式的多光谱遥感,识别各用材林树种的专题信息存在着严重的同物异谱、同谱异物现象。高光谱遥感技术的发展,以其可达 $10^{-2}\lambda$ 的高光谱分辨率、能够探测到具有细微光谱差异的各种物体、较大程度地提高对植被的识别精度,其数据量比常见的多光谱遥感数据大大增加,但波段数据间的高相关性增加了光谱的冗余信息,同时受成像的噪声影响,分类结果也受到较大影响。而且,当前较多的研究是基于机载测量获取的高光谱遥感数据,而商用化的星载传感器获取仅有如 EO-1hyperion 等数种高光谱遥感影像,可利用的高光谱遥感数据源少。另外,高光谱遥感影像覆盖范围小,如 EO-1hyperion 高光谱遥感影像覆盖范围为 7 km×42 km。而且,南方地区受地形变化和云多、气候多变等条件影响,卫星过境时,获取的影像数据质量往往难以满足树种识别的需要(谭炳香,2005;温兴平,2008;缪丽娟,2011)。总体上,目前高光谱遥感影像在覆盖尺度和时间分辨率上难以较好地满足森林覆盖范围广的大尺度监测的数据需求。因而,如何结合高光谱和多光谱遥感数据之间的优势,弥补高光谱数据源少、覆盖范围小等不足促进森林类型遥感解译精度的有效提高,是实现南方竹资源空间分布和资源总量的准确把握的关键所在。为此,本书以高光谱遥感数据覆盖的区域为窗口,以竹资源专题信息为对象,分析与高光谱影像同期同区域的多光谱遥感影像的信息特征,探讨多光谱遥感数据与高光谱遥感数据实现竹资源信息提取的差异性、互补性以及两种影像所表现出信息特征间的关系,构建基于多光谱遥感数据的高光谱信息特征模型,增强多光谱遥感的光谱特征,实现竹资源专题信息的有效识别。

4.6.1 基于高光谱窗口-多光谱面的竹资源专题信息提取思路的构建

对于竹林多与其他树种混交生长的现象,如何有效地解决利用高光谱数据的信息量与多光谱的复合条件和纹理特征的结合,是实现竹资源信息有效提取的关键问题。虽然多光谱遥感数据信息含量较低,但一次成像空间范围较大,如SPOT5 影像扫描宽度达 $60\,\mathrm{km}\times60\,\mathrm{km}$,TM 影像数据可达 $185\,\mathrm{km}\times185\,\mathrm{km}$。而且多光谱数据格式多,时间分辨率高,结合高光谱与多光谱数据实现竹资源专题信息的提取,也是基于遥感技术实现竹资源监测的重要方法。

高光谱数据与多光谱数据的结合,关键在于通过分析两者覆盖同区域的影像信息对所要识别的专题属性各自影像信息的特征变化。基于高光谱窗口-多光谱面的竹资源专题信息提取思路主要是以确定高光谱遥感数据中有效的、可较高精度识别树种等专题信息的信息特征为前提,寻找多光谱遥感数据中可体现高光谱这一有效的信息特征的信息量,建立基于多光谱遥感数据的高光谱信息特征模型,促进多光谱遥感数据中识别地物的信息特征的增强,提高对地物特征识别的完整性。利用该模型,结合多光谱遥感影像,依据所确定高光谱遥感数据中各专题信息识别有效的信息特征和阈值条件,实现各地物专题信息的提取,某种程度上达到高光谱遥感信息的特点,将较好地提高多光谱遥感数据树种的可靠性和有效精度,则成为利用高光谱数据促进多光谱遥感信息增强地物识别的关键技术,同时也改进传统多光谱解译的途径,为竹资源专题信息提取提供了新的思路。本书基于高光谱窗口-多光谱面的竹资源专题信息提取构建的思路如下:

(1)多光谱数据上竹资源光谱特性分析。以多光谱数据为基础,结合地形条件(高程、坡度和坡向等),构建竹资源识别有效特征(如植被指数、纹理信息、像元

DN 值等),分析不同地形条件下树种的光谱差异以及结合野外采集数据分析不同树种有效特征的差异,其中,不同地形因子等级划分均参考国家森林调查标准。

(2) 高光谱特征模型的构建。以高光谱数据窗口(多光谱数据与其同一区域,同一年份)为前提,设置多光谱数据得到的有效特征、地形因子及自身波段为自变量,将利用高光谱特征提取方法(如主成分分析、OIF 指数法等)得到的最佳分类特征设置为因变量,然后对自变量和因变量进行筛选,构建高光谱因变量与多光谱自变量间的关系模型。这里有两点需要注意:

① 若因变量不符合正态分布,则需对数据进行适当转换,如指数、对数、倒数等变换,而这些变换可以通过 Box-Cox 变换实现。Box-Cox 变换无须任何先验信息,直接基于样本数据本身估计引入的参数建模,且该参数可以有许多形式,可以说该变换模型不同程度上克服了一般变换模型的许多弊端。此外,通过该模型变换近似满足线性、误差方差齐性和误差分布正态性(张彦林,2010)。实践证明,Box-Cox 变换对许多不符合正态分布的变量的建模问题都是行之有效的,在实际建模等许多方面得到了广泛的应用,Box-Cox(刘承平,2002)变换形式为

$$Y^{(\lambda)} \begin{cases} \dfrac{Y^{\lambda}-1}{\lambda}, & \lambda = 0 \\ \ln Y, & \lambda = 0 \end{cases} \tag{4-28}$$

其中,λ 是一个待定变量参数,对不同的 λ 所做的变换自然也不同,因此变换(4-28)式为一族变换,对 Y 的 n 个观测值 $y_1, y_2, \cdots, y_n$ 做上述变换,将变换后的观测值向量记为

$$Y^{\lambda} = (y_1^{(\lambda)}, y_2^{(\lambda)}, \cdots, y_n^{(\lambda)})^{\mathsf{T}}, \tag{4-29}$$

我们要确定 λ 使得 $Y^{(\lambda)}$ 满足:

$$Y^{(\lambda)} = X\beta + \varepsilon, \varepsilon \sim N(\Omega, \sigma^2 I), \tag{4-30}$$

即通过因变量的变换,使得变换后的观测向量 $Y^{(\lambda)}$ 与自变量具有线性相关关系,误差向量的各个分量相互独立且服从相同的正态分布 $N(\Omega, \sigma^2)$,其中,正态分布公式为

$$f(x) = \frac{1}{\sqrt{2\pi}\sigma} \exp\left(-\frac{(x-\mu)^2}{2\sigma^2}\right).$$

式(4-28)中的 λ 可用最大似然方法确定,问题可转换为选择 λ 使:

$$SSE = (\lambda; Z^{(\lambda)}) = (Z^{(\lambda)})^{\mathsf{T}} (I - X (X^{\mathsf{T}} X)^{-1}) Z^{(\lambda)} \tag{4-31}$$

达到最小,其中

$$Z^{(\lambda)} = (z_1^\lambda, z_1^\lambda, \cdots, z_n^\lambda)^{\mathrm{T}} \qquad (4\text{-}32)$$

$$Z_i^{(\lambda)} \begin{cases} y_i^{(\lambda)} \left[\prod_{i=1}^n y_i\right]^{\frac{\lambda-1}{n}}, & \lambda \neq 0 \\[3mm] (\ln y_i) \left[\prod_{i=1}^n y_i\right]^{\frac{1}{n}}, & \lambda = 0 \end{cases} \qquad (4\text{-}33)$$

通过公式(4-30)、(4-31)、(4-32)计算得到最小的值,然后带入公式(4-33),求出变换后的因变量 Z。Box-Cox 变换可以在一些计算机软件中实现,如 SPSS、MATLAB、MINITAB. 15 等统计软件。

② 特征模型评价方法。为了更好地检验所建立的模型,本书采用以下 3 个指标对指数模型进行评价。

相关系数:

$$R = \frac{n \sum y_i \hat{y}_i - \sum y_i \sum \hat{y}_i}{\sqrt{n \sum y_i^2 - \left(\sum y_i\right)^2} \sqrt{n \sum \hat{y}_i^2 - \left(\sum y_i\right)^2}}; \qquad (4\text{-}34)$$

总相对误差:

$$R_\mathrm{s} = \frac{\sum y_i - \sum \hat{y}_i}{\sum \hat{y}_i} \times 100\%; \qquad (4\text{-}35)$$

预估精度:

$$P = \left(1 - \frac{t_a}{\hat{\bar{y}}} \frac{\sqrt{\sum (y_i - \hat{y}_i)^2}}{\sqrt{n(n-T)}}\right) \times 100\%; \qquad (4\text{-}36)$$

式中,y_i 为实测值,$\hat{y}_i$ 为估计值,n 为样本容量,t_a 为置信水平为 $\alpha = 0.05$ 时的 t 分布值,T 为回归模型中参数个数,为估计值的平均数,即 $\hat{\bar{y}} = \frac{1}{n} \sum \hat{y}_i$。

R_s 可以反映出回归模型系统偏差的情况,预估精度 P 能够反映出回归模型平均预估的能力。需特别指出的一点是,通常将相对误差定义为

$$相对误差 = \frac{观测值 - 期望值}{期望值} \times 100\%。 \qquad (4\text{-}37)$$

在实际抽样调查中某一变量真值是得不到的,可以通过样本进行回归估计,得到该变量的数学期望估计值(回归模型估计值),在最小二乘准则下,回归模型估计值是无偏估计,即

$$E(\hat{y}\,|\,x) = E(y\,|\,x)。$$

（3）基于高光谱特征指数模型的竹资源信息提取与评价。通过上述建立的特征模型进行组合，得到高光谱特征模型组合图，采用合适的方法进行分类，从而提取竹资源信息，并对专题图进行样点分类精度和面积差异性的精度验证。

整个基于高光谱窗口-多光谱面的竹资源专题信息提取思路的构建流程如图4-25。

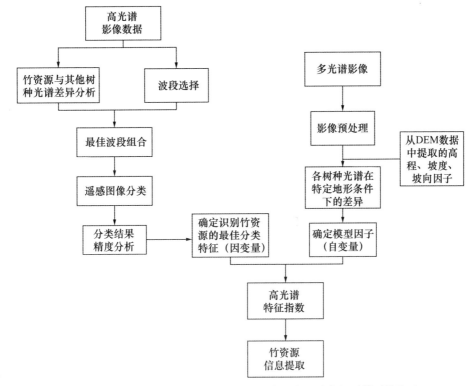

图 4-25　基于高光谱窗口-多光谱面的竹资源专题信息识别模型的构建

4.6.2　基于高光谱窗口-多光谱面的竹资源专题信息识别的应用案例

（一）案例来源

本案例来源于"缪丽娟.毛竹专题信息高光谱特征指数反演技术研究,福建农林大学的硕士论文,2011"。该论文由国家"948"竹资源动态监测技术引进（2006425）项目和福建省自然科学基金"基于 RS 技术竹资源专题信息提取技术研究"（2008J0117）项目资助。

（二）研究区概况

研究区域跨了闽清、德化、永泰等县市，其地理坐标为 25°6~26°2′N，118°24~118°35′E。位置示意图见图 4-22。具体详见 4.5.2 节第二部分研究区概况。

（三）数据源

数据包括：① 光谱分辨率为 10 nm、波段数为 242 的 EO-HyPerion 高光谱影像；② 2003 年轨道号为 119-42 的 TM 影像，其覆盖区域与高光谱数据相同；③ 1：25 万 DEM 数据、1：10 000 地形图、福建省行政边界区划图、2003 年林业小班基本图；④ 各种典型地物野外实测数据。分别对 EO-HyPerion 高光谱影像和 TM 影像进行数据预处理（见 4.5.1 节和 4.5.2 节），利用 ArcGIS 软件对 DEM 数据提取高程、坡度、坡向并区划等级。

（四）竹资源提取过程

1. 多光谱数据上竹资源光谱特性分析

（1）植被指数特征构建及差异分析

本研究基于"光谱片层-面向纹理类"的竹资源识别方法和 4.2.1 节植被指数特征的构建，构建了 NDVI、DVI、RVI、PVI、SAVI 五个植被指数，并计算实际调查的毛竹林、杉木、马尾松和经济林等 100 个样本的植被指数值（图 4-26），由于 SAVI 值非常小，故将其去除。

（2）地形特征提取

利用 ArcGIS 软件对 1：25 万的 DEM 进行坡度、坡向的提取，并进行分级，通过实地采集不同树种在不同地形环境下的光谱，分析研究区不同树种在不同 DEM 的分布情况、不同坡度和坡向的光谱差异。如表 4-17、图 4-27、图 4-28 所示。

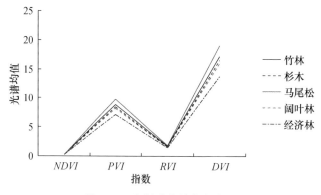

图 4-26　各树种植被指数曲线

表 4-17　研究区各树种在各高程等级所占的百分比

高程等级/m 树种类型(%)	0～400	400～800	800～1200	1200～1600	＞1600
毛竹		43.17	55.04	1.79	
杉木	14.19	37.03	47.23	1.55	
马尾松		15.40	45.44	39.01	0.15
经济林	24.83	75.17			
阔叶林	0.74	26.46	44.66	28.13	

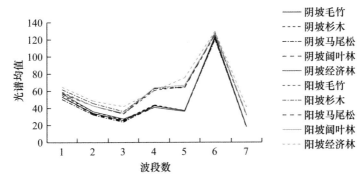

图 4-27　各树种在 TM 影像不同坡向光谱均值曲线

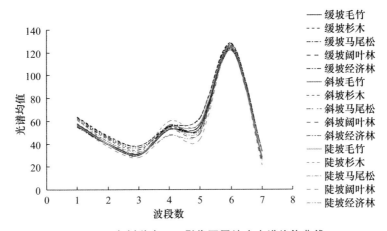

图 4-28　各树种在 TM 影像不同坡度光谱均值曲线

2. 高光谱特征指数模型的构建

(1)自变量设置与提取

　　根据上述的植被指数和地形因子的提取以及 TM 影像自身的 6 个波段(第 6 波段除外),具体自变量设置如表 4-18。

表 4-18　模型自变量设置及其来源

自变量	意义	来源
B1	波段 1 的灰度值	TM 遥感图像波段 1
B2	波段 2 的灰度值	TM 遥感图像波段 2
B3	波段 3 的灰度值	TM 遥感图像波段 3
B4	波段 4 的灰度值	TM 遥感图像波段 4
B5	波段 5 的灰度值	TM 遥感图像波段 5
B6	波段 6 的灰度值	TM 遥感图像波段 6
B7	波段 7 的灰度值	TM 遥感图像波段 7
NDVI	$(B4-B3)/(B4+B3)$	波段比值图像
DVI	$B4-B3$	波段差值图像
RVI	$B4/B3$	波段比值图像
PVI	$(B4-aB3-b)/(1+a2)1/2$	波段差值图像
DEM	海拔/m	DEM
SLOPE	坡度/(°)	坡度专题图(由 DEM 生成)
ASPECT	坡向	坡向专题图(由 DEM 生成)

（2）因变量设置与提取

研究中结合 4.5.2 所述最佳分类特征的选取,通过主成分分析,最终确定最佳分类特征 $PCA1$、$PCA4$ 和 $PCA6$ 为因变量,分别设置为 $Y1$、$Y4$、$Y6$。

通过对自变量与因变量（表 4-19、4-20、4-21）、自变量与自变量之间的相关性分析,最终确定阳坡、阴坡、$B1$、$B2$、$B3$、$B4$、$NDVI$、PVI、RVI、DVI 等 10 个因子作为自变量,参与 $Y1$ 指数模型的构建;保留高程 2、高程 3、缓坡、斜坡、陡坡、险坡、$B1$、$B2$、$B3$、$B4$、PVI、RVI、DVI 等 13 个因子作为自变量,参与 $Y4$ 指数模型的构建;保留阳坡、阴坡、高程 2、高程 3、高程 4、缓坡、斜坡、陡坡、急坡、$B1$、$B2$、$B4$、$B6$、$NDVI$、PVI、RVI、DVI 等 16 个因子作为自变量,参与 $Y6$ 指数模型的构建。由于 $Y1$、$Y4$ 模型构建的样本符合正态分布,$Y6$ 的样本不符合,因而,将 $Y6$ 的样本经 Box-Cox 变换后更符合正态分布,变换参数 λ 值为 0.15,带入公式 4-28 求得变换后的因变量 $Z6$,并用 $Z6$ 数据构建模型,以提高模型精度。

（3）高光谱特征指数模型的构建

经相关性分析,利用 SPSS 软件包将筛选出的因子进行线性建模,得到多光谱有效特征与高光谱特征之间的关系模型。

$$Y1 = -572.7924 + 1.6684B1 + 1.5515B2$$
$$+ 11.7175B3 - 4.3867B4 + 267.5064RVI$$
$$Y4 = 13.8438 - 6.0826 高程 3 + 9.5899 缓坡$$
$$+ 9.3137 陡坡 - 0.6787PVI$$

表 4-19　PCA1 指数各自变量的相关系数

相关系数	阴坡	阳坡	B1	B2	B3	B4	NDVI	PVI	RVI	DVI
X1	1	−1	−0.3362	−0.5703	−0.4240	−0.3950	−0.2680	−0.4412	−0.2714	−0.4346
X2	−1	1	0.3362	0.5703	0.4240	0.3950	0.2680	0.4412	0.2714	0.4346
X3	−0.3362	0.3362	1	0.7468	0.8047	0.7203	−0.4626	−0.1525	−0.4394	−0.1702
X4	−0.5703	0.5703	0.7468	1	0.876	0.7523	−0.1128	0.2441	−0.0816	0.2241
X5	−0.424	0.424	0.8047	0.876	1	0.7196	−0.3615	0.0213	−0.3355	−0.0065
X7	−0.395	0.395	0.7203	0.7523	0.7196	1	−0.2234	0.0758	−0.2104	0.0506
X8	−0.268	0.268	−0.4626	−0.1128	−0.3615	−0.2234	1	0.9107	0.9944	0.9245
X9	−0.4412	0.4412	−0.1525	0.2441	0.0213	0.0758	0.9107	1	0.9237	0.9975
X10	−0.2714	0.2714	−0.4394	−0.0816	−0.3355	−0.2104	0.9944	0.9237	1	0.9364
X11	−0.4346	0.4346	−0.1702	0.2241	−0.0065	0.0506	0.9245	0.9975	0.9364	1

表 4-20 PCA4 指数各自变量的相关系数

相关系数	DEM2	DEM3	slope2	slope3	slope4	slope5	B1	B2	B3	B4	PVI	RVI	DVI
X1	1.0000	-1.0000	0.1830	-0.0422	-0.0985	0.2655	0.0360	0.0197	-0.2167	0.3497	-0.2951	-0.2843	-0.2487
X2	-1.0000	1.0000	-0.1830	0.0422	0.0985	-0.2655	-0.0360	-0.0197	0.2167	-0.3497	0.2951	0.2843	0.2487
X3	0.1830	-0.1830	1.0000	-0.3333	-0.2500	0.1534	0.0887	0.2565	-0.0243	0.1323	0.0388	-0.1875	-0.1922
X4	-0.0422	0.0422	-0.3333	1.0000	-0.7500	-0.0793	-0.1468	-0.1577	-0.3611	-0.2165	-0.3573	-0.2469	-0.2914
X5	-0.0985	0.0985	-0.2500	-0.7500	1.0000	0.0123	0.0944	0.0384	0.3880	0.1586	0.3317	0.3328	0.3979
X7	0.2655	-0.2655	0.1534	-0.0793	0.0123	1.0000	0.8177	0.8121	0.3224	0.7673	0.0555	-0.4040	-0.1736
X8	0.0360	-0.0360	0.0887	-0.1468	0.0944	0.8177	1.0000	0.8678	0.6121	0.7539	0.3554	-0.1411	0.1059
X9	0.0197	-0.0197	0.2565	-0.1577	0.0384	0.8121	0.8678	1.0000	0.4290	0.7091	0.2229	-0.4043	-0.1789
X10	-0.2167	0.2167	-0.0243	-0.3611	0.3880	0.3224	0.6121	0.4290	1.0000	0.4248	0.9053	0.6363	0.8120
X11	0.3497	-0.3497	0.1323	-0.2165	0.1586	0.7673	0.7539	0.7091	0.4248	1.0000	0.1997	-0.2127	0.0044
X12	-0.2951	0.2951	0.0388	-0.3573	0.3317	0.0555	0.3554	0.2229	0.9053	0.1997	1.0000	0.7697	0.8420
X13	-0.2843	0.2843	-0.1875	-0.2469	0.3328	-0.4040	-0.1411	-0.4043	0.6363	-0.2127	0.7697	1.0000	0.9543
X14	-0.2487	0.2487	-0.1922	-0.2914	0.3979	-0.1736	0.1059	-0.1789	0.8120	0.0044	0.8420	0.9543	1.0000

表 4-21 PCA6 指数各自变量的相关系数

相关系数	阴坡	阳坡	DEM2	DEM3	DEM4	slope2	slope3	slope4	slope5	B1	B2	B4	NDVI	PVI	RVI	DVI
X1	1.0000	-1.0000	-0.1409	0.0653	0.1441	0.3512	-0.2749	-0.1139	-0.4579	-0.5824	-0.5689	-0.4503	-0.3639	-0.4469	-0.3311	-0.4414
X2	-1.0000	1.0000	0.1409	-0.0653	-0.1441	-0.3512	0.2749	0.1139	0.4579	0.5824	0.5689	0.4503	0.3639	0.4469	0.3311	0.4414
X3	-0.1409	0.1409	1.0000	-0.8786	-0.1650	0.0903	-0.0205	-0.0361	0.4268	0.2095	0.0293	0.4461	-0.1098	-0.0291	-0.0880	-0.0448
X4	0.0653	-0.0653	-0.8786	1.0000	-0.3261	-0.1129	0.0180	0.0692	-0.2572	-0.1213	0.0064	-0.2636	0.0806	0.0423	0.0696	0.0508
X5	0.1441	-0.1441	-0.1650	-0.3261	1.0000	0.0543	0.0034	-0.0714	-0.3137	-0.1642	-0.0713	-0.3387	0.0508	-0.0298	0.0304	-0.0161
X7	0.3512	-0.3512	0.0903	-0.1129	0.0543	1.0000	-0.7826	-0.3241	-0.1255	-0.3076	-0.4502	-0.1821	-0.3686	-0.4295	-0.3562	-0.4186
X8	-0.2749	0.2749	-0.0205	0.0180	0.0034	-0.7826	1.0000	-0.2012	0.2029	0.3600	0.4537	0.2198	0.3031	0.4051	0.3088	0.3932
X9	-0.1139	0.1139	-0.0361	0.0692	-0.0714	-0.3241	-0.2012	1.0000	-0.0281	0.0461	0.0922	0.0927	0.1360	0.1095	0.1152	0.1095
X10	-0.4579	0.4579	0.4268	-0.2572	-0.3137	-0.1255	0.2029	-0.0281	1.0000	0.7601	0.4441	0.7424	-0.0640	0.1549	-0.0777	0.1331
X11	-0.5824	0.5824	0.2095	-0.1213	-0.1642	-0.3076	0.3600	0.0461	0.7601	1.0000	0.7253	0.7702	0.1883	0.4374	0.1777	0.4199
X12	-0.5689	0.5689	0.0293	0.0064	-0.0713	-0.4502	0.4537	0.0922	0.4441	0.7253	1.0000	0.5407	0.7509	0.9185	0.7575	0.9098
X13	-0.4503	0.4503	0.4461	-0.2636	-0.3387	-0.1821	0.2198	0.0927	0.7424	0.7702	0.5407	1.0000	0.0695	0.2933	0.0508	0.2689
X14	-0.3639	0.3639	-0.1098	0.0806	0.0508	-0.3686	0.3031	0.1360	-0.0640	0.1883	0.7509	0.0695	1.0000	0.9281	0.9863	0.9400
X15	-0.4469	0.4469	-0.0291	0.0423	-0.0298	-0.4295	0.4051	0.1095	0.1549	0.4374	0.9185	0.2933	0.9281	1.0000	0.9458	0.9983
X16	-0.3311	0.3311	-0.0880	0.0696	0.0304	-0.3562	0.3088	0.1152	-0.0777	0.1777	0.7575	0.0508	0.9863	0.9458	1.0000	0.9556
X17	-0.4414	0.4414	-0.0448	0.0508	-0.0161	-0.4186	0.3932	0.1095	0.1331	0.4199	0.9098	0.2689	0.9400	0.9983	0.9556	1.0000

$$Z6 = -8.607 - 0.892\text{高程}3 + 5.638\text{高程}4$$
$$+ 1.774\text{急坡} - 37.061NDVI + 11.065RVI$$

利用式(4-34)、(4-35)、(4-36)进行模型精度评价,结果如表4-22。评价结果显示:$Y1$指数模型的精度为94.84%,$Y4$指数为82.69%,$Z6$指数为85.38%,说明所建立的指数模型拟合效果较好,具有一定的应用价值。同时该模型实现了高光谱特征与多光谱特征的线性关联,增强了多光谱影像信息,尤其使有利于毛竹识别的信息更丰富、更显著,该模型也可作为通过高光谱信息充分挖掘多光谱信息的另一种数据挖掘方法。

表 4-22　模型评价

指数	总相对误差 R_S(%)	相关系数 r	预估精度 P(%)
Y1	−1.78	0.9317	94.84
Y4	0.76	0.9018	82.69
Y6	2.15	0.9104	85.38

3. 基于高光谱特征指数模型的毛竹信息提取

以 TM 影像数据和地形因子为基础数据,基于构建的 Y1、Y4、Z6 模型,分别进行这 3 个指数的反演并进行叠加,并结合二类小班数据,可以看出基于高光谱特征指数模型的反演组合。利用 TM4、TM3、TM2 波段和高光谱特征指数组合图,利用支持向量机分类,设置核函数参数 $\gamma = 0.33$,惩罚系数 $C = 118$,其余使用默认值。分类结果见图 4-29 和图 4-30。

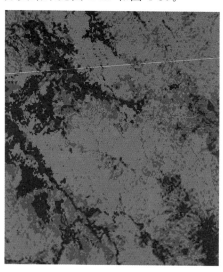 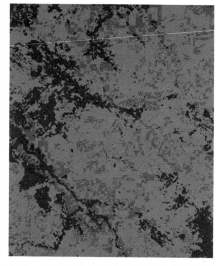

图 4-29　基于 TM 的竹林分布　　　　图 4-30　基于高光谱信息特征模型的竹林分布

（五）识别结果分析

分别对基于 TM 影像和高光谱特征指数模型的分类结果进行分类精度评价，如表 4-23 和表 4-24。

表 4-23　两种方法分类精度评价

精度评价	总体精度（%）	Kappa 系数
TM	62.48	0.5170
高光谱特征指数模型	73.18	0.6552

表 4-24　不同树种类型分类精度评价

类别	分类精度（%）	
	TM	高光谱指数
毛竹	74.47	86.52
杉木	27.85	63.29
马尾松	57.74	63.47
阔叶林	82.58	84.09
经济林	52.94	62.35

从表 4-23 和表 4-24 可以看出，基于高光谱特征指数的分类总体精度比基于 TM 影像的分类总体精度提高了 10.70 个百分点，Kappa 系数提高了 0.1382。另外，在基于高光谱特征指数的分类中，毛竹分类精度达到了 86.52%，而基于 TM 影像分类的毛竹精度为 74.47%，前者比后者毛竹精度提高了 12.05 个百分点，而其他类别的精度也有不同程度的提高。可见，基于高光谱特征指数识别毛竹的效果比单纯基于 TM 影像数据有明显向好的发展方向。无论从总体精度还是分类精度来看，基于高光谱特征指数的分类精度均高于基于 TM 的，这说明基于多光谱指数反演所得的高光谱特征指数在竹资源遥感分类中具有一定的实用性和优越性。

4.7　小　结

传统的目标地物识别主要是利用单一的光谱特征、纹理特征等有效特征和单一数据影像进行分类，对于我国大多数南方地区竹林资源信息提取的分类结果来说并不理想。考虑我国南方竹林资源的生长情况和地形条件等因素，着重从"光谱片层-纹理特征""高光谱窗口-多光谱面"这两个方面介绍我国南方地区竹林资源信息提取的主要方法与技术，整体上对多光谱和高光谱识别目标地物的特征和分类技术进行系统地阐述,对我国南方地区竹林资源信息识别具有一定的借鉴意义。

基于"光谱片层–纹理特征"和"高光谱窗口–多光谱面"这两种竹林资源提取思路都有效地提高了我国南方地区竹林资源信息识别精度。这两种方法都离不开竹林资源识别有效特征的构建,对于"光谱片层–纹理特征"的多光谱竹林资源信息识别而言,其核心主要是利用光谱特征和纹理特征进行光谱片层分割和选择最佳纹理量组合,从而达到竹林资源的准确识别;对于"高光谱窗口–多光谱面"的竹林资源识别,其核心是构建多光谱数据与高光谱数据有效特征之间的关系模型,与前者不同的是,后者充分考虑到地形因素对竹林资源识别的影响,更有效地减少了竹林资源错分、漏分的情况,对竹林资源信息的正确识别有一定的提高。

通过对"光谱片层–纹理特征"和"高光谱窗口–多光谱面"这两种方法应用,结果表明,地形因素确实对竹林资源的识别产生了一定的影响,很好地解决了遥感影像上存在的明暗区分割、"同物异谱和同谱异物"现象、地形因素影响以及纹理信息的冗余等问题,使我国南方竹林资源信息识别取得了较好的效果,在今后竹林资源遥感识别中具有一定的实用性和优越性。但是,本书尚未探讨多光谱数据与高光谱数据融合进行竹林资源识别研究,有待今后进一步地探讨。

参 考 文 献

Chang. Spectral information divergence for hyperspectral image analysis[C]. Geoscience and Remote Sensing Symposium, 1999(1):509–511.

Haralick R M, Shanmugam K, Dinstein I. Textural Features for Image Classification[J]. Systems Man & Cybernetics IEEE Transactions on, 1973, 3(6):610–621.

Jia X. Adaptable class data representation for hyperspectral image classification[J]. Asia Remote Sensing conference, 1999.

Khotanzad A, Bouarfa A. Image Segmentation By a Parallel, Non-parametric Histogram Based Clustering Algorithm[J]. Pattern Recognition, 1990, 23(9): 961–973.

Kruse F A, Lefkoff A B, Boardman J W, et al. The spectral image processing system (SIPS)-interactive visualization and analysis of imaging spectrometer data[J]. Remote Sensing of Environment, 1993, 44(2–3):145–163.

Lillesand T M, Kiefer R W. Remote sensing and image interpretation /[M]. Wiley, 1987.

Narendra P M, Goldberg M. A Non-parametric Clustering Scheme for LANDSAT[J]. Pattern Recognition, 1977, 9: 207–215.

Barry P S，ShePanski J，Segal C. On-orbit spectral calibration verification of HyPerion［R］. US：IGARRS，2001

Rebello N S，Sohn Y. Supervised and Unsupervised Spectral Angle Classifiers［J］. Photogrammetric Engineering & Remote Sensing，2002，68(12)：1271－1280.

Smola A J，Sch lkopf B. A tutorial on support vector regression［J］. Statistics and Computing，2004，14(3)：199－222.

Vapnik V N. The Nature of Statistical Learning Theory［M］. NewYork：Springer-Verlag，1995.

Weisberg A，Najarian M，Borowski B，et al. Spectral angle auto matic cluster routine (SAALT)：an unsupervised multispectral clustering algorithm［M］. Aerospace Conference 1999.

陈圣波. 遥感影像信息库［M］. 北京：科学出版社，2011.

陈述彭. 遥感信息机理的研究［M］. 北京：科学出版社，1998：139－233.

邓旺华. 竹林地面光谱特征及遥感信息提取方法研究——以福建省顺昌县为例［D］. 中国林业科学研究院，2009.

都业军. 人工神经网络在遥感影像分类中的应用与对比研究［D］. 内蒙古师范大学，2008.

杜华强，周国模，葛宏立，等. 基于 TM 数据提取竹林遥感信息的方法［J］. 东北林业大学学报，2008，36(3)：35－38.

杜华强，周国模，徐小军等. 竹林生物量碳储量遥感定量估算［M］. 北京：科学出版社，2012.

高国龙，杜华强，韩凝，等. 基于特征优选的面向对象毛竹林分布信息提取简［J］. 林业科学，2016(9)：77－85.

葛宏立，方陆明，孟宪宇. 基于爬峰法聚类的 TM 图像专题信息人机交互提取［J］. 计算机工程，31(11)：154－157

耿修瑞. 高光谱遥感图像目标探测与分类技术研究［D］. 中国科学院遥感应用研究所，2005.

官凤英，邓旺华，范少辉. 毛竹林光谱特征及其与典型植被光谱差异分析［J］. 北京林业大学学报，2012，34(3)：31－35.

何诗静，袁伊旻，王植芳，等. 高光谱遥感在树木识别方面的应用与研究概述［J］. 北京农业，2013(6).

何勇，刘飞，李晓丽等. 光谱及成像技术在农业中的应用［M］. 北京：科学出版社，2016.

胡文元，聂倩，黄小川. 基于纹理和光谱信息的高分辨率遥感影像分类［J］. 测绘地理信息，2009，34(1)：16－18.

胡湛晗. 高分辨率遥感影像林地资源信息提取方法研究［D］. 北华航天工业学院，2015.

黄丽梅. 纹理信息在遥感影像分类中的应用［D］. 山东师范大学，2009.

黄昕,张良培,李平湘,等. 基于多尺度特征融合和支持向量机的高分辨率遥感影像分类[J]. 遥感学报,2007,11(1):48-54.

姜小光,唐伶俐,王长耀,等. 高光谱数据的光谱信息特点及面向对象的特征参数选择——以北京顺义区为例[J]. 遥感技术与应用,2002,17(2):59-65.

李永中,游志胜. 遥感图像地面植被的分类识别[J]. 四川大学学报,1989,26(3):45-49.

刘承平. 数学建模方法[M]. 北京:高等教育出版社.2002:15-17.

刘汉湖. 岩矿波谱数据分析与信息提取方法研究[D]. 成都理工大学,2008.

刘健,余坤勇,许章华,等. 竹资源专题信息提取纹理特征量构建研究[J]. 遥感信息,2010(6):87-94.

刘伟东. 高光谱遥感土壤信息提取与挖掘[D].中国科学院遥感应用研究所博士论文,2002.

浦瑞良,宫鹏. 高光谱遥感及其应用[M]. 北京:高等教育出版社,2000.

孙家抦,舒宁,关泽群. 遥感原理、方法和应用[M]. 北京:测绘出版社,1997.

孙家抦. 遥感原理与应用. 第2版[M]. 武汉:武汉大学出版社,2009.

孙艳霞. 纹理分析在遥感图像识别中的应用[D]. 新疆大学,2005.

谭德军. 基于多源遥感信息的万盛矿区环境变化研究[D]. 成都理工大学,2013.

汤国安. 遥感数字图像处理[M]. 北京:科学出版社,2004.

王宏勇,董广军,唐汗松,等. 海岸带高光谱影像分类技术研究[J]. 海洋测绘,2004,24(6):20-23.

温兴平,胡光道,杨晓峰.从高光谱遥感影像提取植被信息[J].测绘科学,2008,33(3):66-68.

徐登云,王龙秀. 基于灰度共生矩阵对纹理特征的分析[J]. 西部资源,2012(2):112-114.

严红萍,俞兵. 主成分分析在遥感图像处理中的应用[J]. 资源环境与工程,2006,20(2):168-170.

阎守邕. 现代遥感科学技术体系及其理论方法[M]. 北京:电子工业出版社,2013.

杨国鹏. 基于机器学习方法的高光谱影像分类研究[D]. 解放军信息工程大学,2010.

杨金红. 高光谱遥感数据最佳波段选择方法研究[D]. 南京信息工程大学,2005.

杨哲海,李之歆,韩建峰,等. 高光谱中的 Hughes 现象与低通滤波器的运用[J]. 测绘科学技术学报,2004,21(4):253-255.

杨志刚. 纹理信息在遥感影像分类中的应用[D]. 南京林业大学,2006.

杨诸胜. 高光谱图像降维及分割研究[D]. 西北工业大学,2006.

余坤勇,刘健,许章华,等. 南方地区竹资源专题信息提取研究[J]. 遥感技术与应用,2009,24(4):449-455.

余坤勇,许章华,刘健,等."基于片层-面向类"的竹林信息提取算法与应用分析[J]. 中山大学学报(自然科学版),2012,51(1):89-95.

余旭初. 高光谱影像分析与应用[M]. 北京:科学出版社,2013.

张策,臧淑英,金竺,等. 基于支持向量机的扎龙湿地遥感分类研究[J]. 湿地科学,2011,09(3):263-269.

张立福. 通用光谱模式分解算法及植被指数的建立[D]. 武汉大学,2005.

张睿,马建文. 支持向量机在遥感数据分类中的应用新进展[J]. 地球科学进展,2009,24(5):555-562.

张璇. 基于高光谱遥感的城市水网水体提取研究和实现[D]. 山东大学,2014.

张彦林. Box-Cox 变换在遥感数据建模中的应用[J]. 东北林业大学学报,2010,38(8):120-122.

张媛. 高光谱遥感图像的处理与应用[D]. 西北工业大学,2006.

赵春晖,陈万海,杨雷. 高光谱遥感图像最优波段选择方法的研究进展与分析[J]. 黑龙江大学自然科学学报,2007,24(5):592-602.

赵英时. 遥感应用分析原理与方法[M]. 北京:科学出版社,2013.

郑丽. 混合像元分解及其应用研究[D]. 重庆交通大学,2010.

周晖. 纹理分割方法及其应用研究[D]. 国防科学技术大学,2005.

朱亮璞. 遥感地质学[M]. 北京:地质出版社,1994.

刘雪华,吴燕. 大熊猫主食竹开花后叶片光谱特性的变化[J]. 光谱学与光谱分析,2012,32(12):3341-3346.

刘健,顾林彬,余坤勇,等. 毛竹林 HJ-1HIS 专题信息的响应与识别[J]. 江西农业大学学报,2016(6):1100-1109.

第五章 竹林资源三维激光扫描调查技术

对于传统的竹林资源调查技术而言,三维激光扫描仪是可见光遥感的进一步提升,能够在一秒钟内扫描几十万个数据点,提高测量效率;且记录的数据量非常大,对在扫描的同时还能将物体表面的色彩还原;误差精度在几毫米以内,能满足竹林资源调查的需求;也可以通过其他点云处理软件获取目标物的基本信息,用于进行连续观测,进行竹林的动态监测研究。通过对三维激光扫描测量的数据进行分析,可以构建单个扫描点测量数据的精度评价模型(罗德安,2007)。三维激光扫描系统相较传统的调查方法,提高了时效性和精准性。

本章主要介绍三维激光扫描的系统组成及工作原理,结合三维激光扫描系统的分类及发展趋势,分析三维激光扫描技术的应用现况。以竹林调查及三维建模为脉络,叙述了竹林资源的调查可行性,重点阐述竹林资源三维激光扫描调查技术的调查要素、实现原理和调查方法,并结合案例,介绍竹林资源样地中立竹度、胸径、树高等要素的辅助于三维激光扫描仪的调查技术流程。

5.1 概　　述

三维激光扫描技术,是由通过发射激光脉冲在物体表面进行反射后被三维激光扫描仪接收,从而快速地记录物体表面的三维点云数据信息,通过三维点云数据信息以及获取的 RGB 色彩信息来还原物体表面的技术,也被称为实景复制技术,主要由三维激光扫描仪和系统软件组成(CyraxModel,2001)。三维激光扫描仪数据的表现形式为点云数据,即通过接收经物体表面反射的激光脉冲根据仪器内部软件计算获取的物体表面三维坐标信息。这些点云数据在经过软件处理后能还原物体的表面,为竹林资源监测提供了一种新技术。其中,地基激光雷达(Terrestrial Laser Scanning, TLS)的出现促进了竹林资源调查的发展,能够快速获取竹林单木参数,如胸径、竹高、枝下高以及单木定位等,不仅节约了大量人力物力,还提高了竹林调查的效率,是竹林几何参数的一种快速获取方法。TLS 系统同样是由三维激光扫描仪、扫描仪旋转平台、数据处理平台、数码相机、软件控制平台及电源和其他附件共同构成。三维激光扫描技术集成了多种高新技术的新型空间信息数据获取手段,在竹林资源调查中,利用三维激光扫描技术,可以深入到复杂的竹林样地进行扫描操作,并可以实现各种复杂的、大型的、不规则的实体或实景三维激光点云数据的采集,从而快速重构出毛竹样木的三维模型。同时,还可通过点云数据后处理软件进行各种后处理分析,如叶片拟合、枝干拟合等操作。并且采集的三维点云数据可以进行标准格式的转换,将获取的 X3S 或 X3A 等点云格式输出为其他工程软件能识别的文件格式,例如 TXT 文本文档等。

5.1.1　三维激光扫描系统组成

三维激光扫描仪由地面三维激光扫描仪、数码相机、后处理软件、电源以及附属设备构成(图 5-1),主要通过发射非接触高速激光的方式获取目标物的三维点云数据及色彩信息,而后通过三维激光扫描仪自带的处理软件或者其他相关点云处理软件,如 Cyclone 等,对采集的点云数据和色彩信息进行识别和提取,然后进行坐标系的阵列式转换,获得目标物的笛卡尔空间坐标(X,Y,Z),还可通过结合逆向处理软件,例如 Geomogic 等进行处理得到它的表面模型,并可将获取的点云格式输出为其他工程软件能识别的文件格式,为不同行业提供服务(罗旭,2006;董秀军,2007;徐进军,2007)。

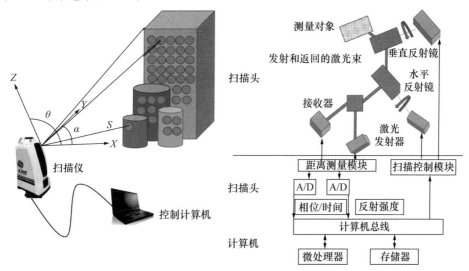

图 5-1　地面三维激光扫描系统组成

5.1.2 三维激光扫描系统工作原理

不同三维激光扫描仪的类型,其工作原理都是相似的。由一组引导激光并以均匀角速度垂直方向扫描的反射棱镜和一台高速精确的激光测距仪结合。根据激光测距仪发射激光,接收目标物表面反射的信号,针对不同的扫描点可以测得测站到达扫描点的直线距离,配合反射棱镜获取的水平和垂直方向角,通过仪器内部自带的软件进行计算,可以得到每一点云数据的笛卡儿坐标。如果测站的空间坐标是已知的,那么则可以求得每一个扫描点的三维坐标。激光扫描系统和激光测距系统结合组成了三维激光扫描系统。

5.1.3 三维激光扫描系统特点

大部分地面三维激光扫描系统水平扫描角度为 360 度,垂直角度为 90~270度,扫描模式包括快速,正常,精细等,扫描分辨率最高可达到亚毫米量级,三维激光扫描系统与 GPS 及 CCD 结合应用,可以获取所测目标物的三维激光点云空间笛卡尔坐标以及高分辨的色彩纹理信息,根据仪器自带的处理软件可以对 AOI 进行提取,例如样木的叶片,冠层枝干或主干等,从而进一步获取 LAI、蓄积量、冠幅等林分调查因子。也可根据用户的需要,结合点云软件的插件,得到更为丰富的三维立体空间模型(CAD)或立体影像等,结合获取的真彩色照片,可进行三维模型的构建例如:三维矿区、三维公园、三维校园等产品。TLS 具有如下特点:

(1)三维激光扫描系统能够快速获取目标物的大面积点云数据,及时的测定实体表面立体信息,使用三维激光扫描技术进行数据采集,可以应用于目标物的动态监控。

(2)三维激光扫描能够获取高密度、高精度的目标物点云数据,通过对目标物的三维立体结构进行扫描,能够精确获取目标物的三维空间坐标和真彩色色彩信息,获取的点云具有较均匀的分布,减少传统手段中人工计算或推导所带来的不确定性。

(3)地面三维激光扫描系统对目标进行扫描测量完全是无接触性的,能够对目标物进行完整的保护。获取目标物的三维点云坐标数据,在精度范围内,完成对目标物的无接触性扫描,做到真正的快速原形重构,具有无危险性,保护目标物的特性,解决了对人员难以到达位置的测量等。

(4)三维激光扫描系统具有很好的点云处理和建模能力,通过激光扫描仪获取点云数据的空间坐标,格式转换后通过处理软件对目标初始点、终点进行选择,获取感兴趣的区域,再转换为可以为其他软件处理的格式进行调用,达到与其他软件的兼容性和互操作。

(5) 三维激光扫描系统通过发射激光束来获取目标物的三维空间位置,而激光的穿透特性使得我们获取的采样点能描述目标表面的不同层面的色彩信息和几何信息。

(6) 地面三维激光扫描系统为主动式扫描系统,不受时间和空间的约束,是通过自身发射的激光束信息来获取目标物的三维坐标和色彩信息,而激光束是准平行光,拓宽了纵深信息的立体采集,避免了常规光学照相测量中固有的光学变形误差,易于自动化显示输出,可靠性好。

(7) 地面三维激光扫描系统具有防辐射、防震动、防潮湿等特性,在不同的场景、环境中都能良好地进行工作,对环境的依赖性小,能够在各种野外环境进行工作,且三维激光扫描系统本身包括多种扫描方式,可以应对不同条件下的扫描环境,根据工作量的大小、工作需求的精度,选择不同的扫描方式,提高扫描的精度。

(8) 三维激光扫描系统激光能够自动聚焦,同步变化视距,可以改善实测精度及提高不同测距的散焦效应,有利于对实体原形的逼近。

(9) 三维激光扫描系统自带的数码相机可以协助扫描工作,在进行点云数据的获取的同时进行拍照,在之后应用软件进行数据处理,图片信息可以对数据进行叠加、贴图,使得点云在软件读取出来时,显示三维真彩色形式,更加有利于之后的三维建模及 AOI 的提取,减少后续处理的误差。

5.1.4　三维激光扫描测量与近景摄影测量的区别

地面三维激光扫描系统并不完全等同于摄影测量,虽然与近景摄影测量相比较而言,在仪器操作上地面三维激光扫描系统与其有许多相似之处,但在由于工作原理上存在的不同,导致它们在实际应用中也有不少的差别。

(1) 获取的数据存在差异:摄影测量获取的是高精度的彩色相片,单独的彩色相片为二维影像,无法进行三维空间上的分析,而三维激光扫描系统获取的点云数据是由带有空间位置坐标的点云所组成的三维空间点云集合,可以通过软件还原三维空间影像,进行空间上的分析。

(2) 测量精度不同:三维激光扫描系统的扫描精度能够达到亚毫米级,大于大部分的摄影测量精度。

（3）对测量环境要求有差异：高温情况下，摄影测量的结果会产生形变，而地面三维激光扫描测量在不同的温度下对于扫描的点云数据结果不会产生任何影响。并且 TLS 在白天和黑夜都可以进行，不受光线亮度的影响，而摄影测量在夜晚无法进行。

（4）图形拼接方式的差异：对于地面三维激光扫描系统的拼接方式多采用坐标匹配方式，匹配不同测站上的同位置的坐标，通过粗拼接和精拼接，得到一幅空间三维立体影像，而摄影测量一般则是采用相对定向和绝对定向方式进行拼接的。

（5）影像信息获取的方式差异：地面三维激光扫描系统由激光发射器反射激光脉冲信号与自带的一体化数码摄像机获取的真色彩相片相结合，将真彩色相片上的颜色赋予每一个点云上得到一幅真彩色的三维空间影像；而摄影测量则直接利用数码摄像机拍摄目标物的真彩色影像。

5.1.5　三维激光扫描系统分类

（一）按系统运行的平台划分

1. 飞机载型激光扫描系统

机载型激光扫描系统本质上是将三维激光扫描仪与多光谱的数码摄像机装载在飞机上，结合激光扫描仪和数码摄像机获取的数据，快速、准确地获取目标影像。机载三维扫描系统是一种集激光扫描仪（IS）、全球定位系统（GPS）、惯性导航系统（INS）、高分辨率数码相机、计算机以及数据采集器，电源等技术于一身的光机电一体化集成系统，不仅仅能够获得地物表面的激光点云数据，并且能够通过点云的拟合生成高精度的数字表面模型 DSM 和数字高程模型 DEM，结合激光扫描系统的一体化数码摄像机拍摄的真彩色遥感影像，能够得到真实的三维场景图。

图 5-2　直升机载三维激光扫描仪　　　　图 5-3　无人机载三维激光扫描仪

图 5-4 车载三维激光扫描仪   图 5-5 船载三维激光扫描仪

2. 车、船载激光扫描系统

同理而言,是将三维激光扫描仪装载在车上或者船上,通过集合激光扫描仪、CCD 相机以及数字彩色相机进行数据采集,可以结合 GPS 来获取点云数据的空间位置,作为遥感影像的数据源。

3. 地面型激光扫描仪系统

地面三维激光扫描系统主要包括激光测距系统和激光扫描系统,部分激光扫描仪会集合 CCD 相机和 GPS 等。根据三维激光扫描系统内部的激光脉冲二极管发射激光脉冲,再通过反射棱镜,射向目标物体,然后接收并记录由目标物体表面反射回来的激光脉冲,根据返回仪器所经过的时间(或者相位差)来计算距离,结合发射激光脉冲中统计的水平角 a 和垂直角 P,通过三维激光扫描仪自带的内部处理软件对获取得到的角度数据、距离数据进行处理,进行坐标系的阵列式转换,获得目标物的三维笛卡尔空间坐标(臧克,2007;Staiger R,2003),内置的一体化数码相机拍摄的真彩色图像将同步结合在点云数据中,可通过计算机进行后续处理,得到目标物的真彩色三维空间立体影像(官云兰等,2007)。地面三维激光扫描系统主要划分为两大类,一类是固定式扫描系统,一类是移动式扫描系统。

4. 手持式三维激光扫描系统

手持式三维扫描仪是一种可以用手持扫描来获取物体表面三维数据的便携式三维扫描仪。作为三维扫描仪中最常见的扫描仪,比起地面激光扫描仪,手持式三维激光扫描仪具有方便、轻快的特点,能够用来检测目标物的几何形状和色彩信息,并将获取的信息通过点云处理软件进行三维建模,得到虚拟世界中的三维立体模型。

图 5-6　移动式三维激光扫描仪

图 5-7　固定式三维激光扫描

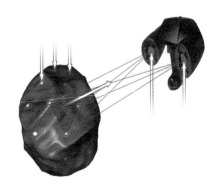

图 5-8　手持式三维激光扫描仪

（二）按有效扫描距离划分

一般情况下,按照有效扫描距离,三维激光扫描系统可分为以下几类:

（1）短距离激光扫描仪:最佳扫描距离为 0.6～1.2 m、最大范围为 3 m 的扫描仪,主要用于高精度的目标物量测,例如小型的模具等,具有扫描速度快、扫描精度高的特点,最大精度能够达到±0.018 mm。

（2）中距离激光扫描仪:是指最大扫描范围小于 30 m 的三维激光扫描仪,主要应用于中等精度目标物的量测,例如大型的模具、室内空间量测等。

（3）长距离激光扫描仪:是指扫描距离大于 30 m 的三维激光扫描仪,这种长距离的三维激光扫描仪主要应用于大坝、矿山、大型土木工程、建筑物外观等测量。

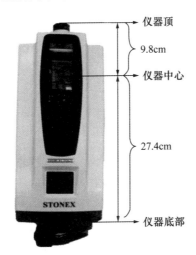

	仪器顶
	9.8cm
	仪器中心
	27.4cm
	仪器底部

图 5-9　三维激光扫描 STONEX X-300

（4）航空激光扫描仪:即应用航空技术结合三维激光扫描系统进行的测量,扫描范围通常大于 1000 m,主要应用于大范围的地形扫描,获取目标的数字高程模型和数字表面模型。

（三）按照扫描仪的扫描成像方式划分

按照不同三维激光扫描系统的扫描成像方式,可分为以下几类(图 5-10):

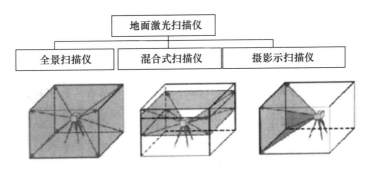

图 5-10　按扫描成像方式分类按照扫描仪测距原理划分

（1）摄影扫描式:此方式的扫描仪类似于摄影测量相机,通过摄影扫描获取目标物的点云数据,主要适用于长距离的扫描,利于建筑外观、矿山、大坝等。

（2）全景扫描式:此方式的扫描仪限制于自身所带有的三角架,利用旋转马达获取全景式的扫描影像,能够使用用室内目标物的扫描,进行数字化房屋的建模等。

（3）混合型扫描式:此方式的扫描仪结合摄影扫描和全景扫描的优点,具有旋转马达应用于水平方向上点云的获取也具有反射棱镜,不受垂直方式方向上的局限。

5.1.6 应用现状与发展趋势

（一）三维激光扫描系统研究进展

三维激光扫描技术作为 20 世纪 90 年代中期出现的新技术,已经开始被应用于竹林资源调查。目前应用于林分调查的三维激光扫描仪有应用于单木扫描测量的 FARO Phonton 120 三维激光扫描仪（郑君,2013）,扫描距离为 150 m 的 Cyrax2500 三维激光扫描仪（邓向瑞,2005）、HDS3000 地面三维激光扫描仪（刘春,2009）等长距离激光扫描仪,扫描距离都大于 30 m,能够达到林分调查的需求。相对于传统的林分调查技术以及遥感技术来说,三维激光扫描仪是可见光遥感的进一步提升,能够在一秒钟内扫描几十万个数据点,提高测量效率;且记录的数据量非常大,对在扫描的同时还能将物体表面的色彩还原;误差精度在几个毫米以内,能满足林分调查的需求（马立广,2005）;也可通过点云处理软件来获得地物信息;便于对竹林实现连续动态监测。整体表明,相对较传统的调查方法,三维激光扫描系统有效地提高了监测信息的时效性和精准性（罗德安,2007;刘春,2009;李海泉,2011;谢宏全,2013）。

当前,三维激光扫描技术在林业上应用主体为林木信息的获取和三维建模的虚拟仿真上,其中在林木量测的应用方向主要是单木因子的提取和三维重建方面。在单木因子的提取方面,Jackob 等利用多站式三维激光扫描技术,通过消除林木的遮挡、阴影及不同光照条件等情况下获取单木蓄积量的研究,蓄积量估算精度能达到 96% 以上（2009）。Gabor 等基于三维激光扫描技术研究获取基本单木因子,通过三维点云模型直接量测单木基本因子,此方法获取的单木因子数据精度与传统方法相比基本一致（2009）。Wezyk 等提出管道法和像素法处理三维激光点云数据的思路,实验对比发现处理三维激光点云数据像素法优于管道法（2007）。在单木三维重建方面,Pfeifer 基于通过三维激光扫描技术提取点云数据,获得树枝、树干的半径、轴方向及轴位置,提出了利用沿树干树枝方向的圆柱体匹配技术构建树木的树干及树枝模型（Pfeifer N et. al,2004）。Gorte 通过将三维激光扫描仪获取的点云数据投影到三维坐标空间,结合树木的拓扑结构,考虑到树木形态学,对树干及树枝的三维结构和关系进行拟合,即可构建较好的树木三维模型(Gorte Bet,2004)。Thies 等(2004)提出了基于三维激光扫描技术获取胸径、树枝半径、树高、树枝倾斜度等因子的估测方法,通过点云数据提取的数据进行三维拟合构建树木三维模型。

三维激光扫描技术是一种非破坏性的冠层高分辨率三维测量手段(马立广,2005),并且为实现单木几何结构参数的自动获取和三维重建还原竹林现场提供了可能。与其他传感器相比,三维激光扫描仪的工作范围十分有限,理论工作范围虽然已经达几百米,再有其他因素,使得其实际工作范围一般<50 m。尤其在结构复杂多样的竹林中,上层树冠往往由于下层树干、叶径的遮挡往往探测不到。尽管如此,在未来竹林调查研究中三维激光扫描技术仍然具有存在优势,可以获取机载和星载传感器无法获取的竹林林冠下层的详细信息。

（二）三维激光扫描系统应用存在问题

三维激光扫描仪通过扫描获取原始数据,即物体表面的点云数据,而后通过对点云进行拟合来反映地物的真实面貌,在部分条件下可以结合 CCD 和 GPS 来实现更多、更好的应用,不仅具有高效率,高精度、高密度的数据获取优势,并且满足多种条件下的数据获取,不再受到光线及温度等外部因素条件的局限,但从国内的地面三维激光扫描系统的应用而言,仍然存在部分问题。

（1）仪器性能指标不一

国内没有统一的仪器性能制造指标,缺乏权威机构的鉴定和标准、最大扫描范围和测距精度没有统一的评价标准,各种三维激光扫描仪主要依靠国外进口,制造精度主要依靠制作厂商来制定,例如测距精度而言,便存在单点测距精度和多次重扫描精度的差异,激光发射频率也是单位时间内能够接收到的激光点数量,没有提出激光散射,丢失的概率,且在最高扫描范围上,基本无法达到精度的要求,存在部分欺诈的嫌疑。

（2）缺乏自主产权的硬件设备

从表 5-1 可以看出,国内的三维激光扫描系统大部分都由国外引进,多为欧美等发达国家制造,设备造价昂贵,仪器价格多在 60 万～160 万元,部分型号三维激光扫描仪的价格超出了两百万元,国内虽然在这方面一直不断地努力,但在核心的硬件设备上仍然没有成熟的产品链。加快国内在三维激光扫描系统上硬件设备商业化和产业化进程,降低国外高昂价格引进的方式,获取完整的三维激光扫描系统

表 5-1 当前市场主流地面三维激光扫描仪型号及性能指标汇总表

	Leica (瑞士)	Riegl (奥地利)	Optech (加拿大)	Faro (美国)	Surphaser (美国)	Z+f (德国)	Topcon (日本)	Trimble (美国)
产品编号	Hds c10	Vz400	Ilris-3d	Focus 3d	Surphaser 25hsx	Imager5010	Gls-1500	Trimble GX
扫描类型	脉冲式	脉冲式	脉冲式	相位式	相位式	相位式	脉冲式	脉冲式
最大脉冲频率 pts/s	5万	30万	3500	97.6万	120万	101.67万	3万	5万
波长 (nm)	532	1550	1535	905	685	1350	1535	690
激光等级	3	1	1	3R	3R	1	1	3R
射程 (m)	0.1~300	1.5~600	3~1700	≤153	0.2~70	0.3~187	≤330	≤350
视觉范围 (H * V)	360°×270°	360°×100°	360°×100°	360°×305°	360°×270°	360°×320°	360°×70°	360°×270°
测距精度	2 mm~100 m	2 mm~100 m	7 mm~100 m	2 mm~25 m	0.5 mm~8 m	1 mm~50 m	4 mm~150 m	7.2 mm~100 m
扫描控制及数据处理软件	Cyclone&Cloudwork	Riscan Pro	ILRIS-3D Polyworks	Scene&pointtools edit&geomagic	Surphexpress	Laser control&light formmodeller	Scanmaster	Rrimble fx controller
数码相机工作温度	内置 0℃~40℃ 外置 0℃~40℃	内置 0℃~40℃ 外置 0℃~40℃	内置 0℃~40℃	内置 5℃~40℃	内置 5℃~40℃	内置 -10℃ 外置 ~45℃	内置 0℃~40℃	内置 5℃~45℃
应用领域	测绘工程、地形、滑坡监测、公路、河道测绘、桥梁、隧道、大坝测量与变形监测、建筑物与文物古迹数字化保护修复、紧急服务业、交通事故							

注：激光等级：1 级激光属低能量级激光设备，对人体安全全日避免静电危险；3 级激光与 3R 级激光是连续的激光波，人眼直视有危险。

全套技术,建造国产的三维激光扫描仪还有一段路程。

（3）扫描控制和数据处理软件

目前三维激光扫描仪的扫描控制系统都是由厂商自己开发,或者综合利用一个或多个第三方软件,这种没有统一的扫描控制系统会对使用者在仪器控制方面造成不方便,使用不同的三维激光扫描仪需要熟悉不同仪器的控制方式,而点云数据处理软件也存在不同包括 Cyclone、Geomogic 等软件,这些软件的正版购买需要20 多万元,十分昂贵,且不是仪器自带,因此,开发一些强大的,统一的扫描控制和数据处理软件就迫在眉睫了。

（4）海量数据管理与处理效率

就地面激光扫描系统而言,在进行快速,360°的扫描时,往往会获取上亿的点云数据,占有 200 M 以上的空间,使用点云数据处理软件时,运行速度较慢,包括后面点云数据的删选,运算,不管使用 Matlab 进行编程、还是基础的 Office 软件进行运算,都会存在点云数据处理的效率问题。包括后续使用自带的 CCD 进行点云模型的纹理映射时,由于真彩色相片的数量,往往工作量大,耗时耗力。因此急需开发高效的自动化数据处理算法,结合编程,实现点云数据的有效管理,提高三维激光扫描系统的工作效率和精度。

（三）三维激光扫描发展趋势

（1）竹资源调查展望

三维激光扫描技术应用于竹林资源监测中,可以更加方便快捷地获取竹资源相关调查因子,有利于监测株高、枝下高、眉径、胸径、立竹度等相关数据。

使用地面三维激光扫描提取的竹林调查因子主要分为两类,一类是可以直接用于竹林数量收获的林分调查因子(李海泉,2011;谢宏全,2013),例如胸径、株高等。另一类林分调查因子只是间接地对竹林收获起作用,例如叶面积指数进行竹林资源调查的间接调查因子估测便成为竹林资源调查的一个重要方向。

使用三维激光雷达扫描技术获取竹林调查信息,进行竹林三维建模、林分结构参数(罗德安,2007;刘春,2009)等方面的提取,能反映竹林地质量,并可结合其他遥感技术获取林地数字高程模型和竹林高度信息,该技术的快速准确性,推动遥感技术在林业领域的更广泛应用。

（2）三维建模展望

三维建模技术发展至今,建模也主要集中在两个领域:计算机图形学和农林、生物领域。对于三维建模技术在农林、生物领域进行的真是的植物建模,一直都是植物生态学的研究目标和对象。植物三维建模可用于对植物进行动态的、连续的研究,探索植物生长的规律,改善地球环境质量。通过提取植物准确的三维形态结构参数,应用于植物学、生态学的科学研究以及精准林业、精准农业等方面应用,并且随着三维激光扫描技术的进步,植物三维建模的精度将会越来越高,通过进一步模拟环境对植物生长的影响,可以研究植物未来的生长变化。

5.2 竹林资源三维激光扫描仪监测

5.2.1 竹林资源三维激光扫描仪监测要素

毛竹是竹林结构的主体,竹株的大小能够直接反映竹林生长的好坏,与竹林产量有着密切的关系。高大的竹子比矮小的竹子占有更大的营养空间。竹株的大小通常可以用胸径、株高、胸径、枝下高等表示出来(周芳纯,1998)。立竹度通常指的是单位面积竹林中立竹的数量,一般用每平方千米竹林中立竹数表示(周本智,2004),竹林立竹度是衡量竹林结构是否合理的重要指标,均匀度则指的是立竹在林地上不同位置的分布状况,用单位面积上分布的立竹平均数和标准差的比值表示,详细监测要素见表5-2。

表 5-2 竹林监测要素

调查要素	定　义	传统调查方法
地径	地径是指树(苗)木距地面高 30 cm 处测量所得的树(苗)干直径与眉径、胸径相类似,通常用于表示树木、苗木的规格	钢制围尺测量
胸径	胸高处的直径,一般为地面以上 1.3 m 高处	钢制围尺测量
枝下高	枝下高(冠下高)是指树干上第一个一级干枝以下的高度	测高仪
立竹度	单位面积竹林中立竹的数量,一般用每平方千米竹林中立竹数表示	目视计算

5.2.2 竹林资源三维激光扫描系统工作流程

首先获取竹林地的激光雷达原始点云数据,再分别进行拼接、去噪、点云聚类等预处理,得到竹林点云数据,并利用监督分类和点云着色对竹林地进行枝叶分离点云提取,得到竹林地枝叶分离的点云数据,再利用三维建模技术获取不同调查要素,最后可根据实测的数据进行精度验证,验证调查精度。具体流程包括测站设

计、信息数据获取、点云数据去噪、点云坐标匹配、监督分类、点云着色三维建模(图
5-11)。

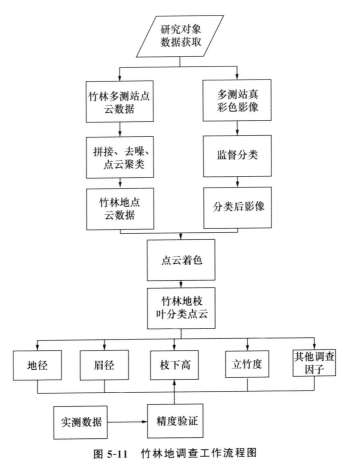

图 5-11　竹林地调查工作流程图

(一)测站设计

根据目标物的位置、大小、形态和所需要获取的最终成果,通常在每个测站间
设置 3 个控制标靶,且扫描范围存在 30% 的重合,通过控制点的强制重合,将不同
测站点的数据统一到一个坐标系统下,能够在后续处理中更为方便。

(二)信息数据获取

在选定的测站上架设扫描仪,将扫描仪调至水平。打开扫描仪的电源,通过手
机无线网络链接扫描仪反射的信号。建立手机与扫描仪的链接,扫描过程由手机
控制,设置好参数,通过自带的一体化 CCD 数码相机同步摄像目标物的彩色相片,
在影像上选取扫描区域,扫描仪根据软件环境中设置的参数(行、列数和扫描的分

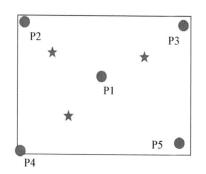

★标靶球

●三维激光扫描仪

图 5-12　测站样点布设

辨率等)自动进行扫描。

(三)点云数据去噪

在外部扫描过程中往往存在外部环境因素对目标物的遮挡,例如,路边行道树、城市高低不等的建筑物、移动的行人或车辆,等等。或者由于其他环境的因素,例如风力吹动造成的叶片摆动等,这些因素往往会造成目标物本身的反射误差,导致最终获取的三维扫描点云数据内可能包含不稳定的点或错误的点,造成最终点云数据的冗杂,出现多处不应该存在的点云数据,因此要在预处理中将点云数据进行去噪处理,如图 5-13 所示。

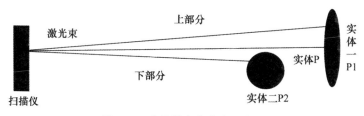

图 5-13　点云噪音点产生示意图

在实际的生产应用中需要排除这些误差点造成的影响,只有排除这些不存在的或者冗杂的误差点误差才能保证操作之后的精度,进行后续的拼接,建模。这个排除错误点的过程就称之为点云去噪,具体操作步骤如下:

(1)把点云数据按照获取过程中水平角度或垂直角度的增量分成规则的格网结构,格网的大小由操作人员根据数据量的大小决定。

(2)计算点云数据的平均距离,得到一个中值。再分别估算点云数据中的单个点与中值的偏差。如果点的距离偏差值小于扫描系统的分辨率,则该点留用,否则剔除。同时在数据获取过程中,也可以手工设置限值来剔除那些不在研究区域内的点或不属于扫描范围内的点云,如树木、房屋等噪声实体的点云数据(马立广,2005)。这个过程如图 5-14 所示。

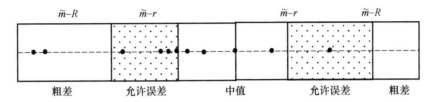

其中 $\tilde{m}$ 为点云距离,R 为最大允许误差,r 为最小允许误差

图 5-14　点云剔除规则

（四）点云坐标匹配

根据地面三维激光扫描系统扫描获取的是一系列以测站点为圆心的空间点云数据。基于数据获取过程中激光反射镜面的垂直旋转、转动马达的水平旋转以及数码相机拍照等操作的集合、生成不规则的点云数据。这种都是以测站点为集合中心,扫描空间坐标 (x, y, z) 来标识的,需要按照扫描点云数据的坐标转换到大地坐标系统 (X, Y, Z) 中,才能使得最终的扫描成果更加真实。

如图 5-15 所示,将三维激光点云坐标从扫描空间坐标系转换到大地坐标系统,表述如下:

$$r_g = r_o + R(k)\, r_s \tag{5-1}$$

式中 $r_s = [\rho\cos\alpha\cos\theta \quad \rho\cos\alpha\cos\theta \quad \rho\sin\alpha]^{\mathrm{T}} = [X\ Y\ Z]_S^{\mathrm{T}}$ 是扫描坐标系向量;$r_g = [X\ Y\ Z]_G^{\mathrm{T}}$ 是大地坐标系中向量;$r_o = [X\ Y\ Z]_O^{\mathrm{T}}$ 是大地坐标系统测站点 (O) 坐标向量,k 是测站点到后视点的方位角。

$$R_3(k) = \begin{bmatrix} \cos k & \sin k & 0 \\ -\cos k & \cos k & 0 \\ 0 & 0 & 1 \end{bmatrix} \tag{5-2}$$

（五）监督分类

通过地基激光扫描仪配套的 Converter 软件对获取的原始点云数据进行转换,导出真彩色照片,再采取 Erdas 软件,对图像进行增强处理后,利用 ROI(Region of Interest)工具选择枝干、叶片、其他典型样本作为训练样本,利用最大似然监督分类法对图像进行分类,并对不同的类别标识为不同的颜色,在实际操作过程中,将叶片赋予绿色,枝干赋予红色,其他赋予白色。

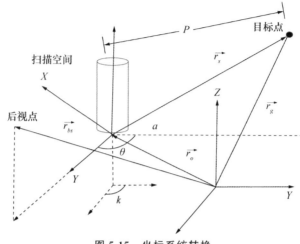

图 5-15　坐标系统转换

（六）点云着色

三维点云着色是将点云数据与一体化数码相机获取的真彩色影像数据通过坐标转换统一到一个坐标系下，使点云数据具有颜色值，其基础理论是摄影测量中的共线方程。在规定的物方空间坐标系 $O\text{-}XYZ$ 中其坐标值为 (X_S, Y_S, Z_S)，A 为任意一空间点，它的物方空间坐标为 (X_A, Y_A, Z_A)，空间点在像空间辅助坐标系中的坐标为 $(X_A - X_S, Y_A - Y_S, Z_A - Z_S)$，像点 a 为空间点 A 在相片上的构像点，a 点在像空间坐标系 $S\text{-}xyz$ 中的坐标为 $(x, y, -f)$，f 为焦距，在像空间辅助坐标系中的坐标为 (X, Y, Z)。由于 S、a、A 三点共线，因此，由相似三角形得

$$\frac{X}{X_A - X_S} = \frac{Y}{Y_A - Y_S} = \frac{Z}{Z_A - Z_S} = \frac{1}{\lambda}, \tag{5-3}$$

转换为矩阵形式为

$$\begin{bmatrix} X_A - X_S \\ Y_A - Y_S \\ Z_A - Z_S \end{bmatrix} = \begin{bmatrix} X \\ Y \\ Z \end{bmatrix}, \tag{5-4}$$

式(5-3)中 λ 为比列系数，像点在像空间坐标系与像空间辅助坐标系的转换关系式为

$$\begin{bmatrix} x \\ y \\ -f \end{bmatrix} = \begin{bmatrix} a1 & b1 & c1 \\ a2 & b2 & c2 \\ a3 & b3 & c3 \end{bmatrix} \begin{bmatrix} X \\ Y \\ Z \end{bmatrix}。$$

联立以上两个式子可以解出共线方程得

$$X = -f\frac{a1(X_A - X_S) + b1(Y_A - Y_S) + c1(Z_A - Z_S)}{a3(X_A - X_S) + b3(Y_A - Y_S) + c3(Z_A - Z_S)}$$

$$Y = -f\frac{a2(X_A - X_S) + b2(Y_A - Y_S) + c2(Z_A - Z_S)}{a3(X_A - X_S) + b3(Y_A - Y_S) + c3(Z_A - Z_S)} \quad (5-5)$$

如果能求解共线方程的各个系数，$a1$、$a2$、$a3$、$b1$、$b2$、$b3$、$c1$、$c2$、$c3$，即相片的外方位元素，就可以确定每个点云坐标所对应的图像坐标值，从而实现点云着色。

（七）三维建模

利用 Cyclone 软件提供的丰富的点云数据处理功能，通过选取、截取、围栏选定的点云数据，通过点云匹配生成面和复杂形体表面的不规则三角网（TIN），建成三维模型（王清奎等，2005），根据获取的三维模型测量得到枝下高、胸径、立竹度等相关数据，并可根据实测数据对其进行验证。

5.3　竹资源三维激光扫描专题信息获取案例

5.3.1　实验仪器

本次实验采用的是 Stonex X300 三维激光扫描仪，是一款基于脉冲式的三维激光扫描仪水平角度最大可达 360°环视采集数据点，产品参数见表 5-3、5-4、5-5。

表 5-3　Stonex X300 激光扫描仪产品参数

三维激光扫描型号	Stonex X300
测量范围	2～300 m(100%反射率)
可视范围	水平 360°(全景视野) 垂直 90°(−25°～+65°)
精度	<6 mm(50 m 距离处) <40 mm(300 m 距离处)
扫描速度	>40 000 点/秒
扫描分辨率	0.37 mrad(水平和垂直面)
数据存储	内置 32 GB 闪存

表 5-4　扫描参数表(1)

	水平点数 (360°)	垂直点数 (90°)	总点数	原始文件 大小(MB)	水平角分 辨率(′)	垂直角分 辨率(′)	所需时间
快速预览	500	500	250 000	2	43.200	10.800	0:00:16
预览	1000	500	500 000	4	21.600	10.800	0:00:31
极速	2000	500	1 000 000	8	10.800	10.800	0:01:03
快速	4000	1000	4 000 000	31	5.400	5.400	0:04:10
标准	8000	2000	16 000 000	123	2.700	2.700	0:16:40
精细	16 000	4000	64 000 000	492	1.350	1.350	1:06:40

表 5-5　扫描参数表(2)

	垂直点间 距(10 m)	水平点间 距(10 m)	垂直点间 距(50 m)	水平点间 距(50 m)	垂直点间 距(100 m)	水平点间 距(100 m)	垂直点间 距(200 m)	水平点间 距(200 m)
快速预览	12.5664	3.1416	62.8319	15.708	125.6637	31.4159	251.3274	62.8319
预览	6.2832	3.1416	31.4159	15.708	62.8319	31.4159	125.6637	62.8319
极速	3.1416	3.1416	15.708	15.708	31.4159	31.4159	62.8319	62.8319
快速	1.5708	1.5708	7.854	7.854	15.708	15.708	31.4159	31.4159
标准	0.7854	0.7854	3.927	3.927	7.854	7.854	15.708	15.708
精细	0.3927	0.3927	1.9635	1.9635	3.927	3.927	7.854	7.854

参数名称解释:

水平点数:水平方向一个圆周内的点数;

垂直点数:垂直方向一根扫描线的点数;

总点数:执行完整扫描后获得点的总数;

总点数＝水平点数×垂直点数;

原始文件大小:执行完整扫描后获得的原始文件大小,单位是兆字节(MB);

水平/垂直角分辨率:水平或垂直方向上点与点之间的最小夹角,该值的大小与测程无关,单位为分(′);

所需时间:执行一个完整扫描所需的时间;

垂直/水平点间距:垂直或水平方向上点与点之间的最小距离,该值的大小与测程有关,表中分别为测程 10 m、50 m、100 m 和 200 m,单位为厘米(cm)。

5.3.2　试验研究区

选择福建农林大学南区后山进行实验,校园位于福州市南台岛西端,校园东、南、北三个方向为树木茂密的林地所包围,地势总体东高西低,呈盆地状,选定的样地区毛竹分布密集,草灌丛较少。

5.3.3　样地设置

设置 10 m×10 m 的样地,进行每木检尺,并在样地内设置 5 站点进行扫描。将获取的点云数据进行拼接处理,得到周围竹林的全景点云数据。对实验标靶摆放的要求为,至少保证每两个测站间有 3 个公共标靶球,同时要将测站摆放正确,不要摆放于同一条直线上,保证测站能扫到至少 3 个标靶球。

5.3.4　测定对象

点云数据的处理有 3 种基本方法:绝对坐标匹配法、匹配法和全局法。这里采用全局法,由于外业扫描的控制点或标靶扫描不包含坐标值,故选择一幅电云图作为标准。与此同时,为了有效地防止坐标转换误差的积累,可以将扫描图中的控制点组成一个闭合环(贺鹏,2013)。而对于 Stonex X300 仪器来说,可以使用其配套的 R2Stonex 软件来进行,不同点云图之间的拼接(图 5-16、5-17)。

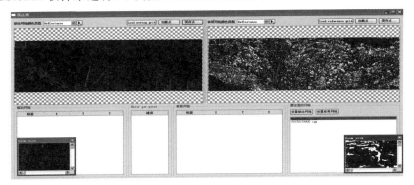

图 5-16　点云数据粗拼接

5.3.5　技术思路

首先利用三维激光扫描仪获取激光雷达原始点云数据再分别进行拼接、去噪、点云聚类等预处理,得到竹林点云数据;再利用监督分类和点云着色对林地进行枝叶分离点云提取,得到竹林地枝叶分离的点云数据,并通过构建三维竹林模型,获取不同调查要素(地径、胸径、枝下高、立竹度等);最后根据实测的数据进行精度验证,验证调查精度,见图 5-19。

图 5-17　样地林木点云 2D 数据

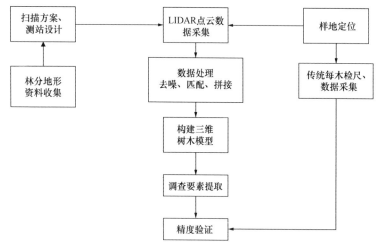

图 5-18　调查技术路线流程

5.3.6　结果分析

（一）定位测量及立竹度

使用坐标定位法进行林木定位，每个单木的坐标是以离样木最近的方格的左下角为原点。以 20 号样木为参考样木设置样地坐标，在其内手动删除非样木点，结合视角的旋转切换，能够更为精确地去除非测定干扰物并选择出样木点云。最后将林木点云数据模型以 AutoCAD 格式输出，通过利用 AutoCAD 的插件 cloud 功能得到林木的模型，消除地面点云数据及竹枝等点云数据的影响，获取竹林在样地中的位置（图 5-20），并且可以得到立竹度的数据。

图 5-19　样地竹林点云数据

表 5-6　林木定位

林木编号	实测坐标(X,Y)	扫描坐标(X,Y)	误差(%)
1	3.9,0.7	3.99,0.64	1.986
2	2.42,1	2.54,0.94	3.433
3	0.23,0.6	0.18,0.6	2.514
4	1.35,0.65	1.42,0.59	2.627
5	3.69,1.75	3.57,1.63	3.904
6	4.6,5	4.35,5	2.454
7	2.95,0.8	2.99,0.9	2.158
8	0.97,1.45	0.8,1.45	5.072
9	3.8,3	3.78,3.24	2.831
10	4.25,3.25	4.1,3.7	3.223
11	0,4.37	0.12,4.3	1.564
12	3.7,1.9	3.41,1.67	8.712
13	1.1,1.07	1,1.01	7.381
14	0.7,0.2	0.63,−0.218	8.428
15	3.2,3.45	3.23,3.2	3.375
16	0.7,2.5	0.5,2.34	7.832
17	0.6,0.47	0.1,4.6	0.690
18	2.4,0.9	2.18,0.8	9.404
19	4.35,2.05	4.25,2.1	1.421
20	2.5,2.3	2.5,2.3	0

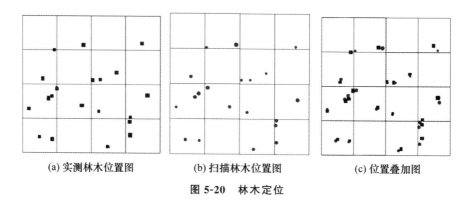

| (a) 实测林木位置图 | (b) 扫描林木位置图 | (c) 位置叠加图 |

图 5-20 林木定位

由表 5-6 可知,通过三维激光扫描技术获取的林木株数为 20 株与实测株数 20 株完全相同,林木定位的误差值小于 10%,最大误差为 9.404%,最小误差为 0%,扫描精度基本可以满足株数调查和林木定位的试验要求,不会由于扫描样点过少而影响精度,也不会由于扫描样点过多而降低工作效率。

（二）胸径及枝下高

传统林业调查中一般要求树木胸径测量精确至毫米,树高测量精确至厘米,并且要求其相对误差不超过 10%(吴春峰,2008)。数据采集同 5.3.6(一),导出竹林模型,使用点云处理提取各棵毛竹的胸径及枝下高(表 5-8)。

表 5-7 地面激光扫描测得胸径表　　　　　　　　　　　　　　单位:cm

林木编号	胸径	半径	扫描直径	差值	相对误差（%）	林木编号	胸径	半径	扫描直径	差值	相对误差（%）
1	6.44	3.22	6.28	0.16	2.55	11	7.1	3.55	6.88	0.22	3.20
2	18.29	9.145	17.5	0.79	4.51	12	14.41	7.205	15.14	−0.73	4.82
3	19.3	9.65	18.94	0.36	1.90	13	15.62	7.81	16.18	−0.56	3.46
4	19.1	9.55	18.84	0.26	1.38	14	16.29	8.145	16.18	0.11	0.68
5	15.96	7.98	16.94	−0.98	5.79	15	8.4	4.2	8.64	−0.24	2.78
6	15.3	7.65	15.16	0.14	0.92	16	12.4	6.2	12.36	0.04	0.32
7	15.48	7.74	16.47	−0.99	6.01	17	12.3	6.15	12.7	−0.4	3.15
8	15.32	7.66	15.54	−0.22	1.42	18	14.48	7.24	13.78	0.7	5.08
9	11.5	5.75	11.12	0.38	3.42	19	19.05	9.525	19.14	−0.09	0.47
10	15.1	7.55	15.32	−0.22	1.44	20	17.15	8.575	17.05	0.1	0.59

传统林业调查中一般要求竹林胸径测量精确至毫米,竹高测量精确至厘米,并且要求其相对误差不超过10%。本实验样地内共20棵毛竹,将扫描仪获得的胸径数据与实测数据进行比较,由表5-7可以看出,三维扫描胸径的相对误差都小于10%。其中,误差最大的是7号毛竹,相对误差为6.01%;误差最小的是19号毛竹,误差为0.47%;20株竹子的平均相对误差为2.694%。明显可以看出采用三维激光扫描系统所获取的基本测树因子具有很高的精度,并且不会对林木造成任何损害,完全可以满足林业资源调查的要求。

5.4　本章小结

三维激光扫描系统,是由激光脉冲在物体表面反射后被三维激光扫描仪接收,快速地记录物体表面的三维数据信息,通过三维数据信息还原物体的表面,这也被称为"实景复制技术"(吴春峰,2008)。本章从三维激光扫描基本概念出发,叙述了三维激光扫描系统的系统组成、工作原理、发展趋势,总结了三维激光扫描系统的特点、地面三维激光扫描的分类以及三维激光扫描在资源调查中的应用现况。在软硬件的发展、三维激光扫描系统的发展、三维激光扫描技术在竹林调查及三维激光扫描建模技术四个方向对三维激光扫描技术的应用做出了展望,尤其是竹资源的调查可行性的进行了阐述,三维激光扫描系统是由地面三维激光扫描仪、数码相机、后处理软件、电源以及附属设备构成,通过激光测距仪主动发射激光,得到每一扫描点与测站的空间相对位置,结合内置照相机,获得目标的空间坐标以及色彩信息。介绍了三维激光扫描系统在竹林资三维激光扫描仪监测的应用,叙述了对地径、胸径、枝下高、立竹度等要素的监测、建立竹林资源三维激光扫描系统的工作流程,说明了三维激光扫描调查技术在竹资源调查中的可行性。

在案例分析中,通过对地面三维激光扫描技术在竹资源调查过程的阐述及总结,结果表明:地面三维激光扫描技术对竹林资源传统调查方法的革新具有创新性,与传统的竹林资源调查方法作业周期长、工作效率低、劳动强度大、数据单一相比,应用地面三维激光扫描技术获取竹资源的调查要素,能够具有速度更快、精度更高且不会对林木造成损害等优点,具有良好的应用性。

三维激光扫描技术是很复杂的技术,虽然已有了长足的发展,但仍有许多关键技术需要解决。尤其在竹林资源调查中的应用中还需要考虑三维激光扫描仪体积、重量、分辨率、成像速率和作用距离等多方面的因素以及竹林中不同树种对三维激光扫描的影响,今后可在相应领域进行开发,完善三维激光扫描技术在竹林资源中的应用。

参 考 文 献

Wezyk P,Koziol K. Terre strial laser scanning versus traditional forest inventory first results from thepolish forests[J]. IAPRS,2007,6(3):424-429.

CyraxModel 2500. Integrated Laser Radar and Modeling System[M]. Cyra Technologies Inc,2001.

Gabor Brolly,Geza Kialy. A gorithms for stem mapping by means of lerrestrial laser scanning[J]. Acta Silv Lign Hung. 2009,5(1):119-130.

Gorte B,W interhalder D. Reconstruction of laser scanned trees using filter operations in the 3D raster domain [J]. Remote Sensing and Spatial Information Sciences,2004,35(8):39-44.

Jackob Wei. Application and statistical analysis of terrestrial laser scanning and forest growth sinlations to detern in selected characteristics of Douglas stands[J]. Folia Forestalia Polonica series A,2009,51:123-137.

Linda G,Shapiro, George C. Stockman. Computer Vision[M]. Upper Saddle River New Jersey,2001

Pfeifer N W interhalder D. Modelling of tree cross sections from terrestrial laser scanning data with free form curves[J]. International Archives of Photogranmetry Remote Sensing and Spatial Infor mation Sciences,2004,36(8):76-81.

Staiger R. Terrestrial Laser Scanning:Technology System and Applications[A]. 2nd FIG Regional Conference,Marrakech,Morocco,2003,(12):2-5.

Thies MPfeifer N. Three dimensional reconstruction of sterns for assesent of taper sweep and lean based on laser scanning of standing tress[J]. Scandiav in Journal of Forest Research,2004,19(6):571-581.

崔敏.角规测树误差产生的原因及解决方法[J].林业勘察设计,2014,(4):58-59.

邓向瑞,冯仲科,马钦彦等. 三维激光扫描系统在立木材积测定中的应用[J]. 北京林业大学学报,2007,S2:74-77.

董秀军.三维激光扫描技术及其工程应用研究[D].成都理工大学,2007.

范海英,杨伦,邢志辉等. Cyra 三维激光扫描系统的工程应用研究[J]. 矿山测量,2004,03(4):16-18.

官云兰,张红军,刘向美.点特征提取算法探讨[J].东华理工学院学报,2007,(01):4246.

高香玲."3S"技术在森林资源调查规划中的应用[J].辽宁林业科技,2012,(2):46-48.

贺鹏,易正晖,王佳.基于地面激光扫描点云数据测定树木三维绿量[J].测绘通报,2013,(S2):104-107.

何诚,张思玉,冯仲科.一种电子经纬仪立木材积精准测算方法[J].测绘通报,2014,(6):116-119.

黄洪宇,陈崇成,邹杰,等.基于地面激光雷达点云数据的单木三维建模综述[J].林业科学,2013,49(04):123-130.

焦有权,冯仲科,高原,等.用光电经纬仪对无伐倒活立木材积精准计测[J].中南林业科技大学学报,2013,33(10):25-29.

贾振轩,冯仲科,侯胜杰,等.一种基于全站仪量测树木材积的方法[J].测绘与空间地理信息,2014,37(2):70-73.

李海泉,杨晓锋,赵彦刚.地面三维激光扫描测量精度的影响因素和控制方法[J].测绘标准化,2011,01:29-31.

刘春,张蕴灵,吴杭彬.地面三维激光扫描仪的检校与精度评估[J].工程察.2009(11):56-60.

罗德安,廖丽琼.地面激光扫描仪的精度影响因素分析[J].铁道勘察.2007(4):5-8.

罗仙仙.森林资源综合监测相关抽样技术理论与应用研究[D].北京林业大学,2010.

罗旭,冯仲科,邓向瑞,郝星耀,陈晓雪.三维激光扫描成像系统在森林计测中的应用[J].北京林业大学学报,2007,S2:82-87.

罗旭.基于三维激光扫描测绘系统的森林计测学研究[D].北京林业大学,2006.

臧克.基于Riegl三维激光扫描仪扫描数据的初步研究[J].首都师范大学学报(自然科学版),2007,(01):77-82.

马立广.地面三维激光扫描仪的分类与应用[J].地理空间信息,2005,03:60-62.

裴建元.森林航空消防在江西省的实践与应用研究[D].江西农业大学,2012.

孙丽娟,张国蓉,刘涛,等.林分平均胸径100倍圆法与角规、标准地法测树特征的对比分析[J].中南林业科技大学学报,2014,34(06):1-6.

孙晓艳.面向对象的毛竹林分布遥感信息提取及调查因子估算[D].浙江农林大学,2014.

史京京,雷渊才,赵天忠.森林资源抽样调查技术方法研究进展[J].林业科学研究,2009,22(1):101-108.

吴春峰,陆怀民,郭秀荣,张立富.三维激光扫描系统在测树中的应用[J].林业机械与木工设备,2008,(12):48-49,54.

王妮.基于"3S"技术的森林资源变化动态监测[D].南京林业大学,2012.

王清奎,汪思龙.土壤团聚体形成与稳定机制及影响因素[J].土壤通报,2005,(03):415421.

谢宏全,高祥伟,邵洋.地面三维激光扫描仪测距精度检校试验研究[J].测绘通报,2013,

12:25 - 27.

肖银松."3S"及抽样技术在森林资源动态监测中的应用[J].西南林学院学报,2004,24(2):60 - 64.

徐进军,余明辉,郑炎兵.地面三维激光扫描仪应用综述[J].工程勘察,2008,12:31 - 34.

徐进军,张民伟.地面三维激光扫描仪:现状与发展[J].测绘通报,2007,01(70):47 - 50.

许智钦,孙长库,3D 逆向工程技术[M].北京:中国计量出版社,2002.

岳金平.苏南5市森林资源现状、动态及对策研究[D].南京林业大学,2012.

杨林,梁玛玉,陈宏刚,等.南方森林航空消防安全生产对策研究[J].森林防火,2012,(1):51 - 55.

郑君.基于三维激光扫描技术的单木量测方法研究与实现[D].北京林业大学,2013.

周本智,傅懋毅.竹林地下鞭根系统研究进展[J].林业科学研究,2004(4)

周芳纯.竹林培育学[M].中国林业出版社,1998,173 - 174,176,178,274

张照洋.滇西北森林航空消防发展对策浅析[J].森林防火,2007,(4):34 - 36.

第六章 竹林资源雷达遥感监测技术

将遥感技术运用于竹林资源调查和监测是我国竹林资源经营管理的必经之路。近年来,随着传感器技术、航空航天技术和数据通信技术的不断发展,雷达遥感技术进入一个动态、快速、多平台、多时相、高分辨率地提供对地观测数据的新阶段,其应用领域及应用深度不断扩大和延伸,雷达遥感技术在森林资源监测、灾害监测、预警和评估应用领域日益突出(庞勇等,2013)。本章旨在介绍雷达遥感的概念、发展历程、发展现状、技术优势以及雷达遥感的工作原理,雷达遥感竹林资源可监测要素及具体的技术实现流程。此外,详细介绍了目前雷达遥感在竹林资源监测反演方面存在的不足,并结合当前雷达遥感的发展现状以及新出现的雷达遥感先进技术,提出雷达遥感未来在竹林发展方面的新应用、新技术、新手段。

6.1 雷达遥感概述

6.1.1 雷达遥感的介绍

雷达遥感是通过接收地面目标发射出的微波辐射能量或者接收由传感器自身发射出的微波回波信号来对地面目标进行探测、识别和分析的技术。因为主要处于微波波段,所以也被称为微波遥感,属于主动式遥感方式。

6.1.2 雷达遥感的历史

雷达(Radar)一词最初在 1922 年由 Taylor A. H. 和 Young L. C. 提出。美国海军实验室 Taylor 等在 20 世纪 20 年代研制了雷达和脉冲雷达,并尝试用脉冲雷达检测目标。20 世纪 50 年代中期,真实孔径侧视雷达问世,并获得了地球表面空间分辨率为数十米量级的雷达图像,是雷达技术领域取得的一项重要进展。受天线尺寸的限制,真实孔径雷达获取高分辨率的遥感影像较为困难。为此,50 年代后期诞生了合成孔径的概念。1960 年 4 月,国际上第一部合成孔径雷达问世。随后,美国、巴拿马等国家成功地进行了几次机载雷达遥感飞行,成像雷达技术取得了重要进展,60 年代初主要在军事高空侦察中发挥作用,并于 60 年代中期扩展到民用领域。20 世纪 70~90 年代,SAR(合成孔径雷达)由机载向星载平台发展,星载技术日趋完善,雷达遥感发展到了新的重要阶段。1978 年 5 月,美国宇航局(NASA)成功发射了全世界第一颗装载了空间合成孔径雷达的人造地球卫星(SEASAT-A),标志着 SAR 已成功地进入了空间领域。此后,很多国家都发射了星载 SAR,如苏联发射的 ALMAZ-1(1987)、ALMAZ-2(3/1991,P、S、X 波段)、欧洲空间局(ESA)发射的地球遥感卫星 ERS-1(7/1991)、ERS-2(4/1995)、日本发射的 JERS-1(2/1992)、加拿大发射的 RADARSAT(11/1995)。进入 21 世纪,随着 SAR 数据的广泛应用和 InSAR 技术的发展,越来越多的国家开始研制和发射 SAR 传感器。如:欧洲空间局的 Sentinel-1A(3/4/2014)、日本的 ALOS-2(5/24/2014)等。如今雷达遥感从平台和数据方面的发展达到空前发展阶段,具体信息见表 6-1。这对于大气、海洋、陆地水文、植被监测,同时还在土地利用、资源探测、城市规划、环境污染和目标识别等民用和国防技术中具有十分关键的作用。

表 6-1　SAR 卫星一览表

卫星/传感器	波　段	空间分辨率(m)	幅宽(km)	极　　化
ERS-1/AMI	C	30	100	VV
JERS-1/SAR	L	18×24	75	HH
ERS-2/AMI	C	30	100	VV
Radarsat-1	C	10~30	100	HH
		50~100	50~100	
Envisat/ASAR	C	10~30	50~100	HH、VV、HH+VV
		150~1000	400	HH+VV、HV+VV
ALOS/PALSAR	L	10~20	70	HH、VV、HH+VV
		100	250~350	HH+VV、HV+VV HH+HV+VH+VV
TerraSAR-X	X	1~2	10	HH、HV、VV
		3	30	VH
		16	100	HH+VV、HV+VV HH+HV+VH+VV
		3~10	20~50	HH、HV、VV

（续表）

卫星/传感器	波　段	空间分辨率(m)	幅宽(km)	极　化
Radarsat-2	C	25～30	10～170	VH
		50～100	300～500	HH＋VV、HV＋VV HH＋HV＋VH＋VV
Cosmo-Skymed	X	30	100	HH、HV、VH、VV
		100	200	
		1	10	HH、VV
		3	40	HH、HV、VH、VV
		15	30	HH/VV、HH/HV、VV/VH

我国的雷达遥感技术工作起步较晚，至今仅有 30 多年的历史。20 世纪 70 年代中期,中国科学院电子学研究所率先开展了 SAR 成像技术的研究,1979 年研制成功了机载 SAR 原理样机,获得我国第一批雷达图像。1990 年研制成功 SAR 机—地实时传输系统,1994 年完成了"机载实时成像器"863 项目,从而使得机载雷达系统成为我国民用遥感的有效工具。自"八五""九五""十五"以来,我国相继开展了雷达及其 SAR 成像处理技术配套技术的研究和应用工作。2002 年 12 月,我国第一个多模态微波遥感器(M^3RS)由"神州四号"送入太空,装载了多频段微波辐射计、雷达高度计、雷达散射计和 SAR,实现了我国星载微波雷达遥感器的突破。2003 年 12 月 1 日至 4 日第一届中国合成孔径雷达会议在合肥召开。2008 年 9 月 6 日我国成功发射了第一个专门用于环境与灾害监测预报的小卫星星座。2012 年 11 月 19 日,环境一号卫星 C 星(HJ-1C)成功入轨,其工作波段为 S 波段,这是我国发射的第一颗星载 SAR 卫星(姜景山,2006)。目前,我国雷达遥感的发展仍处于研究和部分应用阶段,在有些应用领域已初见成效。可以预见不久的将来,我国自行研制的全天候、全天时 SAR 传感器也将在国际雷达遥感理论、技术与应用领域占有一席之地。

6.1.3　雷达遥感的发展现状

目前,随着遥感成像技术的不断发展和提高,雷达遥感已被广泛应用于海洋、冰雪、大气、测绘、农业、灾害监测等各个方面。当前,合成孔径雷达已经成为雷达成像技术的主流方向。国外合成孔径雷达研制的新技术很多,并产生了许多新体制合成孔径雷达。根据雷达载体的不同,可分为机载 SAR、星载 SAR、无人机载 SAR 等类型;根据 SAR 视角不同,可以分为正侧视、斜视和前视等。根据 SAR 工作的方式,可以分为条带式、聚束式、圆形式、扫描式,如图 6-1 所示。

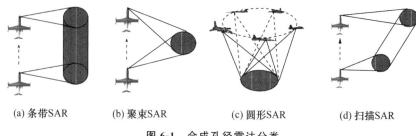

(a) 条带SAR   (b) 聚束SAR   (c) 圆形SAR   (d) 扫描SAR

图 6-1 合成孔径雷达分类

当前比较先进的合成孔径雷达系统包括多参数合成孔径雷达系统、干涉合成孔径雷达、无人机载合成孔径雷达、激光合成孔径雷达等。

1. 干涉合成孔径雷达

干涉合成孔径雷达(In-SAR)技术是在合成孔径雷达基础上发展起来的一种新技术,代表了 SAR 的又一发展方向。干涉 SAR 技术将 SAR 的测量从二维拓展到三维空间,具有测绘成果覆盖面大、精度高、有统一的基准等优点,是一种非常重要的遥感测绘技术。干涉 SAR 系统通过在 SAR 飞行平台上装载两路相互独立的SAR 通道(两通道的天线之间保持一恒定距离),分别对地面同一区域进行测绘得到 2 幅 SAR 图像,进行干涉处理,得到干涉相位图,再经相位展开算法计算目标与不同天线之间的距离差,根据干涉 SAR 系统的成像几何关系来计算出地面目标的高度值。图 6-2 为典型干涉合成孔径雷达 ALOS-2。但是实现干涉 SAR 在技术上并不简单,因为 SAR 的几个主要几何学技术参数影响 SAR 干涉的准确度,包括:平台、飞行路径、微波信号、地貌地形、天气条件、大气吸收等,每一项因素都涉及一些参数,它们都会引起干涉误差。干涉式合成孔径雷达技术已经成为一个新的科研热点,干涉数据的处理技术有待进一步发展。

2. 激光合成孔径雷达

利用激光器作辐射源的激光合成孔径雷达,充分发挥了激光亮度高,具有良好的方向性、单色性和相干性的特点,使激光合成孔径雷达具备了频率快、峰值功率高、波长范围广、体积小等技术优势。正因为如此,激光合成孔径雷达的研究工作受到重视(Van Dyke M C,2004)。当前,激光合成孔径雷达已应用于林业调查、水域监测、大气监测、地质测绘、数字城市建模、水下探测及三维成像、文物古迹数字化、航天工程、军事等各个方面(刘斌等,2015)。激光合成孔径雷达作为一种新兴技术,目前被公认为复杂背景下最有潜力的目标探测技术。随着基础物理学、制造

图 6-2　典型干涉合成孔径雷达（ALOS-2）

加工工艺的不断提高和新材料、新理论的不断创新，激光合成孔径雷达性能必将得到进一步提升，其应用领域也将越来越广泛，发挥的作用必将越来越大。

6.1.4　雷达遥感的技术优势

雷达遥感在近二十年时间内发展如此迅速，其主要原因在于其独特优势：不受天气条件的限制，可以进行全天候连续探测，这是可见光红外遥感无法企及的；高空间分辨率；微波对地表、植被、水体有较强的穿透力，可得到多层次和宽频谱范围的信息等（王贵明等，1995）。

1. 具有全天候、全天时工作的能力

可见光遥感只能在白天工作，红外遥感虽然能在夜间工作，但无法穿透云雾获得地表信息。因为电磁波通过大气时，碰撞到大气粒子后将发生散射，其能量要衰减。由于微波的波长较长，根据瑞利散射原理，散射的强度与 λ^{-4} 成正比，可知微波的散射比红外要小得多，因此在大气中衰减很小，特别对云层、雨区的穿透能力很强，不受烟、雾、云、雨的限制，实现全天候、全天时的特点。地球上将近一半的地区经常被云层覆盖，尤其在占地球表面 71% 的海洋上，气候变化很大，常被云层遮蔽（苗俊刚等，2012）。在这种情况下，很难利用可见光或红外遥感来进行观测，唯有微波遥感才能担此大任。可以说，这种对云雨的透过能力以及不依赖于太阳作照明源的优势，正是微波应用于遥感的最重要理由。

2. 对地表有一定的穿透能力

微波对地物有一定的穿透能力,在一定程度上可以获取地表或地表覆盖物下面潜藏的信息。当电磁波照射到物体表面时,会有一部分电磁波能量进入物体内部,这就是电磁波的穿透性。如长波段微波可以穿透植被,直接获取地表的土壤水分空间分布信息;微波可以穿透一定深度的土壤表面,从而获取土壤水分在地表处的垂直分布信息;微波也可以穿透一定深度的干雪,获取雪层下的地质信息等(康高健,2007)。电磁波对干沙可以穿透几十米,对潮湿土壤只能穿透几厘米到几米,而对冰层竟能穿透上百米。此外,电磁波还有利于有遮掩的军事目标、地下军事设施和矿藏等的勘测(刘一良,2008)。

3. 能提供可见光和红外遥感所不能获得的某些信息

由于被测目标表面的辐射特性和散射特性与目标参数和系统参数有关,使得微波遥感能提供其他波段遥感所不能提供的某些信息,从而更好地识别目标。另外,微波波段的最长与最短工作波长之比大于实际使用的最长红外波长与最短可见波长之比,也使微波遥感能得到更多信息,使地面目标的识别更容易。因此在无法用可见光和红外遥感识别地物时,可选择用微波的"色调"作为地面性质差异的判断依据,例如,在微波波段中,水的比辐射率为 0.4,而冰的比辐射率为 0.99,其亮度温差相差 100 K,很容易进行区分;而在红外波段,水的比辐射率为 0.96,冰的比辐射率为 0.92,两者相差甚微,难以甄别。

4. 探测精度高

微波遥感的主动方式(雷达遥感)不仅可以记录电磁波振幅信号,而且可以记录电磁波相位信息,由数次同侧观测得到的数据可以计算出针对地面上每一点的相位差,进而计算出这一点的高程,其精度可达几米。此外,微波对海水非常敏感,所以微波很适合海面动态情况(海浪、海面风等)观测。

6.2 雷达遥感的工作原理

6.2.1 雷达遥感的基本原理

当前,用于林业资源调查的遥感系统主要为合成孔径雷达,因此本章主要介绍合成孔径雷达的工作原理。

合成孔径雷达的工作方式一般是将雷达安装在运动载体如飞机或卫星上,以一定的频率不断地发射和接收电磁波脉冲,每发射一次脉冲时的天线位置视为阵列天线的单元振子位置,最后将这些位置上不同时存在的单元振子组合起来,形成一个等效的大孔径天线,从而得到很高的方位分辨率。而合成孔径雷达在距离上是通过发射大时宽带宽积的线性调频信号来获得高的距离分辨率。如图 6-3 所示,装载着雷达的飞行器沿 x 坐标方向以速度 v 匀速直线前进。雷达向正侧方向发射并接收波束,包括航向波束角和垂直波束角。图中椭圆形区即为波束与地平面的交界面。随着雷达匀速前进,将在地面形成带状辐照带(即测绘带),这就是雷达成像的对象。

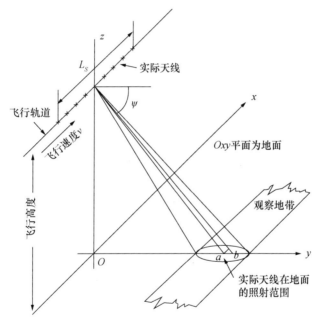

图 6-3　合成孔径雷达工作的几何关系

6.2.2　合成孔径雷达的重要参数

为了更好地理解 SAR 和 SAR 图像,简要介绍几个重要的参数,包括波长、分辨率、极化方式、入射角等。

（一）波长

发射机通过天线发射的电磁辐射脉冲,具有一定的波长和持续时间(即脉冲长度,μs)。成像雷达最经常使用的波长在表 6-2 中给出。以微米为单位,以英文字母命名。在通过不同密度的物质时,频率保持不变,速度和波长都会发生变化。波长(λ)和频率(ν)与速度(c)具体关系如下：

$$c = \lambda\nu \tag{6-1}$$

式子可以用来快速地进行雷达波长与频率的转换。

$$\lambda = 3 \times 10^8 \text{m} \cdot \text{s}^{-1}/\nu \tag{6-2}$$

$$\nu = 3 \times 10^8 \text{m} \cdot \text{s}^{-1}/\lambda$$

$$\lambda(\text{cm}) = 3\nu(\text{GHz})$$

表 6-2 RADAR 波段划分及相应的波长、频率

雷达波段名称	波长 λ/cm	频率 ν/GHz
Ka(0.86 cm)	0.75~1.18	40.0~26.5
K	1.19~1.67	26.5~18.0
Ku	1.67~2.4	18.0~12.5
X(3.0 cm、3.2 cm)	2.4~3.8	12.5~8.0
C(7.5 cm、6.0 cm)	3.9~7.5	8.0~4.0
S(8.0 cm、9.6 cm、12.6 cm)	7.5~15.0	4.0~2.0
L(23.5 cm、24.0 cm、25.0 cm)	15.0~30.0	2.0~1.0
P(68.0 cm)	30.0~100.0	1.0~0.3

(二) 分辨率

SAR 图像分辨率包括距离向分辨率(range resolution)和方位向分辨率(azimuth resolution)，图 6-4 为距离向和方位向示意图。

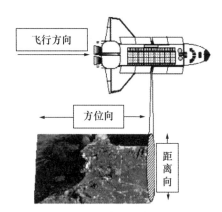

图 6-4 距离向和方位向

1. 距离向分辨率

垂直飞行方向上的分辨率,也就是侧视方向上的分辨率。距离向分辨率与雷达系统发射的脉冲信号相关,与脉冲持续时间成正比:

$$\mathrm{Res}(r) = c * \tau/2 \qquad (6\text{-}3)$$

其中 c 为光速,τ 为脉冲持续时间。

2. 方位向分辨率

沿飞行方向上的分辨率,也称沿迹分辨率。如下为推算过程:

真实波束宽度:$\beta = \lambda/D$

真实分辨率:$\Delta L = \beta R = Ls$(合成孔径长度)

合成波束宽度:$\beta s = \lambda/(2Ls) = D/(2R)$

合成分辨率:$\Delta Ls = \beta s R = D/2$

其中 λ 为波长,D 为雷达孔径,R 为天线与物体的距离。

从这个公式可以看到,SAR 系统使用小尺寸的天线也能得到高方位向分辨率,而且与斜距离无关(就是与遥感平台高度无关)。

（三）极化方式

所谓极化方式,是指电磁波在一个振荡周期内空间一个点的电磁强度的矢量方向。无论哪个波长,雷达信号可以传送水平(H)或者垂直(V)电场矢量,接收水平(H)或者垂直(V)或者两者的返回信号。雷达遥感系统常用四种极化方式——HH、VV、HV、VH。前两者为同向极化,后两者为异向(交叉)极化。运作方案如下:

发射垂直极化能量仅接收垂直极化能量(记作 VV);

发射水平极化能量仅接收水平极化能量(记作 HH);

发射水平极化能量仅接收垂直极化能量(记作 HV);

发射垂直极化能量仅接收水平极化能量(记作 VH)。

（四）入射角

入射角也叫视角,是雷达波束与垂直表面直线之间的夹角(如图 6-5 中的 θ)。当地面为平坦时,入射角与俯视角互为补角($\theta = 90° - \gamma$)。如果地面是斜坡,两者之间就不存在这种互补关系。入射角能够很好地说明雷达波束与地面坡度之间的关系。微波与表面的相互作用是非常复杂的,不同的角度区域会产生不同的反射。低入射角通常返回较强的信号,随着入射角增加,返回信号逐渐减弱。

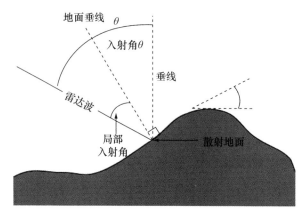

图 6-5　雷达波在起伏地形上的几何关系

6.2.3　合成孔径雷达图像特征

（一）地物目标的特性

不同的地物目标具有不同的电磁波反射和辐射特性，这种不同的特性在雷达影像上表现出灰度和色调的不同，同样的地物在不同波段的雷达影像上的色调也不同。雷达的这种特性对于利用雷达影像进行目标分析、目标识别和解译以及特征的提取提供了有利的条件。合成孔径雷达向地物发射微波信号，然后接收被地物目标散射返回的能量。回波能量强度的大小决定了目标地物在雷达图像上的相对亮度。地物返回的能量主要由照射地物目标的入射电磁波特性和地物目标本身特性相互作用决定，如图 6-6 所示。

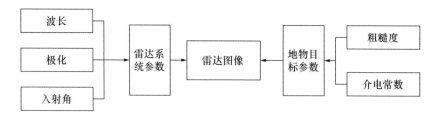

图 6-6　雷达图像成像影响因素

雷达图像的散射特性一般使用散射系数 σ 来表示，其单位为 dB（分贝），散射系数 σ 越大则表示地面的散射越强。粗糙度是影响微波散射特性最重要的因子。地面粗糙度对合成孔径雷达的影响的判断依据是瑞利公式：

$$\Delta\varphi = \frac{4\pi}{\lambda \times \Delta h \times \cos\theta} \tag{6-4}$$

当 $\Delta\varphi < \pi/2$，反射面可视为光滑，反之粗糙，θ 为波束入射角，λ 为波长。理论上平滑表面对雷达波是镜面反射，这时反射角和入射角相等，反射能量绝大部分都是沿着反射角射出的，雷达接收机几乎不能接受后向散射能量。后向散射系数和复介电常数呈现正相关关系，对于两个相同的地物目标，介电常数大的地物目标后向散射系数就较大。另外，地面的散射特性与电磁波射线的入射角有关。

（二）合成孔径雷达的几何特征

雷达成像中，地物目标的位置在方位向上是按飞行平台的时序记录成像的，在距离向上是按照地物目标反射信息的先后记录成像的，在高程上即使微小变化都可造成相当大范围的扭曲，这些诱导因子包括透视收缩、叠掩、阴影，具体如图 6-7 所示。

1. 透视收缩

雷达根据时间序列记录回波信号，所以由于波束入射角和地面坡度不同会导致不同的成像结果。在雷达波束到达的区域内，如果雷达波束照射到的斜坡坡度较缓，雷达波束先到坡底，再到坡中部，最后到坡顶，这种情况下在雷达图像上坡上各点之间的距离会被压缩，称为透视收缩。透视缩短现象的影响因素主要有：

（1）物体高度。物体越高，透视缩短越严重。

（2）俯视角（或入射角）。俯视角越大或入射角越小，透视缩短越严重。

（3）物体位置。具体指地物在横过轨迹方向条幅里的位置。它们在近程位置的透视缩短要比在远程位置更为严重。透视缩短可以使地物特征的坡度，在近程看起来要比其实际值更陡些，而在远程更缓些。

2. 叠掩

当面向雷达的山坡很陡时，山底比山顶更接近雷达，因此在图像的距离方向，山顶与山底的相对位置出现颠倒。可分为如下两种情况：山坡较陡，雷达波速到达山底和山顶的距离一样，山顶和山底同时被雷达接收，在图像上只显示为一个点；到山底的距离比到山顶的长，山顶的点先被记录，山底的点后被记录，距离向被压缩了这两种情况都是叠掩现象，也称为顶点倒置或顶底位移。

3. 阴影

沿直线传播的雷达波束受到高大地面目标遮掩的时候，雷达信号照射不到的部分引起 SAR 图像的暗区，就是阴影。雷达影像上的阴影可以增强地面的地貌和纹理特征，也可以使许多重要地物特征模糊不清，例如高大建筑物后面的信息、谷沟里的土地利用状况等。雷达阴影具有如下方面的特点：

（1）雷达阴影区里没有任何信息，为全黑色。在航空摄影时，光线可以被放射进阴影区记录在感光胶片上。

（2）两个地面特征（如山）具有相同高度，记录下来的迎面坡和背面坡可带有完全不同的阴影，取决于它们在横过轨迹中的位置。远程阴影很长的地面特征，在近程的背面坡会被完全照明。

（3）雷达阴影仅在横过轨迹维产生。雷达影像的阴影方向可以提供雷达对地观测的方向以及近远程位置等信息。

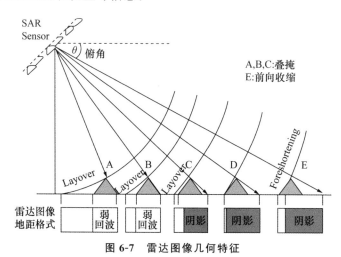

图 6-7　雷达图像几何特征

6.3　雷达遥感监测技术实现过程

雷达遥感通过对目标地物的监测，得到雷达遥感影像，通过遥感影像对目标地物的数据进行处理分析。但是，得到的遥感影像一般存在诸多问题，因此需要对影像进行预处理。

6.3.1　几何校正

几何畸变通常来自于遥感平台的维度、高度、速度的变化，并受到诸如全景畸变、地球曲率、大气反射、地形高低以及传感器在扫描过程中的非线性特征等多种因素的影响。SAR 系统侧视成像的几何特点会导致复杂叠掩、透视收缩、阴影等SAR 特有的几何变形，所以需要利用 ASAR 处理器在成像处理过程中采用的成像信息和卫星轨道数据，建立相应的成像模型，结合投影参数实现地理重编码，为了消除地形对 SAR 图像的影响,同时要利用 DEM 信息实现几何校正(别强,2013;张永红等,2002)。

1. 多项式校正模型

常用的校正模型有多项式和共线模型两种。共线模型是建立在对传感器成像时的位置和姿态进行模拟和解算的基础上,参数可以预测给定,也可根据需要控制点按最小二乘原理计算,进而可求得各像点的改正数,以达到校正的目的。共线模型严密且精确,但计算比较复杂,且需要控制点具有高程值,应用受到限制。应用受到限制。多项式模型在实践中经常使用,因为它的原理直观、计算简单,特别是对地面相对平坦的图像具有足够高的校正精度。该模型对各类传感器的校正具有适用性,不仅可用于图像、地图的校正,还常用于不同类型遥感图像之间的几何配准,以满足计算机分类、地物变化检测等处理的需要。

2. 重采样

多项式校正后图像的像元在原始图像中分布是不均匀的,需要根据输出图像上各像元的位置和亮度值,对原始图像按一定规则重采样,进行空间和亮度值的插值计算。校正后的图像大小可以不同于原始图像,没有数据的部分一般赋 0 值。

常用的重采样方法有最近邻方法、双线性内插法、三次卷积内插方法(彭望璟,2002)。最近邻方法是指在待校正的图像中直接取距离最近的像元值为重采样值;双线性内插法对于图像中与给定网格位置对应点的周边 4 个像素使用二次线性插值,得到两个插值点,然后在这两个插值点之间进行线性插值以获得满意的插值;三次卷积内插方法利用周边 16 个像素,应用三次多项式对这些像素确定的四条线对进行拟合以形成 4 个插值点,然后再利用三次多项式对这四个插值点进行拟合,最终合成在显示网格对应位置的亮度值。

6.3.2　辐射定标

为了将合成孔径雷达图像记录的数字值转化为地物目标的散射值,必须对影像进行辐射定标。雷达后向散射系数的计算公式如下:

$$\sigma_{ij} = 10.0 \times \lg\left(\frac{DN_{ij}^2 + A_0}{A_j}\right) + \lg(\sin(I_j)) \tag{6-5}$$

σ_{ij} 为输出图像第 i 行第 j 列的后向散射系数(dB),DN_{ij} 为输入图像第 i 行第 j 列的像元值,A_0 为固定偏移增益,A_j 为按比例增益,I_j 是第 j 列的入射角。由于后向散射系数经过对数运算,计算效率和存储效率较低,在研究中先将定标数据以幅值

形式存储,预处理步骤进行完之后再把幅值图像转换成后向散射系数(dB)存储。以幅值存储输出结果的定标公式如下所示:

$$A = \left(\frac{DN_{ij}^2 + A_0}{A_j} \right) \times \sin(I_j),$$ (6-6)

σ_{ij} 和 A 的转化公式为

$$\sigma_{ij} = 10 \times \lg(A)。$$ (6-7)

6.3.3 大气校正

大气会引起太阳辐射的吸收、散射,也会引起来自目标物的反射及散射光的吸收、散射,入射到遥感器的除了来自目标物的反射以外,还有大气引起的散射光。消除并校正这些影响的处理过程叫大气校正。大气散射具有选择性,对短波影响大,对长波影响小,利用某些波段特性来校正其他波段的大气影响。以 Landsat TM/ETM+数据为例,第 1 波段受大气散射的影响最大,其次为第 2、第 3 波段,而第 7 波段受的影响最小。因此,可将第 7 波段作为无散射影响的标准波段,通过对比分析计算出其他波段大气干扰值,常用回归分析法和直方图法。

6.3.4 图像滤波

由于成像系统、传输介质和记录设备等的不完善,数字图像在其形成、传输记录过程中往往会受到多种噪声的污染。另外,在图像处理的某些环节,当输入的对象并不如预想时也会在结果图像中引入噪声。这些噪声在图像上常表现为引起较强视觉效果的孤立像素点或像素块。一般,噪声与要研究的对象不相关,它以无用的信息形式出现,扰乱图像的可观测信息。对于数字图像信号,噪声表现为或大或小的极值,这些极值通过加减作用于图像像素的真实灰度值上,在图像造成亮、暗点干扰,极大降低了图像质量,影响图像复原、分割、特征提取、图识别等后继工作的进行。因此必须在图像处理分析前进行滤波。好的滤波方法应该是在降低斑点噪声的同时,保持图像的辐射特性和空间分辨率。目前利用较广的噪声滤波算法中有中值平滑滤波、均值平滑滤波、Lee 自适应滤波、Enlee 滤波、Frost 自适应滤波和 Gamma-map 自适应滤波(沈慧,2011;张俊等,1998)。

6.3.5 图像分类

图像分类是图像分析与处理的一项重要手段,它通过提取图像特征,并按照某种规则对图像进行分割、分类与描述,以达到对图像信息进行自动地识别、解译和评价的目的。根据是否需要先验知识,分为监督分类与非监督分类。常用的监督分类方法有最小距离分类法、最大似然比分类法等。常用的非监督分类方法有 K-均值法、ISODATA 算法等。

6.4 雷达遥感森林资源监测要素

雷达遥感对森林进行监测是由遥感平台发射电磁波,然后接收辐射和散射回波信号,主要探测地物的后向散射系数和介电常数。当前,用于监测森林资源的雷达探测系统以合成孔径雷达遥感为主(陈文福等,2009)。利用雷达遥感对有关森林植被特征的探测,可帮助识别森林高度、森林生物量以及监测火灾等。

6.4.1 森林生物量反演

森林生物量是指森林在一定的年龄,一定的面积上所生长的全部干物质的重量。陈先刚等(2008)研究表明随着中国森林面积的增加,森林碳储量仍将继续增加。研究森林生物量具有十分重要的意义。

(一) 基于雷达后向散射系数的森林生物量反演

雷达后向散射系数与地面目标的参数(如几何形状、表面粗糙度及介电常数等)有关(黄燕平等,2013),利用雷达后向散射系数可以反演地表参数。生物量可由一种或几种森林参数通过生长关系方程来估算。早期很多学者就不同波段、不同极化、不同传感器等获取的雷达后向散射强度和森林生物量之间的关系进行了研究。

Le Toan(Le Toan,1992)等分析了不同雷达波段的后向散射强度和森林生物量之间的关系,得出 P 波段、HV 极化与树干生物量的相关系数最大,R^2 达到 0.95,提出用 SAR 后向散射数据反演森林蓄积量的关键问题是反演算法对于各种 SAR 参数(频率、极化、角度、森林类型、林龄及环境等)的有效作用范围问题;Fransson(1999)利用 JERS-1 和 ERS-1 数据研究也得出 L 波段反演北方森林的蓄积量范围在 $0 \sim 300 \ m^2/ha$,明显优于 C 波段的反演结果的结论;Yong P(2003)利用 JERS-1 SAR 后向散射信息反演森林蓄积量,指出当蓄积量大于 $100 \ m^2/hm^2$ 时达到饱和点,建立的线性回归模型无法正确反演,需要结合光学数据才能区分不同的植被类型；Harrell 等利用不同通道的后向散射系数作为自变量,总生物量作为因变量,建立逐步多元线性回归方程,估测生物量(Harrell P A,1997);Dobson 等利用多通道的雷达遥感数据,通过逐步多元线性回归估测出树冠生物量、树高和胸高断面积,然后利用地面实测数据建立起的森林相关生长方程,通过已估测出的胸高断面积和树高估测树干的生物量,从而由树干和树冠的生物量得出总生物量(Dobson M C,1995);国内中国林科院李增元、中国科学院廖静娟、庞勇等先后利用 ERS SAR 和 JERS SAR 开展了森林生物量反演的试验研究(李增元等,1994;廖静娟等,2000;庞勇,2005;黄燕平等,2013)。

然而,利用后向散射信息反演森林蓄积量不是无限制和无条件的。许多研究表明,仅利用不同波段的后向散射强度数据反演蓄积量都存在一个饱和点的问题,并且饱和点随着波长的增加而提高。当蓄积量达到某个值时,后向散射和蓄积量之间的反演关系将不成立,从而大大响了 SAR 后向散射信息反演森林生物量的潜力。

(二)基于干涉相干系数的森林生物量反演

随着雷达干涉技术的发展,人们开始发掘相干信息与生物量的关系,并且在很多试验区都得到了较好的结果,在北方森林的研究结果表明基于相干系数的反演精度和饱和点明显优于后向散射系数(史玉峰等,2009)。

Gaveau 模拟分析了北方针叶林区 ERS-1/2 干涉相干性与森林生物量的关系,模拟结果表明时间去相干是该地区 ERS-1/2 干涉数据去相干的主要因素,而生物量越高,则散射体越多,散射的相位稳定性越差,从而时间去相干也越强(Gaveau D L A,2002);Neeff 等人(2005)利用机载干涉 SAR 得到 P 波段后向散射系数,根据地表表面模型(P 波段)和森林冠层表面模型(X 波段)的差异得到森林植被的相干高度。结果表明,只用 P 波段后向散射系数估算巴西亚马逊流域的森林生物量时,R^2 仅有 0.34,然而联合相干高度进行统计建模时,$R^2 = 0.89$,精度明显提高。Solberg 等人(2010)根据 SRTM 的 X 波段得到的高度信息与生物量建立线性关系,成功反演了挪威南部针叶林的地上生物量,云杉林 RMSE = 24 t/ha,赤松林 RMSE = 17 t/ha,并且在生物量达到 250 t/ha 时,没有出现明显的饱和趋势。

6.4.2　林木高度反演

森林树高依赖于干涉测量技术,而其精确估测则依赖于极化干涉合成孔径雷达技术的发展。森林树高的估测方法基本是以相干性理论为基础发展起来的。目前,国内外森林树高估测方法研究多基于极化干涉 SAR 数据,大致分为三类:差分反演法、植被相干模型反演法、层析反演法。

（一）差分反演法

此方法是利用同一分辨单元内冠层和林下地表的干涉相位差估测树高(Cloude,1998)。对于极化干涉数据而言,不同通道的相位中心不同,可不同通道复相干估计代表冠层以及地表散射的相位中心,从而利用冠层和地表相位中心之差估测森林树高。Yamada 等(Yamada H,2001)提出了基于 ESPRIT 相位中心分离法,该方法假设回波信号中存在两个或三个散射相位中心,将信号模型应用 ESPRIT 算法估计出干涉相位。国内学者提出将功率和相位联合估计算法以及 ESPRIT 算法分离相位中心(杨磊等,2007a;2007b)。由于不同波长的 SAR 穿透性不同,可利用不同波长的 SAR 分别获取冠层相位中心与林下地面相位中心,从而利用相位差估测树高。李新武等(2005)利用 L 波段数据提取的地表相位与 C 波段数据提取的冠层相位中心之差得到了植被高度。这种方法容易实现,但因为每一个极化通道复相干都同时包含体散射和地表散射,若不能纯净地分离,通常会低估树高。

以上对于森林树高的估测方法研究多基于长波长 PolInSAR 数据,实际上,短波长 SAR 因穿透力弱更能体现冠层高度信息,但因其无法探测到林下地面,通常需要借助外部高精度的 DEM 数据,即利用 TanDEM-X 的干涉相位获取 DSM,进而通过已知的高精度 DEM 得到树高。

（二）植被相干模型反演法

此类方法是基于森林的复相干模型估测树高。通常假设森林的体去相干分量在森林垂直方向上呈指数形式衰减,基于这一假设,Treuhaft(1996)提出了 RVoG 模型,奠定了 PolInSAR 估测树高的理论基础。Papathanassiou(2001)提出了六维的非线性参数优化法,此方法依赖于初始值的设定,初始值的好坏直接影响到反演结果的精度。随后,李新武等(2005)提出的模拟退火法,张腊梅(2006)提出的遗传算法以及 Angiuli(2007)提出的神经网络法等优化方法进一步改善了估测效果。

Cloude(2003)提出了经典的三阶段反演算法,该方法简便易行,且反演精度较高,其核心思想分为三个步骤:首先是将各个极化通道以及相干优化的复相干在复相干平面内进行拟合,其次是确定地相位点,最后得到体散射去相干,通过二维查找表得到树高。国内对于此方面的研究主要有利用最优相干模型估测植被高度(张红,2002;王超等,2002),改进基于双基线的估测树高方法获取垂直结构(陈曦,2008)以及通过置信度判定选择三阶段反演或者 ESPRIT 算法达到最佳估测结果(周广益等,2009)。

利用短波长 SAR 的特点,基于 TanDEM-X 数据也开展了森林树高估测方法研究,通过体去相干模型,或者基于双层模型估测森林树高,但地相位的估计需要已知高精度的 DEM。在 RVoG 地相位反演算法及三阶段反演算法中,地相位的确定都是基于直线拟合和距离判断准则进行的,当复相干非常低的时候,因判断模糊无法识别地相位,此时,可直接利用相干系数估测树高,Cloude 就这一方面开展了相关研究,对植被相干模型中的结构函数进行勒让德展开并截取第 0 阶得到 SINC 模型,利用相干系数得到了树高估测结果。这种方法简单易行,但通常由于非体散射去相干的影响难以得到纯净的体散射去相干,重轨干涉数据应用此方法一般会高估树高,但适用于无时间去相干的双天线模式干涉数据。

除此之外,根据以上方法的优缺点,通常将不同的方法进行组合以提高反演精度。Cloude 根据相位差的方法会低估树高,而基于相干系数的方法会高估树高,从而将两者相结合进行树高估测。李哲等(2009)也研究了干涉优化相干及 ESPRIT 方法,或将多种方法的优化组合进行树高反演。

(三)层析反演法

此类方法是基于单基线/多基线层析技术反演森林树高,通常利用 SKP 分离极化信息与干涉信息,求得"纯净"的地表散射和体散射分量,并利用 AS(Algebraic Synthesis)方法计算系数,从而得到森林垂直结构剖面反演树高。Reigber 等(2000)利用 L-波段多基线机载数据获取了森林的垂直结构信息,研究结果表明,层析技术具有估测林下地形和森林树高的潜力。Frey 等(2008)利用 P-波段多基线机载数据进行层析成像,也证明了大部分高能量点集中分布在林下地表。Tebaldini(2012)针对北方林分别应用 L-波段和 P-波段的多基线 PolInSAR 数据进行层析成像,成像结果表明,L-波段的后向散射功率垂直分布较为均匀,P-波段各极化通道的相位中心均固定在地表,利用 AS 方法提取体散射结构矩阵,通过信号门限阈值估测树高,得到了与 LiDAR 树高具有较好一致性的估测结果。Dinh 等 (2015)针对热带雨林利用机载和仿真数据进行层析成像,基于后向散射功率垂直剖面估测了树高。

综上所述,差分法容易实现,但其精度依赖于冠层相位中心和地表相位中心的分离,通常会低估树高,对于此方法,相位中心的分离与波长的选择尤为重要。植被相干模型反演法已比较成熟,其精度受到干涉数据的质量、非体散射去相干的影响以及地相位的精确估计等因素影响,如果应用双天线 InSAR 数据可以得到理想的结果。层析反演法是利用层析技术可以得到散射能量在森林垂直方向的分布,进而估测树高,取得了较高精度的估测结果,这种方法在一定程度上能够反映森林内部垂直结构,将是未来发展的重要方向,但其对数据的质量要求很高,目前只有国外的机载数据能够满足条件,难以推广应用。

6.5　雷达遥感应用于竹林资源监测思路

雷达遥感应用于竹林资源的监测与森林资源的监测大体相同。当前雷达遥感应用于竹林资源监测的研究较少,根据上节提到的雷达遥感关于森林参数的反演,在此提出雷达遥感应用于竹林资源的监测思路。对于竹林资源方面的监测要素包括竹林郁闭度、生物量、冠幅、竹高等。雷达遥感应用于竹林资源监测的技术流程总体上可分为遥感数据获取、遥感图像处理、林分参数反演模型的建立及精度评价三个阶段。

6.5.1　竹林资源监测思路分析

1. 遥感数据获取

雷达遥感应用的竹资源信息提取可以分为地面覆盖分类、专题信息提取与典型目标识别、遥感制图与基础空间信息采集、地表参数反演、通感动态监测、遥感模型建立六大类,每一类应用都有其规律、性质和适用的信息源。通过对任务的分析,明确所要达到的目标,特别是从需求结果、要求精度、成果方式等方面进行综合考虑,从获取时间、空间分辨率、波段组合、成像方式以及性价比等方面选择合适的雷达遥感信息源。

2. 遥感图像处理

遥感图像处理是整个竹林资源遥感应用中最关键、最重要的一环。影像系统处理工作一般是在获得的遥感数据的基础上进行的,所以,这一阶段主要是进行应用处理,主要包括几何纠正、参考数据获取、特征提取与选择、分类(或信息提取)等几个方面(周廷刚,2015)。

3. 林分参数反演模型的建立及精度评价

对获得的遥感图像进行图像预处理,然后提取建模因子,主要包括两个方面的因子:一是影像各波段的反射率、波段比值、植被指数及衍生变量;二是各波段的纹理因子。分析各建模变量因子与实测林分参数的相关系数,筛选出最优的建模因子。对选取的建模数据,选用曲线估计、逐步回归分析、偏最小二乘回归分析、非线性回归模型等建模方法对林分参数进行建模,并利用检验数据对估测模型进行精度分析与评价。

6.5.2 竹资源监测技术路线

1. 竹林生物量反演

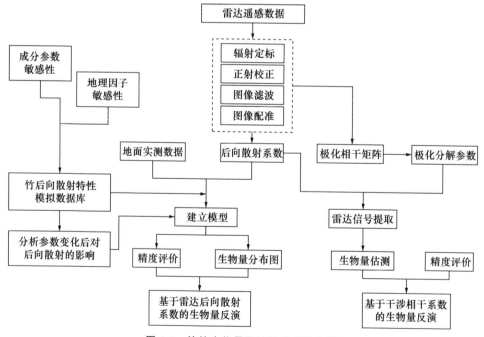

图 6-8　竹林生物量雷达遥感反演流程

2. 竹林高度反演

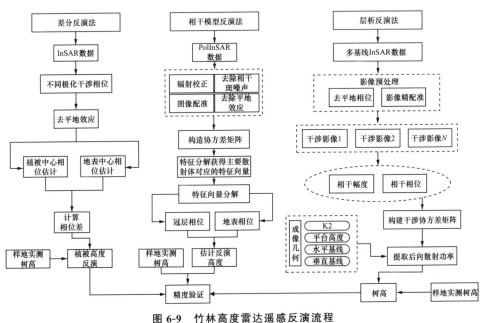

图 6-9　竹林高度雷达遥感反演流程

6.6　雷达应用于竹林监测存在的不足及发展趋势

6.6.1　雷达应用于竹林监测存在的不足

（1）SAR 图像数据斑点噪声大，这严重影响了用户对地物信息的提取与 SAR 图像的应用效果。噪声特别严重时，甚至可导致信息的消失（吴一戎等，2000）。在 SAR 图像分类处理过程中，噪声的影响是基于像元的分类方法精度较低的重要原因（朱岱寅等，2005；游新兆等，2002）。因此，滤除斑点噪声对 SAR 图像在森林分类中的应用有着重要的意义。

（2）SAR 影像有其特殊的机理和影像特点，采用传统的分类方法来对 SAR 影像进行分类研究不一定适合，所以应用新的理论改进算法，研究新的算法可以更好地对地物进行识别。如以采伐迹地 SAR 影像提取为例，利用 SAR 进行采伐迹地监测和制图还有许多困难，一是采伐迹地容易同其他空地和沼泽地、撂荒地、牧地和一些 SAR 后向散射信号小的有林地混淆；二是 SAR 图像的精度还有限，加之阴影和噪音的影响,在确定采伐地边界时,判断并不准确(刘国祥等,2001)。

（3）对于大区域范围内的森林制图而言,如何解决由于季节及地域差异引起的同物异谱,同谱异物现象,同样也是 SAR 技术在林业中应用所面临的一个关键问题。

（4）在利用 InSAR 测定树木高度的过程中,要想获得理想结果,还存在一定的困难。由于地形变化的影响,山地森林的相干值一般较低且相位不确定性偏移较多,对山地森林的相位仍不能准确测定,因而目前对林分高的估计仍局限于平坦地形。林分高的测定是森林调查的重要因子,一直也是林业遥感应用在森林调查工作中的重点和难点之一。

（5）SAR 数据价格比较昂贵,对于林业工作来说,成本较高,这严重限制了SAR 技术在林业中的广泛应用。

6.6.2 雷达遥感的发展趋势

经过 20 多年的快速发展,合成孔径雷达技术与系统从单波段、单极化已逐步发展到多波段、全极化 SAR、干涉 SAR 遥感,到极化干涉 SAR,把 SAR 遥感应用推向高潮,期望实现从高分辨率定性成像到精确高分辨率定量测量的转变。同时在信号处理上发展到数字实时处理、工作体制向多频多极化发展、工作模式形式多样以及成像维数上已到三维高程信息的获取,变化显著(于秋则等,2006)。

高分辨率 SAR 数据所包含的地表物体间相关信息可应用到土地利用分类中同时可用于提高土地利用分类的精度和分类可靠性,而 SAR 工作体制向多极化发展,因此利用 SAR 系统极化信息对提高土地利用分类精度将是今后工作方向之一。同时与传统方法相比,在保持较高模拟精度的前提下,进行大范围森林场景SAR 遥感数据模拟,成像维数从二维发展到三维,增强立体感。因而极化干涉合成孔径雷达技术具有很强的生命力,可以应用于地表植被高度估计、高精度 DEM提取、地物分类和参数反演、生物量监测等,都是未来需要继续研究的方向(肖虹雁等,2014)。雷达遥感在林业方面应用前景广阔。当前,雷达遥感在林业资源监测方面有以下发展趋势(巨文珍等,2009)。

（1）建立合理的相干森林雷达后向散射模型,研究森林结构对散射相位中心影响的特征。由于目前没有能够计算地表散射矩阵的地表后向散射模型,地表只能暂时用常数来描述,这在一定程度上限制相干森林雷达后向散射模型的模拟能力。

（2）建立合理的极化干涉合成孔径雷达森林高度反演模型,提高极化干涉合成孔径雷达森林高度反演精度。合理的极化干涉合成孔径雷达森林高度反演模型的建立,既要能足以描述实际的相干散射过程,又要选择适量的参数,保证森林高度反演可行。相关矩阵估计精度间接决定极化干涉合成孔径雷达森林高度反演精度,适合森林复杂散射过程的高精度相关矩阵估算方法是保证极化干涉合成孔径雷达森林高度反演精度的关键之一。

（3）推进国家遥感数据共享机制的构建,建立一定范围内的数字共享平台,使雷达遥感技术可以普遍地应用在我国林业工作中是未来林业遥感数据共享的发展方向。

（4）多源信息的有机融合研究。如何融合森林的光学图像信息、高光谱遥感影像信息和激光雷达图像信息等多源信息,提高雷达遥感的森林生物量与生产力估算以及森林监测等也是一个值得深入研究的课题。

6.7　本章小结

当前,雷达遥感受到全世界科技界的普遍关注和重视。雷达遥感具有对云雾的穿透能力以及全天时、全天候成像的能力,使之能够有效地获取森林的各种生物物理参数,快速实现森林资源调查和监测工作。基于雷达遥感技术的森林资源调查与监测是当前雷达遥感领域的研究热点。

本章首先详细介绍雷达遥感国内外的发展历史以及当前雷达遥感的发展情况,重点讨论了雷达遥感的工作原理以及在林业资源监测方面的应用,并以此提出雷达遥感技术在竹林资源管理与监测中的研究可行性及实现的技术流程、手段。了解工作原理是运用雷达遥感进行监测的基础,通过系统介绍雷达遥感的参数、成像原理、成像的几何特征和畸变、典型地物目标特性等特点,阐述了雷达遥感的工作方式、工作机理,雷达遥感成像的复杂化决定了雷达遥感技术应用于森林资源监测的难度。随后在详细介绍雷达遥感工作原理的基础上,借用案例分析了雷达遥感在森林生物量反演、树高反演方面实现的技术手段和技术流程,说明当前应用雷达遥感监测森林参数的可行性及优越性。基于以上两点,提出了雷达遥感在竹林资源参数监测提取方面的技术流程,为竹林地遥感监测提供了又一可行有效的技术手段。此外,还分析了当前雷达遥感在林业资源监测方面存在的不足以及未来雷达遥感的发展方向,为人们更多的了解林业、了解雷达遥感提供了便利。

雷达遥感为今后实现竹林快速、精确监测的提供有效手段和可靠途径。随着科学技术的发展，软硬件设备的开发与利用，雷达遥感必将大有前途并为竹林的信息化经营提供有力保障。因此，利用雷达遥感对竹林实现动态监测、重要参数反演以及经营的自动化、信息化，对竹林的优化经营、竹林资源的可持续发展具有重要的意义。

参 考 文 献

Angiuli E，Del Frate F，Della Vecchia A，et al. Inversion algorithms comparison using L-band simulated polarimetric interferometric data for forest parameters estimation[C]//Geoscience and Remote Sensing Symposium，2007. IGARSS 2007. IEEE International. IEEE，2007：2477 - 2480.

Cloude S R，Papathanassiou K P. Three-stage inversion process for polarimetric SAR interferometry[J]. IEE Proceedings-Radar，Sonar and Navigation，2003，150(3)：125 - 134.

Cloude S R，Papathanassiou K. P. Polarimetric SAR interferometry [J]. IEEE Transactions on Geoscience and Remote Sensing，1998，36(5)：1551 - 1565.

Dobson M C，Ulaby F T，Pierce L E，et al.，Estimation of Forest Biophysical Characteristics in Northern Michigan with SIR-C/X-Sar[J]. IEEE Transactions on Geoscience and Remote Sensing，1995. 33(4)：877 - 895

Fransson J E S，Walter F，Olsson H. Identification of clear felled areas using SPOT P and Almaz-1 SAR data[J]. International Journal of Remote Sensing，1999，20(18)：3583 - 3593.

Frey O，Morsdorf F，Meier E. Tomographic imaging of a forested area by airborne multibaseline P-band SAR[J]. Sensors，2008，8(9)：5884 - 5896.

Gaveau D L A，Modelling the dynamics of ERS-1/2 coherence with increasing woody biomass over boreal forests [J]. International Journal of Remote Sensing，2002. 23 (18)：3879 - 3885.

Harrell P A，Kasischke E S，Bourgeau Chavez L L，et al.，Evaluation of approaches to estimating above ground biomass in southern pine forests using SIR-C data[J]. Remote Sensing of Environment，1997. 59(2)：223 - 233

Jensen J R. Active and Passive Microwave，and LIDAR Remote Sensing，Chapter 9，Remote Sensing of the Environment：An Earth Resource Perspective[M]. Prentice Hall，2000：285 - 331.

Le Toan T，Beaudoin A，Riom J，et al. Relating forest biomass to SAR data[J]. IEEE

Transactions on Geoscience and Remote Sensing，1992，30(2)：403－411.

Minh D H T，Tebaldini S，Rocca F，et al. Capabilities of BIOMASS tomography for investigating tropical forests[J]. IEEE Transactions on Geoscience and Remote Sensing，2015，53(2)：965－975.

Neeff T，Dutra L V，dos Santos J R，Freitas C da C and Araujo L S. 2005. Tropical forest measurement by interferometric height modeling and P-band radar back scatter[J]. Forest Science，51 (6)：585－594

Papathanassiou K P，Cloude S R. Single-baseline polarimetric SAR interferometry[J]. IEEE Transactions on Geoscience and Remote Sensing，2001，39(11)：2352－2363.

Reigber A，Moreira A. First demonstration of airborne SAR tomography using multibaseline L-band data[J]. IEEE Transactions on Geoscience & Remote Sensing，2000，38 (5)：2142－2152.

Solberg S，Astrup R，Gobakken T，Nsset E and Weydahl D J. 2010. Estimating spruce and pine biomass with interferometric X-band SAR[J]. Remote Sensing of Environment，114 (10)：2353－2360

Tebaldini S，Rocca F. Multibaseline polarimetric SAR tomography of a boreal forest at P- and L-bands[J]. IEEE Transactions on Geoscience and Remote Sensing，2012，50 (1)：232－246.

Treuhaft R N，Moghaddam M，van Zyl J J. Vegetation characteristics and underlying topography from interferometric radar[J]. Radio Science，1996，31(6)：1449－1485.

VanDyke M C，Schwartz J L，Hall C D. Unscented Kalman filtering for spacecraft attitude state and parameter estimation[J]. Department of Aerospace & Ocean Engineering，Virginia Polytechnic Institute & State University，Blacksburg，Virginia，2004.

Yamada H，Yamaguchi Y，Kim Y. Polarimetric SAR interfeometry for forest analysis based on the ESPRIT 106 algorithm[J]. IEICE Transactions on Electronics，2001，E84-C (12)：1917－1924.

Yong P，Sun G，Zengyuan L，et al. Land cover change monitoring after forest fire in northeast China[C]//Geoscience and Remote Sensing Symposium，2003. IGARSS'03. Proceedings. 2003 IEEE International. Ieee，2003，5：3383－3385.

别强. 基于激光雷达和合成孔径雷达资料的森林参数反演研究[D]. 兰州大学，2013.

陈文福，郑新兴. 雷达遥测应用于台湾水利防灾可行性之探讨[J]. 水土保持研究，1999，03：108－121.

陈曦. PolSAR 和 PolInSAR 定量提取地形高程和森林结构参数研究[D]. 中国科学院遥感应用研究所，2008.

陈先刚,张一平,张小全,等. 过去 50 年中国竹林碳储量变化[J]. 生态学报,2008, 28(11):5218-5227.

邓旺华. 竹林地面光谱特征及遥感信息提取方法研究[D]. 中国林业科学研究院,2009.

盖旭刚,陈晋汶,韩俊,等. 合成孔径雷达的现状与发展趋势[J]. 飞航导弹,2011,03:82- 86,95.

官凤英,范少辉,邰燕芳,等. 不同分类方法在竹林遥感信息识别中的应用[J]. 中国农学通报,2013,(01):47-52.

黄燕平,陈劲松. 基于 SAR 数据的森林生物量估测研究进展[J]. 国土资源遥感,2013, 25(3):7-13.

江泽慧. 世界竹藤[M]. 沈阳:辽宁科学技术出版社,2002:416-421.

姜景山. 对中国微波遥感信息技术发展新阶段、新任务的几点认识[R]. 2006 年环境遥感学术年会,宁夏银川,2006.

巨文珍,王新杰. 合成孔径雷达技术在林业中的应用[J]. 世界林业研究,2009,05:40-44.

康高健. 雷达遥感中地物植被的电磁散射研究[D]. 中国科学院研究生院(电子学研究所),2007.

寇晓康,柴琳娜,赵少杰,等. 植被的微波介电常数研究进展[J]. 北京师范大学学报(自然科学版),2013,06:619-625.

李新武,郭华东,李震,等. 用 SIR-C 航天飞机双频极化干涉雷达估计植被高度的方法研究[J]. 高技术通讯,2005,15(7):79-84.

李增元,车学俭,刘闽,等. ERS-1SAR 影像森林应用研究初探[J]. 林业科学研究,1994(6): 692-696.

李哲,陈尔学,王建. 几种极化干涉 SAR 森林平均高反演算法的比较评价[J]. 遥感技术与应用,2009,24(5):611-616.

廖静娟,邵芸. 多参数 SAR 数据森林应用潜力分析[J]. 遥感学报,2000.4:p. 129-134.

刘国祥,丁晓利,李志林,等. 星载 SAR 复数图像的配准[J]. 测绘学报,2001,01:60-66.

刘敏. 现代地理科学词典[M]. 北京:科学出版社,2009。

刘一良. 微波遥感的发展与应用[J]. 沈阳工程学院学报(自然科学版),2008,02:171-173.

苗俊刚,刘大伟. 微波遥感导论[M]. 北京:机械工程出版社,2012。

庞勇,李增元,孙国清,等. 基于载人航天平台的林业遥感应用[J]. 世界林业研究,2013, 26(4):43-49.

庞勇. 星载干涉雷达和激光雷达数据森林参数反演[D]. 中国科学院遥感应用研究所,2005.

彭望琭. 遥感概论[M]. 北京:高等教育出版社,2002.

齐家国,王翠珍. 微波/光学植被散射模型及其在热带森林中的应用[J]. 电波科学学报,

2004,19(4):409 - 417.

沈慧. 基于图像处理技术的微型移动机器人全局定位跟踪系统[D]. 上海交通大学,2011.

史玉峰,陈健. 雷达遥感技术在森林资源管理与监测中的应用[C]. 中国林业学术大会. 2009.

汤国安. 遥感数字图像处理[M]. 北京:科学出版社,2004.

童庆禧. 空间信息技术发展与思考[R].2006 年环境遥感学术年会,宁夏银川,2006.

王超,张红,刘智. 星载合成孔径雷达干涉测量[M]. 北京:科学出版社,2002.

王梁文敬. 典型地物的极化后向散射特性分析及其在分类中的应用[D]. 山东科技大学,2010.

王鹏. 汾河流域生态环境质量评价与分析[D].太原理工大学,2011.

王强,黄建冲,姜秋喜. 合成孔径雷达的主要发展方向[J]. 现代防御技术,2007,35(2):81 - 83.

王强,黄建冲. 无人机机载合成孔径雷达[C]. 无人机发展论坛. 2006.

王颖,曲长文,周强. 合成孔径雷达发展研究[J]. 舰船电子对抗,2008,31(6):59 - 61.

吴一戎,朱敏慧. 合成孔径雷达技术的发展现状与趋势[J].遥感技术与应用,2000,15(2):121 - 123.

肖虹雁,岳彩荣. 合成孔径雷达技术在林业中的应用综述[J]. 林业调查规划,2014,02:132 - 137.

杨磊,赵拥军,王志刚. 基于功率和相位联合估计 TLS-ESPRIT 算法的极化干涉 SAR 数据分析[J]. 测绘学报,2007,36(02):163 - 168.

杨磊,赵拥军,王志刚.基于酉 ESPRIT 算法的极化干涉相位估计[J].测绘科学,2007,32(02):57 - 59.

姚继莒. 数字遥感图像解译分类方法研究[D]. 内蒙古科技大学,2010.

游新兆,乔学军,王琪,等.合成孔径雷达干涉测量原理与应用[J].大地测量与地球动力学,2002,22(3):32 - 44.

于秋则,程辉,柳健,等. 基于改进 Hausdorff 测度和遗传算法的 SAR 图像与光学图像匹配[J]. 宇航学报,2006,01:130 - 134.

于苏云江·吗米提敏. 中国阿尔泰山泥炭湿地动态变化及修复对策研究[D]. 新疆大学,2011.

张红. D-InSAR POL InSAR 的方法及应用研究[D]. 北京:中国科学院遥感应用研究所,2002.

张俊,柳健. SAR 图像斑点噪声的小波软门限滤除算法[J]. 测绘学报,1998,02:28 - 33.

张腊梅. L 波段 PolInSAR 图像地表参数反演方法研究[D]. 哈尔滨工业大学,2006.

张永红,林宗坚,张继贤,等. SAR 影像几何校正[J]. 测绘学报,2002,02:134 - 138.

张远. 微波遥感水稻种植面积提取、生物量反演与稻田甲烷排放模拟[D]. 浙江大学,2009.

周广益,熊涛,张卫杰,等. 基于极化干涉 SAR 数据的树高反演方法[J]. 清华大学学报:自然科学版,2009(4):510 - 513.

周廷刚. 遥感原理与应用[M]. 北京:科学出版社,2015.

朱岱寅,朱兆达. 合成孔径雷达及其干涉技术研究进展[J]. 数据采集与处理,2005,20(2):223 - 230.

第七章　竹林地立地质量监测技术

　　立地被认为是森林生长的外部环境因子总和的综合指标,直接与间接影响到森林的生产力大小与森林生态系统的健康水平。科学地把握森林立地因子和森林生长状况间的关系,可为合理利用土地并进行有效地造林、护林、营林以及对地力挖掘、绿化防护等提供参考意见与依据(巩垠熙,2013)。当前,传统林地立地信息的获取手段难以满足竹林产业化规模化的需求,单一的数据源往往只能反映竹林的某一种特质,急需突破传统限制,寻找适应大规模、区域化的竹林立地环境调查与监测的一种新的方法。随着"3S"技术的迅猛发展以及实地测量等数据获取处理方法的不断突破与进步,极大丰富了利用空间信息技术获取地表参数的手段与能力,增加了竹林资源数据信息的获取来源(王照利等,2005;吴见等,2011)。而根据竹林资源各种信息遥感采集的技术原理的不同,呈现出多种形式以及多元化的竹林资源遥感数据,它们在信息表达与解释能力呈现出各自的优势,这对诸多多元异构的竹林遥感数据进行融合并应用于立地研究,对有效利用多元化数据源,获取更为客观、更具时效性的立地环境综合信息具有重要的意义,也为利用"3S"技术对竹林立地质量进行监测提供技术支撑与研究手段(马明东等,2006)。

　　本章通过介绍传统森林立地、林地立地质量的相关概念以及系统的总结国内外林地立地质量研究现状,结合传统林地立地质量的评价方法,以竹林为研究对象,分析竹林立地质量判定要素与适用的判定方法,介绍竹林地立地质量的监测技术,结合具体案例,以遥感技术和地理信息系统技术为支撑,介绍 Fisher 判别法和数量化理论对竹林立地质量等级的判定具体过程,编制数量化得分表,建立竹林地立地质量遥感估测模型,构建对竹林地立地质量的遥感监测技术,以期突破传统竹林立地质量评价的局限性,为竹林立地质量遥感动态监测提供新的技术思路与实践支撑。

7.1 林地立地质量概述

7.1.1 森林立地

立地是森林生态学研究的一个重要内容,林学上的"立地"和生态学上的"生境"是同义词。关于立地的定义,不同科学家的定义不尽相同:美国林学家 J. W. Toumey(1928)在《育林学生态基础》中给出定义是,立地是作为植物周围的有效环境的总体;林学家 D. M. Smith(1986)在《实用育林学》中提出了,立地是指决定森林生产力的所有生物因素和非生物因素的结合;而森林生态学家 S. H. Spurr 等人在"森林生态"的研究中指出,需将立地建立在生态系统论的观点上进行定义,认为森林生态系统可分为森林树木以及生存在其周围的植物和动物,占有的森林生态系统空间位置并围绕这个立地进行生长发育的环境条件。美国林协会对立地环境设定在一个地段,由于设定固定地段决定了在有限的地段内生长的植被类型和质量,更为准确地对立地、立地质量和立地分类的概念进行区分,并说明立地分类与立地质量评价的性质和联系。因此,整体上可以看出,立地既可从性质上根据气候、土壤以及植被区分各种立地类型,也可以从数量上根据林地潜在的生产力划分各种质量等级。

立地(生境)所表达出来的生态学意义通常包括空间位置及伴随的环境,而森林立地质量则是所有影响森林或其他植被生产能力因素的总和,包括气候因素,土壤因素及生物因素。森林立地分类与评价是围绕森林的生长环境以及森林立地环境、森林生产力与健康状况间的关系进行研究的一种方法。森林立地分类与评价开始于人们对森林的经营活动,随着对森林经营集约强度的逐渐提高,森林立地分类与评价水平也不断向前发展。在森林资源利用逐渐受到人们的重视的大背景之下,各发达的林业国家以及我国的森林立地分类与评价逐渐发展起来,当前森林立地分类与评价已发展成为森林可持续经营的一项重要研究的总和指标,包括森林立地分类系统、森林立地区域分类、森林立地基层分类、森林立地质量评价、森林立地制图、森林立地应用与适地适树区划(张浩宇,2005)。

7.1.2 森林立地质量的相关概念

立地质量(site quality)是评价林地自然生产能力的一个综合指标,立地评价即是对立地环境质量的优劣进行评判。育林学家 F. W. Daniel(1979)提出立地质量是通过测定一定时期内林地生产木材的最高产量来评价的,立地质量受控于诸多环境因子,包括土壤深度、土壤质地、剖面特性、矿物组成、坡度、方位与树种等因子,且这些影响立地质量的环境因子又是地质史、自然地理、大气候和演替发展综合影响的结果。森林立地质量是影响森林生长发育的环境条件的总和,其中包括气候因子、土壤因子及生物因子,其质量高低是可通过测算潜在的木材生产力反映,体现出在某一立地上既定森林或者其他森林类型的潜在生产力与树种关联度(张浩宇,2005;付满意 2014),也表现为在一定区域范围内的气候、地质、地貌、土壤以及各种生物条件相互联系、相互作用的综合体,是林木生长的环境条件(范小洪等,1995;赖日文等,2007;杨文姬等,2004)。

森林立地分类是通过研究森林植被生长、发育以及与环境的相互作用关系,是属于森林生态学的范畴(张浩宇,2005)。森林的类型受控于森林生长地的环境条件,分布于生产力,因此一个有林地段(或宜林地段)可以根据环境的差别从性质上划分各种不同的森林立地类型,而在环境因子组合及其对森林的作用大致相似地块的联合,则为一个森林立地类型(或称森林立地单元),是森林立地分类的基本单位。森林立地分类,虽也属于自然属性的分类,但不同于林业区划,因后者是结合自然、社会和经济因素的综合区化。

森林植被是体现森林生长发育环境优劣的重要表征,对森林环境及其生产力均具有指示作用,利用这一特点,将森林植被运用于划分森林的立地类型和评价森林立地质量具有重要的实践意义。在气候、地形与土壤环境的综合作用下,通过生存竞争淘汰优化以及森林在适应过程中经过长期历史演化,逐渐形成既定立地的森林植被,因此将森林植被及其生产力说成是长期自然历史地理演变的产物。这些优势植被与气候、地形、土壤、生物等因子相互影响,尤其与主导因子密切联系以及在空间分布的一致性,立地条件决定着森林植被的类型及其潜在生产能力(中国植物被编辑委员会,1983)。反之,森林植被及其生产能力也综合体现出森林环境特征。研究林地立地质量,能够为林木的适地适树、营林规划、林地选择、适宜育林技术等措施的确定提供重要依据,实现对森林经营的各种效益、木材生产成本和育林投资做出估计,准确把握对提高森林育林质量、发展持续高效林业、恢复和扩大森林资源具有重要作用,快速、科学地掌握林地立地质量的现实状况,是森林科学经营的重要基础,是实现森林可持续经营的重要保障(汪笑安,2013)。

7.1.3 林地立地质量国内外研究进展

德国、芬兰等国是较早开展森林经营活动的国家,而随着森林经营的发展逐渐兴起对森林立地进行分类以及评价等活动。18 世纪后期,在德国最早出现林分收获表,林学家们通过编制林分收获表的方法对林地生产力的高低进行划分,不断演变出对立地质量评价方法的研究,但由于当时技术水平限制,林分收获表评价森林生产力并不是十分普及。1795 年,Hartige(1795)提出根据森林林相评定林地生产力水平,并发展了上、中、下三类型的粗放分类方法;到了 1804 年,Cotta 将林地划分为 100 级,并提出了精细分类法(Hartig G L,1975;Cotta,1984)。20 世纪初期,芬兰提出森林立地类型划分,并利用其他指示植物评价森林生长环境以及森林生产力。

从 20 世纪 20 年代起,森林立地类型划分和立地质量评价逐渐受到学者们的重视,并在理论和技术应用方面逐步实现突破。特别是林业发达的国家如挪威、瑞典、加拿大等国,较早开展了深入细致的林地立地质量研究工作,其中许多研究成果已在林业生产中发挥了积极的作用。林地立地质量评价演变出直接评价法和间接评价法两种方法,随着多形地位指数曲线法、树种间地位指数转换评价法和林分材积为评价指标等方法逐渐受到重视(Clutter et al.,1983),针对立地评价无法确定为有林地还是无林地,Hagglund(1981)利用统计分析方法建立立地因子与立地指数的函数关系提供一种有效评价的思路。此后研究中,根据土壤中的化学元素含量的变动对林木生长的影响,学者不断尝试将钙、镁、氮、磷、钾等土壤化学特性作为立地质量评价方程的参数(王超群,2013)。

相对于国外立地分类系统的研究和林地立地质量评价的研究,我国起步较晚。20 世纪 50 年代初期,我国主要通过判断林型以及利用地位级法等级对林地进行立地质量的评价,其中地位级法主要是针对有林地进行立地质量评价,而针对无林地的主要方法是评价无林地土壤肥力等级。20 世纪 70 年代以后,我国逐渐使用以立地指数方法进行林地立地质量评价,并针对我国主要用材林编制相应的地位指数表,为解决木材匮乏问题提出"适地适树"以及"适地适品种"的要求。此后,国家逐渐重视立地分类和评价体系的构建并开展了森林立地调查研究工作,森林立地分类和质量的研究逐渐朝着系统化、科学化发展,为以后的相关研究内容奠定了一定的基础。

立地质量评价研究在国内外的基本发展趋势是:先分类后评价,质量评价是以分类作为基础,进一步明确立地分类和立地质量评价概念和任务,有林地和无林地统一评价。而分类所依据的地貌、土壤因子需根据区域的具体情况加以分析。对于大范围应用而言,或许还需进一步考虑气候因子(余新晓,2007)。目前,我国许多森林立地研究侧重于正确反映森林生长、森林生产力与立地环境因子间的相互关系,还有一些研究侧重应用森林植被的指示植物以及林型分类、划分地位等级等方法来综合表现环境特性。

7.2 立地质量判定方法

森林立地质量的评价通过采用某一立地上的某一树种相对生产力,可直接利用能够反映环境条件优劣的指标,也可利用环境因子与林木生长建立函数关系,实现间接利用环境因子进行评定立地生产力。由于各个国家在自然地理环境、历史背景、经营目标以及研究学者的经历上都存在着差异,因而形成了多种有关森林立地质量评价的方法,总体归纳可分为直接评价和间接评价两种方法(Carmean W H,1975)。直接评价法是指根据林分的胸高处断面积、平均树高、优势木平均高以及蓄积量等林分特征因子来直接评价立地的质量;而间接评价法是指根据指示性植被、气候、土壤、地形和地貌等其他环境因子间接评价立地质量(张小泉等,1993)。其中直接评价方法含地位指数法、树种间地位指数比较法、生长截距法;间接评价方法含测树学方法、指示植物法、地文学立地分类法、群体生态坐标法、土壤-立地评价法、土壤调查法。立地质量是森林调查的一个重要因子,通常通过立地等级表查得。在森林调查中常用的立地等级表有地位级表、地位指数表、立地类型表、数量化地位指数表。

7.2.1 直接评价法

直接评价法是利用森林的收获量或者是生长值来评价立地质量,具体又可以被划分为两种方法:一是根据材积生长量或蓄积生长量评价林地立地质量;二是根据林分高来评价林地立地质量。林学家逐渐建立以林分收获表、林分平均高或平均材积为评价依据的立地质量的直接评价方法立地。材积生长量和蓄积生长量是评价林地立地质量的两个主要因素,是直接决定林地生产力的重要指标,但材积生长量和蓄积生长量获取往往比优势树高的获取较为困难且受林分密度和人为的管理措施影响较大,使得这两个指标不能客观反映森林的立地特征。而在森林立地中林木高度作为林木生长状况的重要数量指标,与其生长高度、材积量、蓄积量值存在正相关关系,因此林木高度可直接作为评价林地立地质量的重要数量指标(孟宪宇,2006)。根据实际调查中参考森林林分高度的差异,可将利用林分高度作为依据评价立地质量的方法再分成两种方法:地位级方法和地位指数方法。地位级方法早期广泛应用于苏联和东欧国家,能有效估测出林地生产力水平,也为进一步林地立地分类提供参考,但这种方法受人为因素干扰较少的天然林,难以准确获取人工林的林分平均高,对林地立地质量的评价的准确性造成了一定的影响;而地位指数的优点在于森林林分优势木的树高较其他指标容易获取,能较为快速、准确地实现林地生产力水平的判定(Spurr S H et al.,1980),且森林林分优势高受林分结构干扰小,能将其广泛应用于实际林地立地质量的调查(付满意,2014)。

7.2.2　间接评价法

在评定立地质量的优劣往往针对某一树种,然而在实际工作中常常需要评价未生长该树种的环境,因此就出现了以间接的方式来进行立地质量的评价。立地质量间接评价法主要有 3 种:

(1)树种代换评价,即需要评价的树种未生长在被评价的立地上,在所在立地上存有其他树种基础上,通过测定现有树种的立地质量来评价所要评价树种的立地质量,其中涉及的重要内容是不同树种间立地指数替换研究。鉴于立地环境因子对其他植被具有一定的影响性,根据其他植被对这种影响性表现出来的特征进一步推算出待评价的立地质量信息,其代表是以荷兰林业学家 Cajander 提倡的依据林下植物品种作为分类基础的森林立地类型分类和以美国林业学家 Daubenmire 倡导的依据整个群落对立地的作用为分类基础的生境类型分类(付满意,2014)。

(2)环境因子评价法,即将环境因子与树种的地位指数的关系进行建模,例如通过建立土壤含水量、地形因子(坡度、坡向、坡位、海拔等)、植被状况等因子与地位指数的相关性,获取林地立地质量与立地因子的关系函数(余坤勇,2012)。

(3)立地因子立地质量评价法是通过将森林生长与立地因子的测定建立联系,拟合立地因子与标准年龄树高之间的函数方程,进而将影响林木生长的立地因子进行数量化转换、建立立地指数函数方程、求解方程中的参数,进一步检验并确定立地质量主导影响因子,编制立地质量数量化得分表,最后利用该得分表,依据立地因子的测量结果查出各个因子的得分数值并获取总分,查表获取相应林地立地质量。这种方法适合评价宜林地和无林地的立地质量(Daubenmire R F,1976)。

7.3　竹林地立地质量的判定

对竹林资源立地分类与评价大多在造林地区进行,天然生长的植被经常受到人为、自然的影响。现阶段,林业工作者在竹林经营管理过程中面临各式各样的竹林立地环境因子,他们经常遇到森林立地分类与评价等问题,而如何联系竹林与立地环境因子用于划分竹林立地类型与评价立地质量,这促使林业工作者迫切需要掌握研究竹林生产力与立地环境因子之间的相互作用关系的知识与实践技能。

7.3.1　竹林地立地环境

毛竹是常绿乔木状竹类植物,具有秆大型、生长周期短的特点,最高可达 20 m以上,粗可达 18 cm。根据毛竹的速生特性以及毛竹林可给人们带来巨大的经济、社会以及生态效益,人们通常对毛竹林进行高强度的经营利用,而高强度的毛竹林竹材和挖笋每年消耗竹林大量的营养物质,因此毛竹林需要及时地进行养分的补给。其中,毛竹林自身的养分归还就是毛竹林重要的养分来源。养分归还主要指通过凋落物的分解对毛竹林土壤进行养分补充。由于凋落物是营养成分和碳循环的重要环节,它不仅为土壤表层提供保护层,同时也改变毛竹林土壤表面的小环境。随着毛竹林凋落物的增加,降低土壤容重、减少地表径流,进而缓解土壤侵蚀以及土壤温度的不稳定,且凋落物通过影响植被覆盖率并长期影响地表土壤环境,进一步改变小环境物种的组成与生物多样性。学者 Sager E J 指出:凋落物的移除改变了土壤真菌的组成和多样性,降低土壤动物区系(Sager E J,2006)。因此,凋落物的养分归还是毛竹林立地环境中极为重要的养分循环阶段,对维持毛竹林生产力具有重要意义。

毛竹林立地环境中凋落物主要包含竹叶、竹枝、箨叶和其他碎屑,其中竹叶量占凋落物总量的 60% ~ 71.5%,位居首位,其次是箨叶,占凋落物总量的 15.6% ~ 22%(周芳纯,1998)。相比其他森林类型,毛竹林凋落物量较少,例如垦复毛竹立地环境中凋落物为 3623.68 kg/hm^2,而未垦复毛竹林的凋落物为 5997.56 kg/hm^2,这只达到温带针叶林环境以及硬木阔叶树环境水平(每年的归还量 1800 ~ 5450 kg/hm^2)(Jones M D,2000)。这是由于人为的干扰加快了凋落物的分解,使得垦复毛竹林的凋落物量低于未垦复毛竹林凋落物量,Bowman R A 等人指出:人为的干扰作用可能对毛竹林立地环境并没有好处,这些作用加快有机质的衰竭 (Bowman R A et al.,1990)。而有研究证明,在未受人类干扰的天然生长发育的森林,有机碳(SOC)在 $30\sim50$ 年间可以恢复到正常含量水平(Hallberg G R et al.,1978;Anderson D W,1977)。而现阶段,毛竹林逐渐走向集约化经营,立地环境受人为干扰十分严重,但集约化就是为了减缓受人为干扰的严重程度。集约经营的毛竹立地环境中 N、P、K、Ca、Mg 元素含量为 519.60 kg/hm²,粗放经营毛竹林为 422.44 kg/hm²(吴家森等,2005),其养分储藏量低于 12 年生杉木林 (756.66 kg/hm²)(项文华等,2002),低于秦岭锐尺栎林(2139.2 kg/hm²)(刘广全等,2001)。同时,毛竹林立地中的凋落物 P 储量($0.5\sim5.2$ kg/hm²)明显低于下蜀杉林(31.92 kg/hm²)与落叶栎林的储量(33.11 kg/hm²),这与毛竹林冠层中的叶片 P 含量($0.27\sim0.83$ g/kg)低于杉林(5.26 g/kg)和落叶栎林(5.58 g/kg)相关 (Feng Z. et al.,1985),这表明 N、P 是毛竹林立地环境中极为需要的营养元素。

在毛竹林生长环境中,林下植被也充当影响系统养分循环的角色,但由于人为干扰导致林下植被破坏严重,这些经营管理措施改变了毛竹林物种的多样性与均匀度,加大了物种间(主要指灌木)的重要值差异(刘广路,2009),而且降低了灌木生物量在林下植被总生物量的比例(竹阔混交林为 95%,针阔混交林为 57.8%,而人工经营纯林则少于 30%),促使草本生物量的比例提高(何艺玲,2000)。毛竹林生长环境中的凋落物成分的多样性不仅可以提供生物学氮肥(Tonitto C et al.,2006),补充流失的 N(Wyland L J et al.,1996),并提高了土壤的质量。有学者指出毛竹天然竹阔混交林的凋落物总量不但高于纯林,加上有其他阔叶树种凋落物的作用,毛竹混交林的凋落物成分较纯林复杂(李正才等,2003)。因此,竹阔混交林的立地环境中较多种类的凋落物提高了其养分的归还能力,也改善了毛竹林生产力水平(Dearden F M et al.,2006)。

7.3.2 判定要素的选择

竹林生态系统同其他森林生态系统一样,是一个复杂立体的庞大系统,包含许多因子,对竹林地进行质量等级的预测不可能吸纳所有的因子,必须在其中选择若干能够充分反映竹林地基础特点的因子作为预设的指标因子。在竹林地立地质量等级预测的过程中,由于土壤条件和区位条件等的不同,竹林地质量等级预测的影响因素差异性大,例如在水分较为缺乏的区域,土壤水分是竹林地质量等级预测的主要影响因素,而在多山丘陵区域,坡向,光照等地形气候因素对竹林地质量等级影响较大。

　　当前评价竹林地立地质量,主要评价因子包含气候、土壤和地形3个方面(郭艳荣,2012)。在实际竹林地立地质量评价时,并不是这3个方面都占主导因素,需要根据所研究的立地条件以及研究侧重点的不同,可以同时考虑3个方面的立地因子,也可以具体考虑某几方面的因子或哪几个立地因子对竹林地立地质量的影响,减少实际工作量。

　　1. 气候因子

　　当前研究中气候因子的选择倾向于选择温度和降雨量,此后有学者提出干旱时间(Bravo-Oviedo A et al.,2009)和干燥度指数(Monserud R A et al.,2008)等与温度和降雨量相关的参数。例如在对法国东部百杉林进行立地质量评价时,Seynave引入水分亏损作为一个参量(Seynave I et al.,2005)。这些研究表明,现代林地立地质量评价已经逐渐重视水分因子的重要性,水分因子成为竹林地立地质量评价中一个不可或缺的指标。大气候主要决定着大范围或区域规模上森林植被的分布,而小气候明显地影响树种或群落的局部分布。影响植被分布的主要气候因子是水热条件,我国由北向南,从北纬53°~18°,地跨8个热量带;而且由东向西由于受海洋性气候影响不同,湿度又有很大变化,这种大气候上的差别,形成了迥然不同的森林植被类型。由北向南相应植被类型为寒温带针叶林、温带针阔叶混交林,暖温带落叶阔叶林、亚热带常绿阔叶林及热带季雨林、雨林。从经向看,北部温带湿润的针阔叶混交林向西很快过渡到半干旱、干旱的森林草原和草原。而亚热带经向变化虽没有北方明显,但在云贵高原的东部和西部气候上也是不同的,东部旱季不明显具有湿性的常绿阔叶林,以青冈栎、甜槠、苦槠、丝粟栲和石栎为主;针叶树以马尾松为主;西部干湿季明显,具偏干性常绿阔叶林,以耐旱的滇青冈、高山栲、石栎为主要成分,针叶树以云南松为主。目前,选择气候作为立地因子评价竹林地生产力只能做到较为粗略的水平,单纯利用一个不同气候带(区域)间的生产力进行比较,难以建立较为精确的气候立地因子与森林生长的关系模型。在我们的竹林资源立地研究中,大气候对竹林生产力影响的评价,是通过区域分类以及在分类基础上的分区加以解决的。即对不同分区的竹林生产力分别评价,而后再加以比较分区间同一树种生产力的差别,反映了区域气候的作用。不仅大气候影响竹林资源生产力的变化,竹林内的小气候对竹林生长也有着重要的影响,但由于林内小气候受微地形变化影响,例如不同坡向、坡位影响着土壤物理性质与化学性质的变化,进一步改变竹林林内或林下小气候,因此难以精确地描述小气候因子与竹林地生产力的关系。而且在我们的立地分类中,小气候的作用是通过地形,如坡向、坡位来间接反映的,而且实际上小气候的资料也很难取得。

2. 土壤因子

土壤是竹林生长的基质,也是竹林地立地的基本因子,土壤因子与林木生长的关系在国内外有广泛研究,国外立地的一些早期研究,多是以土壤为主的,日本的立地分类仍以土壤作为基础。土壤性质与竹林生长有十分密切的关系,由于土壤因子受气候、地质、地形等多种因素的影响,不同地理位置、不同立地环境将对土壤的理化性质具有不同的作用效果,因此土壤因子是竹林立地基层分类与评价的重要依据。所以,竹林生长与土壤因子的关系是因地理区域和环境而异。同时,土壤因子众多,它的选择既要科学客观的涵盖竹林木生长所需的重要信息,又不能选择冗余的土壤信息给竹林地立地质量评价带来麻烦,为了能精确地反映森林生长状况,有些学者研究选择适用于林地立地质量评价的土壤立地因子,如土层厚度、裸岩率、pH 值、C/N、含沙量、Ca/Mg(Corona P et al.,2005)、容重、石砾含量、质地、紧实度、腐殖质厚度以及土壤侵蚀程度等(Farrelly N et al.,2011;郭艳荣,2012)。此外,在竹林地立地分类中涉及母岩特性与母岩有关的母质是土壤分类中划分土属的依据。岩性对土壤理化性质有重要影响,而且不同岩性发育的土壤其抗蚀能力及对竹林的经营管理均有所差异,故岩性也作为在立地类型区下划分亚区的一个依据。由于竹林分布在海拔较高、坡度较大的地区,局部竹林资源遭受破坏且水土流失严重,有些土壤发育往往呈现幼年土性状,腐殖质层及土层较薄,有的甚至为缺层土,特别是石灰岩区的土壤,在这样的情况下母岩的性质对竹林生长影响更显出其重要性。关于土壤作为立地质量评价及立地分类的依据,虽在欧洲、日本等地很早就被采用,但是目前国内外许多学者认为,依据单一因素评价立地质量往往效果不高,而且土壤也不直观,勾绘立地图等也不方便,因此除平原地区外,多采用和地形联合起来评价立地质量以及进行立地分类。因此,将土壤和局部地形联合引入评价竹林地立地质量,能更加客观准确地刻画竹林地立地质量等级与现状。

3. 地形因子

说到地形因子,我们不外乎想到坡位、坡度、坡向、海拔、岩石类型等一些地形因子,但有研究表明:在不同坡形的地表侵蚀中,凹形坡面地表侵蚀大于凸形坡面地表侵蚀,且随着坡度的增大侵蚀程度增大(杨丽娜等,2007),这让地形因子的选择又多了一项重要的内容,地表的坡形影响着土壤侵蚀,进而影响竹林的生长环境。地形是间接的生态因子,地形的变化通过影响竹林分布区周围环境的水热因子和土壤条件,例如地球地壳运动形成高山、高原、盆地和谷地,地壳运动引发区域植被类型的变化,因而地形的变化不仅影响到竹林的生长,还会改变该立地的植被覆盖类型,而且与森林生产力密切相关。特别是在地形变化复杂的山地,地形是控制立地环境的主导因子。我国地形多种多样,既有高原高山与低山,也有丘陵盆地与平原,高原和山地约占总面积的 2/3。众多的山脉纵横交错,对气候起到控制与阻隔作用。局部地形对竹林生产力有重要影响,表现为局部地形因子获取容易、具有稳定性;局部地形变化能通过竹林的生长表征出来,与竹林生长呈现具有较强的规律性;局部地形因子能较好地反映局部生态因子综合特征,例如坡向的阳坡与阴坡,坡位的山脊、山坡与山洼。因此,将局部地形因子运用于竹林地立地分类和竹林地立地质量评价具有实践性的意义,因而研究竹林地立地的工作者在划分立地类型和评价立地质量时,可依据局部地形特点进行建立立地因子与竹林的生长的回归方程(黄云鹏,2002)。

4. 植被因子

在山区随海拔升高发生森林植被带(森林植被类型)更替,是反演了垂直气候等立地环境的变化规律,虽然在命名上采用丘陵、低山、中山等中地形反映,但其作为划分立地类型区的重要依据之一(类型区的界线常常根据森林植物分布来确定的),这种不同的垂直分布带在发展树种及森林生产力上有很大差别,有相当于水平带的作用。近 10 年来我国对主要用材树种如杉木、马尾松、落叶松都采用优势木高生长与年龄相关编制地位指数曲线(或表)来评定立地等级(指数级),预估生产力。但以往均采用导向曲线法编制的,通常是一组高生长过程模型相同的比例曲线这种曲线设想一个树种在所有地理位置、地形、土壤条件和所有地位指数级树高生长模型是相似的。现在看来,这种生长曲线不能代表不同立地下林木树高生长真实模型,因而在评定立地质量时精度不高。

竹林生长的优劣本身是竹林地立地质量的"指示计",可以看成竹林生态系统重要特征的综合指标。例如,从早期利用林分平均高判定地位等级演变到后来的林分中优势木的高度判定林地立地质量,这些都是利用森林植被因子来评判林地立地质量的。因为优势木受密度等影响小,而且又与林木生长量密切相关,所以能较好地评定立地质量。竹林生态系统中的森林群落的相对多度与相对大小,在一定程度上都能反映竹林地立地质量的优劣,从乔木层到林下植被的草本层,无论是生态系统的建群种还是非建群种植被,都在不同方面表征着竹林所生长的环境的特点。竹林立地条件由气候(光照、温度、水分、空气等)、土壤(土壤组成、结构、物理及化学性质以及土壤有机物质等)、生物(主要是植被)、地形(山地、丘陵、平原、坡度、坡位、坡向等)诸因素综合形成。根据区域特点,存在主导因子与非主导因子,例如在干旱地区水分(降水量)则是影响竹林林地立地质量的主导因素,因此,选择竹林地立地因子应充分考虑竹林的生物学特性和其特有的环境特征。

7.3.3 竹林地立地质量判定原理

林地立地质量是土壤肥力特性的综合体现,其核心是土壤的生产力,林地立地质量的高低直接影响土壤上植被的生产能力,科学、高效地对林地立地质量进行评价,对指导林地生产具有非常重要的意义。

(一)基于 Fisher 判别法的林地立地质量等级

1. Fisher 判别法原理

当收集到一个新的样本数据,要确定该样本数据应当归于已知类别中的哪一类时,该问题即属于判别分析的范畴。判别分析(Discriminant Analysis),又称为分辨法,是在分类确定的条件下,依据研究对象的各种特征值判别其类型归属的一种多变量统计分析方法。判别分析的基本原理是:按照一定的判别准则,建立一个或者多个判别函数,以研究对象的大量样本资料为基础,确定判别函数中的待定系数,并计算判别指标;依此确定新样本数据的归属。依据数据类型的差异,可将判别分析分为定性数据判别分析与定量数据判别分析;根据判别函数与准则,又包括Fisher 判别分析、Bayes 判别分析、距离判别分析等多种方法。Fisher 判别分析法(Fisher Discriminant Analysis,FDA)由 Fisher 于 1936 年提出,是最为基本的一类判别分析方法,亦称为线性判别分析法,其基本思想是将 k 组 m 维样本数据投影到某一个方向,使投影后各组之间尽可能地分开,依据组内方差尽量小、组间方差尽量大的一元方差分析原则确定判别函数,基于一定的判别准则,确定新样本的归属。

(1)判别函数的建立

设有 k 个总体 $G_t(t=1,\cdots,k)$,从 G_t 中分别选择 n_t 个 m 维的样本,有

$$n = \sum_{t=1}^{k} n_t;$$

$$X_i^{(t)} = [x_{i1}^{(t)}, x_{i2}^{(t)}, \cdots, x_{im}^{(t)}]^{\mathrm{T}}, \quad (i = 1, 2, \cdots, n_t; t = 1, 2, \cdots, k) \quad (7\text{-}1)$$

将 $X_i^{(t)}$ 的数据投影到某一 m 维常数向量 C 上,则各投影点之间的一元线性组合为

$$y(X) = C^{\mathrm{T}} X。 \quad (7\text{-}2)$$

设总体样本 G_t 均值为 $\bar{X}^{(t)}$，k 组总均值为 $\bar{y}$，则

$$\begin{cases} \bar{y}^{(t)} = C^{\mathrm{T}} \bar{X}^{(t)} \\ \bar{y} = C^{\mathrm{T}} \bar{X} \end{cases} \quad (t = 1, 2, \cdots, m) \tag{7-3}$$

式中，

$$\bar{X}^{(t)} = \frac{1}{n_t} \sum_{i=1}^{n_t} X_i^{(t)}; \quad \bar{X} = \frac{1}{n_t} \sum_{t=1}^{k} \sum_{i=1}^{n_i} X_i^{(t)};$$

其余同上。

那么，得到组内方差 E 和组间方差 B：

$$\begin{cases} E = \sum_{t=1}^{k} \sum_{i=1}^{n_t} [C^{\mathrm{T}} X_i^{(t)} - C^{\mathrm{T}} \bar{X}^{(t)}]^2 = C^{\mathrm{T}} W C \\ B = \sum_{t=1}^{k} n_t [C^{\mathrm{T}} \bar{X}^{(t)} - C^{\mathrm{T}} \bar{X}]^2 = C^{\mathrm{T}} U C \end{cases} \tag{7-4}$$

式中，

$$W = \sum_{t=1}^{k} \sum_{i=1}^{n_i} [X_i^{(t)} - \bar{X}^{(t)}][X_i^{(t)} - \bar{X}^{(t)}]^{\mathrm{T}}; U = \sum_{t=1}^{k} n_t [\bar{X}^{(t)} - \bar{X}][\bar{X}^{(t)} - \bar{X}]^{\mathrm{T}}。$$

E、B 的自由度分别为 $n-k$ 和 $k-1$，可知一元方差分析中检验统计量 F 为

$$F = \frac{B/(k-1)}{E/(n-k)} = \frac{C^{\mathrm{T}} U C/(k-1)}{C^{\mathrm{T}} W C/(n-k)} \tag{7-5}$$

式中，F 值越大，表明总体样本 Gt 之间的均值有显著差异，亦使对系数 C 的目标函数值 $\Phi(C)$ 达到最大值：

$$\Phi(C) = \frac{B}{E} = \frac{C^{\mathrm{T}} U C}{C^{\mathrm{T}} W C}。 \tag{7-6}$$

由此，$\Phi(C)$ 的极大值问题转化为求 $W^{-1} \cdot U$ 的最大特征值及相应特征向量问题，其极大值求解方程为

$$|U - \lambda W| - C = 0。 \tag{7-7}$$

记 $W^{-1} \cdot U$ 的非零特征根为 $\lambda_1 \geqslant \lambda_2 \geqslant \cdots \geqslant \lambda_r$，$r \leqslant m$，选择最大特征值 λ_1 及其对应的特征向量 $\hat{C}_1$，则得到判别函数：

$$y(X) = \hat{C}_1^{\mathrm{T}} X。 \tag{7-8}$$

（2）判别准则

判别函数建立后，还需要通过判别准则实现检验对象的归类，判别准则主要有临界值法、Mahalanobis 距离（马氏距离）法、新马氏距离法等（周静芋等，2002）。其

中,马氏距离的应用最为广泛。设任一个要判别归属的样本为 $\widetilde{X}$,其与总体 G_t 的马氏距离为

$$d_t^2 = d_t^2(\widetilde{X}, G_t) = [\hat{C}_1^{\mathrm{T}}\widetilde{X} - \hat{C}_1^{\mathrm{T}}\widetilde{X}^{(t)}]^{\mathrm{T}} \left[\hat{C}_1^{\mathrm{T}}\frac{W^{(t)}}{n_t - 1}\hat{C}_1^{\mathrm{T}}\right]^{-1}$$

$$\cdot [\hat{C}_1^{\mathrm{T}}\widetilde{X} - \hat{C}_1^{\mathrm{T}}\widetilde{X}^{(t)}] \ (t = 1, 2, \cdots, k) \tag{7-9}$$

若满足判别规则 $d_t^2 = \min\{d_j^2\}$,$1 \leqslant j \leqslant k$,即样本 $\widetilde{X}$ 与 G_t 的距离 d_t^2 最小时,判定样本 $\widetilde{X} \in G_t$。

(3) Fisher 判别分析预报模型的检验

假设

$$G_t \sim N_m\left(\bar{y}^{(t)} \ \frac{W}{n-k}\right); \quad t = 1, 2, \cdots, k$$

当假设检验 H_0:接受 $\bar{y}^{(1)} = \bar{y}^{(2)} = \cdots = \bar{y}^{(k)}$,说明不需要建立判别分析预报模型;若 H_0 被拒绝,则需要检验每两个总体间差异的显著性,即 $H_1: \bar{y}^{(i)} = \bar{y}^{(j)}$,$i, j = 1, 2, \cdots, k, i \neq k$,其统计量 F_{ij} 为

$$F_{ij} = \frac{(n-m-k-1)n_i n_j}{m(n-k)(n_i + n_j)}d_{ij}^2 \sim F(m, n-m-k-1) \tag{7-10}$$

式中,$d_{ij}^2 = [\bar{X}^{(i)} - \bar{X}^{(j)}]^{\mathrm{T}} C \left(C^{\mathrm{T}}\frac{W}{n-k}C\right)^{-1} C^{\mathrm{T}} [\bar{X}^{(i)} - \bar{X}^{(j)}]$;其余符号同前。

经检验,如果某两个总体样本的差异不显著,则将其合并,再与剩下的总体样本重新建立判别函数。

2. Fisher 判别流程

图 7-1 是研究中运用 Fisher 判别分析法进行林地质量预测的流程。首先进行第一次 Fisher 判别,把判断结果为 1 的样本筛选出来,让剩余样本进行第二次 Fisher 判别,同时设置阈值 c,把判断结果为 4 且达到阈值条件的样本筛选出来,让剩余样本进行第三次 Fisher 判别,同时设置阈值 d,把判断结果为 3 且达到阈值条件的样本筛选出来,最后进行精度检验。

(二)基于数量化理论的立地质量遥感判定原理

当前林地立地质量的估测主要可归为直接评价法和间接评价法。直接评价法主要是依据现实林地上林分的蓄积量、平均高、优势高等林木生长指标直接评价林地立地质量状况。间接评价则主要有树种代换评价、环境因子评价和以林分的生活因子等间接评价要素来评价林地立地质量。传统中评价林地立地质量的高低最

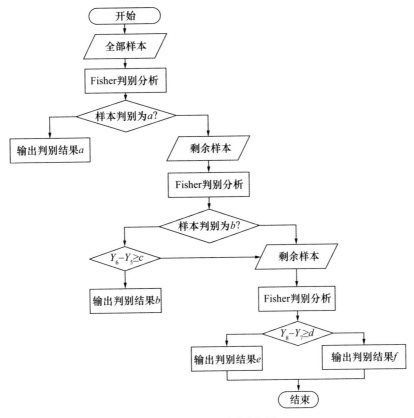

图 7-1　Fisher 判别流程图

常见的方法是采用地位级或数量化立地指数法，评价离不开树种，而且其估测过程主要是依靠投入大量的人力、物力和财力的地面样地调查综合测定，周期相对较长，时效性弱。近年来，随着"3S"技术在林业中的研究发展与应用推广，尤其是利用遥感技术快速、实时的空间信息获取能力与 GIS 技术的空间插值、地统计学等空间分析能力，借助相关数学方法，为森林资源调查、监测与分析提供了重要而有效的技术手段，为林业的可持续发展提供了重要的技术保障。

　　通常所说的数量化理论是由日本学者林知己夫等人于 1950 年提出，吉林大学董文泉、周亚光等于 1979 年引入我国（董文泉等，1979；周亚光等，1988）。该理论是一种处理定性数据和（或）定量数据的多元统计方法。作为多元分析的一个分支，数量化理论在处理变量的性质方面有很大灵活性。定性变量在自然界，特别是在地质研究中是大量存在的，并且有的定性变量甚至起着决定性的作用，或者有些变量很难确切地给它们一个定值，而只能模糊地知道一个范围。利用数量化理论，可将定性变量及其数据,设法按某种合理的原则,实现向定量数据的转化,从而实现以定量数据为基础的预测研究。因此,数量化理论不仅可以利用定量变量,而且可以利用定性变量,从而更充分地利用尽可能搜集的信息,全面研究并发现事物间的联系及规律性。

在数量化理论中,定性变量叫作项目,定性变量的各种不同取值叫作类目,例如,坡体结构叫项目,而横向岸坡、平缓倾内、平缓倾外,缓倾坡内等叫作坡体结构项目的类。当样品在第 i 个项目中第 j 个类目有反应时,记为 1,否则记为 0,定量变量则需标准化处理,使均值为 0,方差为 1。

数量化理论按研究问题目的不同,可分为数量化理论 I、II、III、IV。数量化理论 I 主要是预测、发现事物间的关系式;数量化理论 II 是解决样品的判别分类问题;数量化理论 III 与因子分析、主成分分析类似,是用以分析样品或说明变量中起支配作用的主要因素成分,并据以实现对样品或变量的分类,其中不涉及基准变量;数量化理论 IV 是在对事物之间定义了一种亲近度的前提下,对各事物赋予一个具有内在意义的数值(或向量值),据此对事物进行分类。数量化理论与多元分析中其他方法间的关系,如表 7-1 所示。

表 7-1 数量化理论与多元方法关系

主要目的	基准变量	说明变量	主要方法
预测、发现关系式	定量的	定量的 可兼有定性和定量的	回归分析、典型相关分析 数量化理论 I
样品的分类	定性的	定量的 可兼有定性和定量的	判别分析 数量化理论 II
变量或样品分类	无	定量的 可兼有定性和定量的	主成分分析、因子分析 数量化理论 III、IV、对应分析

1. 数量化理论 I 模型

(1)项目。指数量化理论 I 中的定性变量,如坡向、坡度等。

(2)类目。每个项目下根据不同的研究内容可分为若干等级,如坡向分为阳坡、阴坡等。每个等级称为该项目的一个类目。各个项目应根据研究对象的内容确定类目的个数,可以相等,也可以不等。

(3)反应矩阵。如果某个问题考查了 m 个项目 $x_1, x_2, \cdots, x_m$,第 j 个项目又设 r_j 个类目 $x_{j1}, x_{j2}, \cdots, x_{jm}$,那么共有 $\sum_{j=1}^{m} r_j = p$ 个类目。以此得到 n 个样本,将 n 个样本的观察值排成 $n \times p$ 阶矩阵 $[\delta(j,k)]_{n \times m}$,其中 $\delta(j,k)$ 是第 i 个样本在第 j 个

项目的第 k 个类目上的反应值,该值按如下法则确定:

$$\delta_i(j,k) = \begin{cases} 1 & \text{当第 } i \text{ 个样本属于第 } j \text{ 个项目的第 } k \text{ 个类目} \\ 0 & \text{其他} \end{cases}$$

该矩阵称为反应矩阵 X。

(4)数学模型及解法。假设变量 y 与各项目的类目间的关系遵从以下线性关系:

$$y_i = \sum_{j=1}^{m} \sum_{k=1}^{r_j} b_{jk}\delta_i(j,k) + \varepsilon_i, \quad i = 1,2,\cdots,n \tag{7-11}$$

式中,b_{jk} 是待定常数,ε_i 是第 i 次抽样的随机误差。

(7-11)式称为数量化理论 I 模型。b_{jk} 的确定采用最小二乘法。可以得到:

$$X^{\mathrm{T}}Xb = XTY, \tag{7-12}$$

式中,X 是自变量的反应矩阵;

$$Y = [y_1, y_2, \cdots, y_n]^{\mathrm{T}}; \quad b = [b_{11}, \cdots, b_{1r_1}, b_{21}, \cdots, b_{m1}, \cdots b_{1r_m}]^{\mathrm{T}}。$$

公式(7-12)称为正规方程,其中,$X^{\mathrm{T}}X$ 是一个退化矩阵,在一般情况下有无穷多解。可以证明,虽然正规方程有无穷组解,但对于任意一组解,预测值是相同的。

(5)预测精度。由于数量化理论 I 与回归分析基本相同,复相关系数与偏相关系数仍然分别是衡量预测精度与各项目对预测贡献大小的重要统计量,只是计算方法略有区别。复相关系数即预测值与实测值的相关系数,计算方法与多元回归相似,

$$r_{\hat{y}y} = \sqrt{\frac{\sigma_{\hat{y}y}^2}{\sigma_y^2 \sigma_{\hat{y}}^2}} = \frac{\sigma_{\hat{y}}}{\sigma_Y}。 \tag{7-13}$$

在数量化理论 I 中,将每个项目视为一个变量,为了计算偏相关系数,将

$$X_i^{(r_j)} = \sum_{k=1}^{r_j} b_{jk}\delta_i(j,k), \quad j = 1,2,\cdots,m$$

看作是第 i 个样本在第 j 个项目上的定量数据,这样可以求得项目与项目、项目与因变量之间的单相关系数,并得到相关矩阵 R。然后可以求得因变量与第 j 个项目的偏相关系数:

$$\rho_{y,j} = \frac{-r^{jn+1}}{\sqrt{r^{jj}r^{m+1m+1}}}, \quad j = 1,2,\cdots,m。 \tag{7-14}$$

在实际应用中,还可以用各项目的范围 range 来衡量各项目对预测的贡献。范围越大,说明第 j 个项目对预测值的贡献越大

$$\text{range}(j) = \max_{0 \leqslant x \leqslant 1} b_{jk} = \min_{1 \leqslant k \leqslant r_j} b_{jk}, j = 1, 2, \cdots, m_{\circ} \qquad (7\text{-}15)$$

2. 技术流程如图 7-2 所示。

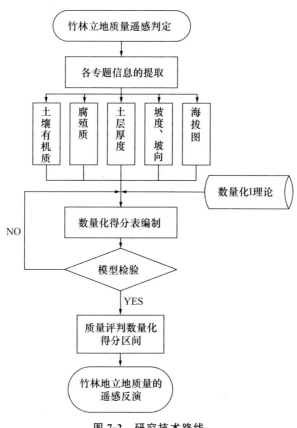

图 7-2　研究技术路线

7.4　案例分析

7.4.1　研究区概况

　　永安位于福建省中部偏西,地理坐标为东经 $116°56' \sim 117°47'$,北纬 $25°33' \sim 260°12'$,隶属三明市,是全国南方 48 个重点林区县(市)之一。永安地处武夷山脉和戴云山脉之间过渡带,闽中大谷地南端,东部和西南部属于砒帽山脉的中山山地,西北部属于武夷山南坡的中山山地,素有"九山半水半分田"之称。全市主要山峰 159 座,海拔 1000 m 以上高山 84 座,最高峰是罗坊大丰山主峰棋盘山,海拔

1705.7 m。全市国土面积 29.55×10⁴ hm²，其中林业用地面积 25.51×10⁴ hm²，占土地总面积的86.7％；在林业用地中，有林地面积 23.65×10⁴ hm²，占林业用地面积的 92.9％，森林覆盖率为 83.2％，林木总蓄积 2228.9×10⁴ m²。

7.4.2　竹林立地质量遥感监测因子选择及确定

立地质量的划分是森林立地分类的基本单位，是林地生产力判定的依据，当中关键的一步是主导因子的拟定和选择。作为自然地理综合体之一，林地立地质量是自然地理发展的产物，是自然地理综合体不断分化的结果。土壤腐殖质层和土壤有机质是土壤的重要组成成分，是表征土壤质量的重要因子，能反映出气候、植被、水土保持等状况，是衡量土壤肥力的重要指标之一。土层厚度直接影响林地土壤养分库的容量和林木根系的生长，对林木生长发育、养分吸收和生物量等均有显著影响。而且土壤有机质是土壤内部生物化学演变、能量转换的具体结果，这一系列过程均依附于土壤的自然承载体。海拔高度不同反映立地条件在垂直方向上的变化，由于气候—土壤条件变异，在不同海拔内，树木生长期、生长率及形态特征均有差别。同一海拔条件下，地形位置不同，太阳辐射强度和日照时数不等，使不同坡向的水热状况和土壤理化特性有着较大差异。如在阳坡地段，林分生长最好，阴坡生长最差。坡度主要影响土壤水肥条件的再分配和区域的水土流失，而土壤侵蚀是区域受地形因子影响、水热条件差异、植被状况等综合作用结果，反映了区域营林树种选择的依据之一，坡度陡易导致土壤流失、土壤养分散失（杨文姬等，2004；赖日文等，2007；赖日文等；2008；陶国祥，2005）。为此，研究选择土壤有机质含量、土层厚度、土壤腐殖质层、坡向、海拔、坡度 6 个因子作为评价森林立地质量的主导因子。

土壤有机质划分标准根据福建省土壤有机质含量养分级别确定，海拔高度、土层厚度、坡向和坡度的划分标准根据福建省闽江流域为丘陵山区特点确定，并结合森林一类调查技术规定及参考刘健、张晓丽等划分标准（刘健，2006；王永昌等，2007），建立研究区域立地地质量分类标准表，结果见表 7-2。

表 7-2　立地质量主导因子分类标准表

项目	类目								
	1	2	3	4	5	6	7	8	9
X_1	薄(<10)	中(10~20)	厚(≥20)						
X_2	薄土层 (<40)	中土层 (40~80)	厚土层 (>80)						
X_3	北坡 (338~22)	东北坡 (23~67)	东坡 (68~112)	东南坡 (113~157)	南坡 (158~202)	西南坡 (203~247)	西坡 (248~292)	西北坡 (293~337)	平地(<5)
X_4	<500	500~ 1000	1000 ~1500	≥1500					
X_5	极缺 (<10)	缺 (10~30)	一般 (>30)						
X_6	缓坡 (<15)	斜坡 (15~25)	陡坡 (≥25)						

注：X_1—腐殖质层厚度，X_2—土层厚度，X_3—坡向，X_4—海拔高度，X_5—土壤有机质，X_6—坡度

7.4.3　遥感监测因子专题信息的提取

（一）竹林土壤有机质专题信息

基于 NDVI 指数图，利用采集样点测定的有机碳相关数据和气象因子专题图，根据 CASA 模型(卡萨生物圈模型)测定区域的植被净第一生产力(NPP)，利用 NPP 及相关气象因子，反演出与竹林土壤有机碳储量有密切关系的土壤基础呼吸空间分布图，建立实测竹林土壤有机碳含量与相应区域的土壤基础呼吸二者的关系模型，实现基于遥感与碳循环过程模型的土壤有机碳估算(周涛等，2007)，根据国家规定的相关换算标准，反演出以栅格为单位的有机质含量，测算并反演出区域竹林土壤有机质含量分布。

（二）土层厚度专题信息

以实地调查测定的土壤土层厚度数据、遥感影像图和 DEM 数据图为基础数据，在地质统计学和地理信息系统的支持下，结合竹林地分类图进行模糊 ISODATA 聚类分析，并结合多元逐步回归建立土层厚度方程，对于空白值区域结合普通克里格插值法，实现竹林地土层厚度的反演及其专题图的制作，利用小班土层厚度进行检验。

（三）腐殖质层专题信息

采用实测样地调查数据通过 GIS 软件的插值功能，对比多种插值结果的精度，选取泛克里格插值，实现腐殖质层厚度的反演并制作腐殖质层专题图。

（四）坡度、坡向和海拔图

利用研究区 DEM 数据，通过 GIS 软件实现专题信息提取并制作专题图(图 7-3~图 7-8)。

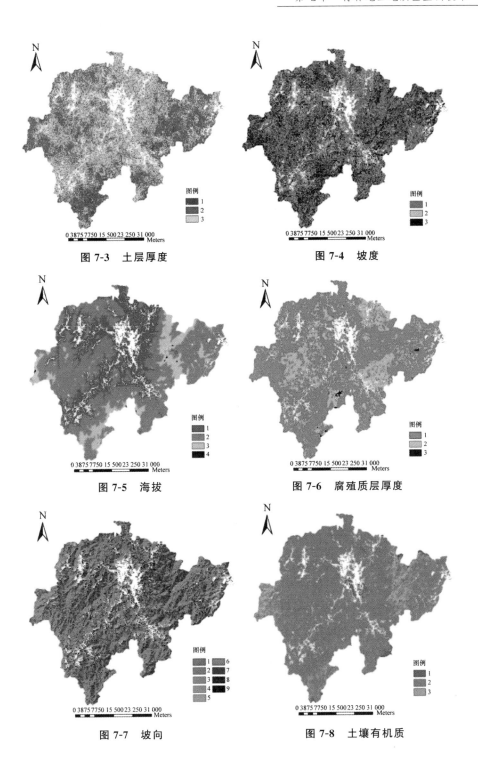

图 7-3　土层厚度

图 7-4　坡度

图 7-5　海拔

图 7-6　腐殖质层厚度

图 7-7　坡向

图 7-8　土壤有机质

（五）数量化得分表的编制

以各样地传统立地质量Ⅰ、Ⅱ、Ⅲ和Ⅳ 4 个各等级值为因变量,研究所确定的腐殖质层厚度、土层厚度、坡向、海拔高度、土壤有机质和坡度 6 个因子为自变量。利用朗奎健、唐守正编制的"多元数量化模型Ⅰ"程序利用数量化Ⅰ理论式(7-16)进行建模,首先对所选的 6 个项目(主导立地因子)进行运算,根据运算结果对偏相关系数进行 T 检验,把差异不显著和偏相关系数较小的项目删除,然后再对剩下的项目继续核对运算,得到 6 个预测方程,为了清楚地表达各个项目中所有类目的得分值,用数字来表示预测方程,即编制数量化立地质量得分表,见表 7-3。

$$y = \sum_{i=1}^{m} \sum_{j=1}^{r_i} b_{ij} \delta_{v(ij)} + \delta_v \quad (v = 1, 2, 3, \cdots, n) \tag{7-16}$$

式中,y 为因变量,b_{ij} 为 i 项目 j 类目的系数(即称得分),δ_v 是观察中的随机误差,$\delta_{v(ij)}$ 为类目的反应矩阵。

表 7-3　数量化立地等级得分表

项目	类目	各因子得分					
		坡度	有机质	海拔	坡向	土层厚度	腐殖质层
X_1	<10	−0.4550	−0.4793	−0.4794	−0.5051	−0.4835	−0.2055
	10~20	0.5061	0.4772	0.4672	0.4431	0.4768	0.7857
	>20	0.0000	0.0000	0.0000	0.0000	0.0000	0.0000
X_2	薄土层(<40)	−1.5722	−1.5915	−1.6034	−1.6968	−1.7155	
	中土层(40~80)	−0.1127	−0.1304	−0.1228	−0.1263	−0.1440	
	厚土层(≥80)	0.0000	0.0000	0.0000	0.0000	0.0000	
X_3	北坡(338~22)	0.1176	0.0547	0.0877	0.1080		
	东北坡(23~67)	0.3141	0.2306	0.2889	0.3059		
	东坡(68~112)	0.1816	0.0881	0.1600	0.1688		
	东南坡(113~157)	0.2969	0.2049	0.2798	0.3206		
	南坡(158~202)	0.1914	0.1263	0.2106	0.2087		
	西南坡(203~247)	0.0022	−0.0681	−0.0173	0.0206		
	西坡(248~292)	0.3193	0.3107	0.3450	0.3634		
	西北坡(293~337)	0.2127	0.1476	0.1740	0.1664		
	平地(<5)	0.0000	0.0000	0.0000	0.0000		
X_4	<500	0.7129	0.6726	0.6153			
	500~1000	0.7489	0.7286	0.6451			
	1000~1500	0.7599	0.7592	0.7096			
	1500<	0.0000	0.0000	0.0000			

（续表）

项目	类目	各因子得分					
		坡度	有机质	海拔	坡向	土层厚度	腐殖质层
X_5	极缺（<10）	0.1351	0.1831				
	缺（10~30）	−0.1387	−0.1342				
	一般（>30）	0.0000	0.0000				
X_6	缓坡（<15）	0.0598					
	斜坡（15~25）	0.1878					
	陡坡（25<）	0.0000					
	B0	2.3434	2.5060	2.4255	3.0683	3.2509	2.7500
	复相关系数	0.7741	0.7700	0.7631	0.7568	0.7464	0.5410
	剩余方差	0.3017	0.3065	0.3145	0.3217	0.3335	0.5324
	Y-方差	0.7528	0.7528	0.7528	0.7528	0.7528	0.7528
	F 检验值	38.3766	45.1537	54.36643	70.1423	99.3472	65.7990

7.4.4 模型检验

（一）复相关系数 R 的 F 检验

复相关系数愈大，说明对 y 的预估愈好，否则反之。但是复相关系数大小与项目、类目及样地数量有关，通过 F 检验，各相关系数的 F 检验值，最小的为第 6 项自变量项目，F 为 38.3766，最大的为第 1 项自变量项目，F 为 65.7990，均大于指定的 $F_{0.05}$，说明这 6 个预测方程相关紧密。

（二）偏相关系数 r_u 的 T 检验

偏相关系数 r_u 是扣除 X_u 以外的其他自变量影响之后 X_u 与 Y_i 的相关，用偏相关系数计算的 t_u 为 T 值，T 值越大该因子愈重要。根据经验当 T>1 时，就有一定的影响；T>2 时，可以看作是主要因子，研究分析检验结果，见表 7-4。

表 7-4 偏相关系数及显著性检验

项目数	评定指标	坡度	有机质	坡向	海拔	土层厚度	腐殖质层
6	偏相关系数	0.6368	0.6317	0.6237	0.6201	0.6186	0.5410
	T 值	10.2494	10.1464	9.9656	9.9051	9.8953	8.1117
5	偏相关系数	0.5848	0.5876	0.5868	0.6172	0.6133	
	T 值	8.9466	9.0399	9.0502	9.8292	9.7609	
4	偏相关系数	0.1830	0.1920	0.1932	0.1887		
	T 值	2.3096	2.4367	2.4591	2.4070		

（续表）

项目数	评定指标	坡度	有机质	坡向	海拔	土层厚度	腐殖质层
3	偏相关系数	0.1732	0.1714	0.1526			
	T值	2.1820	2.1665	1.9280			
2	偏相关系数	0.1480	0.1654				
	T值	1.8576	2.0881				
1	偏相关系数	0.1337					
	T值	1.6739					

7.4.5 传统立地质量评判数量化得分区间确定

（一）数量化得分值分等级区间确定

传统的立地质量等级即Ⅰ、Ⅱ、Ⅲ、Ⅳ4个等级,是基于地面调查综合评判的定性结果。研究通过数量化理论实现林地立地质量的定量化估测。为检验研究估测的结果即各样地得分值与传统的立地质量等级的对应关系,以增强林地产质量遥感反演体现传统Ⅰ、Ⅱ、Ⅲ、Ⅳ4个等级的可靠性,研究依据样本数据的得分值总体趋势,将其值组合为4个数值范围,编制成表,见表7-5。

表7-5 数量化立地质量等级评价表

得分等级	各项目得分总值						立地质量等级
	X_1	X_2	X_3	X_4	X_5	X_6	
1	1.91~0.96	2.04~1.20	1.90~1.14	1.75~1.10	1.91~1.45	0.21~0.01	Ⅰ
2	0.96~0.05	1.20~0.36	1.14~0.39	1.10~0.44	1.45~0.99	0.01~−0.19	Ⅱ
3	0.05~−1.1	0.36~−0.48	0.39~−0.36	0.44~−0.22	0.99~0.53	−0.19~−0.39	Ⅲ
4	−1.1~−2.17	−0.48~−2.17	−0.36~−1.87	−0.22~−1.53	0.53~−1.40	−0.39~−0.79	Ⅳ

（二）立地质量遥感评判的精确分析

利用立地质量等级评价表,可实现竹林立地质量的评价。先在"数量化立地质量得分表"中查算某个立地类型的得分值的代数和(即"得分总值"),再在"评价表"中寻找其"得分总值"着落的位置,就可确定其立地类型质量的级别。如从小班调查数据库中调某个小班的立地条件是:树种,海拔1500 m,坡度30°,坡向等级为3,腐殖质层厚度为5 cm,土层厚度39 cm,有机质14.2202 g/kg。则查数量化立地质量得分表,其得分代数和为

$$0+0+0.1816-0.455-1.5722-0.1387=-1.9843$$

这个代数和就是这一小班的立地质量的得分值,由在"评价表"中的位置,可知

这一小班的立地类型级别为Ⅳ,立地质量评价等级为 4。用同样的方法,可以 5 个、4 个、3 个、2 个或 1 个因素查数量化立地质量等级评价表相应的类目得分值,进而判定各小班的立地质量等级。对林地质量进行预测和评价,随机抽取大样本检验精度,通过数量化得分的定性归类,与传统的立地质量等级进行对照,通过研究构建的竹林立地质量得分表实现传统立地质量的评判精度的提高。

7.4.6　林地立地质量的反演

利用研究所建立的土壤有机质图、土层厚度图、腐殖质层图和 DEM 数据派生的海拔图、坡向图和坡度图,结合研究数量化得到的各立地因子得分值,通过 ER-DAS 的 model 中的条件函数和加和功能函数,实现永安竹林地立地质量的反演并制图。

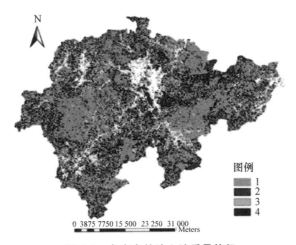

图 7-9　永安市林地立地质量等级

研究选用了土壤有机质、土层厚度、腐殖质、海拔、坡向和坡度 6 个定子,通过数量化理论,编制了可体现传统立地质量的得分表,验证精度为 81%。林地立地质量是森林经营管理的重要依据之一,本书探讨林地质量的遥感快速测定技术,摆脱当前研究中较多研究对林地立地质量评价离不开树种的难点,构建传统立地质量的遥感定量化反演技术,这种遥感技术的大尺度反演技术,实现了传统立地质量限于地面调查的不足,现实性强,省时、省力,对于利用遥感时间上的优势反映区域林地立地质量的变化具有重要的意义。另外,研究基于遥感技术,结合地面资料,实现了林下土壤有机质的估测、土层厚度的估测,相对于基于 GIS 插值法,各估测结果精度有了较好提高。研究中腐殖质层主要是基于 GIS 技术插值反演,对估测结果有一定的影响。同时,区域林地立地质量受水、热等多个影响因素,在林地立地质量的评判中,如何应用遥感技术,结合插值技术探讨腐殖层反演,辅助于水热条件因子,是今后应用遥感技术、地理信息系统技术估测林地立质量和提高估测精度探讨和研究方向领域。

实现技术流程如图 7-10 所示。

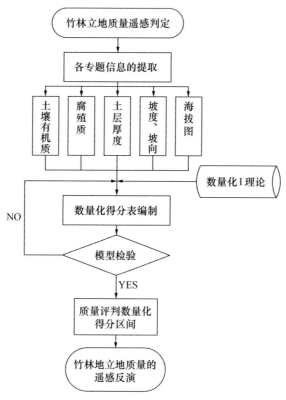

图 7-10　竹林立地质量遥感判定

7.5　本 章 小 结

竹林地立地质量是有效反映竹林地生产的综合指标,它是诸多竹林地立地因子的综合,在实际的竹林立地分类与评价中,如果能全面地将立地因子考虑其中,对我们精确定量竹林地生产力水平具有重要作用。然而,由于实地调查与林地因子的获取十分困难,有效选择影响面最广与影响程度最大的竹林地立地因子,诸如坡向、土层厚度、地下水位的竹林生活因子；以及根据竹林的生物学特性确定竹子生长的主要限制因子，这不仅对竹林地立地质量评价起到至关重要的作用，也减少了一大部分的调查成本并提高了效率。当前，竹产业具有很大的发展空间，科学的把握竹林立地质量，定量评价立地的优劣，为适地适树提供依据。形成竹林立地质量判定标准，实现对竹林地将来的生产力以及生长效果进行预估，把握竹林地立地环境的空间分布规律与演变趋势，这对对竹林产业经营起到十分重要的保障作用。

立地质量是竹林经营管理的重要依据之一，本章着重介绍了传统森林立地质量的判定方法，可概括为直接评价法和间接评价法两大类，其中包含以地位级表、地位指数、林分材积为评价指标的直接评价方法和以立地条件类型、数量化地位指数为评价指标的见解评价方法。通过分析毛竹林生长环境需求，介绍气候因子、土壤因子、地形因子与植被因子等多因子对竹林地立地质量的影响，结合 Fisher 判别法以及数量化判定法探讨其应用于竹林地质量的遥感快速测定技术，摆脱当前研究中较多研究对林地立地质量评价离不开树种的难点，构建传统竹林立地质量的遥感定量化反演技术，这种遥感技术的大尺度反演，弥补了传统立地质量限于地面调查的不足，现实性强，省时、省力，对于利用遥感时间上的优势反应区域的竹林立地质量的变化具有重要的意义。

参 考 文 献

Anderson D W.，Early stages of soil formation on glacial till mine spoils in a semi-arid climate. Geoderma，1977，19：11－19.

Bowman R A，Reeder J D，LoberChanges in soil properties in a central plains rangeland soil after3，20，and 60 years of cultivation. Soil Science，1990，150(6)：851－837.

Bravo-Oviedo A，Gallardo-Andrés C，Río M D，et al. Regional changes of Pinus pinaster site index in Spain using a climate-based dominant height model[J]. Canadian Journal of Forest Research，2009，40(10)：2036－2048.

Carmean W H.，Forest site quality evaluation in the United States[J]. Adv Agron，1975，27：207－269.

Clutter J L，Fortson J C，Pienaar L V，et al. Timber management：a quantitative approach [M]. NewYork：Wiley New York，1983.

Corona P，Dettori S，Filigheddu M R，et al. Site quality evaluation by classification tree：an application to cork quality in Sardinia[J]. European Journal of Forest Research，2005，124(1)：

37 - 46.

Daubenmire R F. The use of vegetation in assessing the productivity of forest land[J]. Bot Rev, 1976, 42(2): 115 - 143.

Dearden F M, Dehlin H, Wardle D A, et al. Changes in the ratio of twig to foliage in litter-fall withspecies composition, and consequences for decomposition across a long term chronose-quence[J]. Oikos, 2006, 115(3): 453 - 462.

Farrelly N, Á Ní Dhubháin, Nieuwenhuis M. Site index of Sitka spruce (Picea sitchensis) in relation to different measures of site quality in Ireland[J]. Canadian Journal of Forest Research, 2011, 41(2): 265 - 278.

Feng Z., Chen C., Wang K. Studies on the accumulation, distribution and cycling of nutri-ent elements in the ecosystem of the pure stand of subtropical Cunninghamia lanceolata[J]. Acta Phytoecological etCeobotonica Sinic, 1985, 9: 245 - 257.

Hagglund B., evaluation of forest site productivity[C]. 1981.

Hallberg G R, Wollenhaupt N C, Miller G A. A century of soil development in spoil derived from loessin Iowa[J]. Soil Science Society of America Journal, 1978, 42: 339 - 343.

Hartig G L., Anweisung zur Taxation der Forste, oiler zur Bestimmung des Holzertrags der Walder: Ein Beytrag zur hoheren Forstwissenschaft: Nebst einer illuminirten Forst-Charte and mehreren Tabellen[M]. Germany: Heyer, 1795.

Jones M D., Effects of Disturbance History on Forest Soil Characteristics in the Southern Appalachian Mountains, in Crop and Soil Environmental Sciences[D]. Doctoral Dessertation Vir-ginia Polytechnic Institute and State University, 2000.

Monserud R A, Yang Y, Huang S, et al. Potential change in lodgepole pine site index and distribution under climatic change in Alberta[J]. Canadian Journal of Forest Research, 2008, 38(2):343 - 352.

Sager E J., Using experimental manipulation to assess the roles of leaf litter in the functio-ning of forestecosystems[J]. Biological Reviews, 2006, 81(1): 1 - 31.

Seynave I, Gégout J C, Hervé J C, et al. Picea abies site index prediction by environmental factors and understorey vegetation: a two-scale approach based on survey databases[J]. Canadian Journal of Forest Research, 2005, 35(7):1669 - 1678.

Spurr S H, Barnes B V Forest ecology[M]. New York, NY: John Wiley and Sons, 1980.

Tonitto C, David M B, Drinkwater L E. Replacing bare fallows with cover crops in fertili-zer-intensivecropping systems: A meta-analysis of crop yield and N dynamics[J]. Agriculture Ecosystems&Environment 1, 2006, 12: 58 - 72.

Walker T W, Syers J K. The fate of phosphorus during pedogenesis[J]. Geoderma, 1976,

15(1)：1－19.

Wyland L J，Jackson L E，Chaney W E，et al. Winter cover crops in a vegetable cropping system：Impactson nitrate leaching，soil water，crop yield，pests and management costs[J]. Agriculture Ecosystems&Environment，1996，59：1－17.

董文泉，周亚光，夏立显. 数量化理论及其应用[M].长春:吉林人民出版社,1979.

范小洪，徐东.森林立地分类及立地质量评价[J].四川林业科技,1995,16(2):61－64.

付满意.梁山慈竹和料慈竹立地类型划分与立地质量评价[D].西南林业大学,2014.

巩垠熙.多元林业信息融合的立地知识发现研究[D].北京林业大学,2013.

郭艳荣，吴保国，刘洋，等.立地质量评价研究进展[J].世界林业研究,2012,05:47－52.

何艺玲.不同类型毛竹林林下植被的发育状况及其与土壤养分关系的研究[D].中国林科院. 2000.

黄礼祥.坡位对毛竹生长的影响[J].广东林业科技,2005,21(1):66－68.

黄云鹏.森林培育学[M].北京:高等教育出版社,2002.

赖日文，刘健，余坤勇.闽江流域森林生产力遥感空间分区[J]. 福建农林大学报（自然科学版）,2008,37(5):491－495.

赖日文,刘健,余坤勇,等.基于遥感和GIS的森林生产力空间格局与分异[J].福建林学院学报,2007,27(4):360－364.

赖日文.基于RS与GIS技术闽江流域森林生产力和森林资源利用评价研究(D).北京林业大学博士学位论文,2007.

李正才,傅愚毅,谢锦忠,等.毛竹竹阔混交林群落地力保持研究[J].竹子研究汇刊,2003,22(1):32－37.

刘广路.毛竹林长期生产力保持机制研究[D].中国林业科学研究院,2009.

刘广全,土小宁,赵士洞,等.秦岭松栎林带生物量及其营养元素分布特征.林业科学,2001,37(1):28－36.

刘健.基于"3S"技术闽江流域生态公益林体系高效空间配置研究[D].北京林业大学博士学位论文,2006.

刘应辉,朱颖彦,苏凤环,王春振.基于地层岩性的崩塌滑坡敏感性分析——以"5·12"震后都汶公路沿线为例[J].水土保持研究,2009,16(3):125－130.

马明东,江洪,刘世荣,等.森林生态系统立地指数的遥感分析[J].生态学报,2006,26(9):2810－2816.

孟宪宇.测树学[M].北京:中国林业出版社,2006.

聂道平,朱余生,徐德应.林分结构、立地条件和经营措施对竹林生产力的影响[J].林业科学研究,1995,8(5):564－569.

彭九生,黄小春,程平,等.江西毛竹林土壤肥力变化规律初探.世界竹藤通讯[J].2003,

1(4)：37－42.

陶国祥.森林系统立地学的研究[M].昆明：云南科技出版社,2005.

汪笑安.旺业甸实验林场立地分类与质量评价研究[D].北京林业大学,2013.

王超群.人工林立地质量评价系统的研建[D].北京林业大学,2013.

王永昌,张金池.基于遥感技术的云台山立地分类及质量评价[J].南京林业大学学报(自然科学版),2007,31(1)：85～89.

王照利,黄生,张敏中等.森林资源调查中SPOTS遥感图像处理方法探讨[J].陕西林业科技,2005,(1)：27－29.

吴家森,周国模,钱新标,等.不同经营类型毛竹林营养元素的空间分布[J].浙江林学院学报,2005,22(5)：486－489.

吴见,彭道黎.高光谱遥感林业信息提取技术研究进展[J].光谱学与光谱分析,2011,31(09)：2305－2312.

吴蓉,汪奎宏,何奇江,等.不同立地级毛竹笋用林施肥效果分析.西南林学院学报[J].2001,21(4)：210－215.

项文华,田大伦,闫文德,等.第2代杉木林速生阶段营养元素的空间分布特征和生物循环[J].林业科学,2002,38(2)：2－8.

杨丽娜,范昊明,郭成久,等.不同坡形坡面侵蚀规律试验研究[J].水土保持研究,2007(A04)：237－239.

杨文姬,王秀茹.国内立地质量评价研究浅析[J].水土保持研究,2004,11(3)：289－292.

余坤勇,刘健,赖日文,等.基于"3S"技术闽江流域杉木商品林林地质量测定研究[J].福建林学院学报,2009,29(4)：326－331.

余坤勇.林地生产力演变遥感监测研究[D].福建农林大学,2012.

余新晓,廿一敬,等.水源涵养林研究与示范[M].北京：中国林业出版社,2007.

张浩宇.关帝山林区油松天然林生长截距模型及林分优势高生长过程研究[D].山西农业大学,2005.

张小泉,陈永富,华网坤,等.太行山森林立地分类质量评价[A].中国林业科学研究院林业研究所.太行山适地适树与评价研究报告集[C].北京：中国林业出版社,1993：110.

郑蓉,陈开益,郭志坚,等.不同海拔毛竹林生长与均匀度整齐度的研究[J].江西农业大学学报,2001,23(2)：236－239.

周芳纯.竹林培育和利用[M].南京林业大学竹类研究编委会.1998.

周静芋,宋世德,郭满才.常用费歇判别准则的比较[J].西北农林科技大学学报(自然科学版),2002,05：121－123.

周涛,史培军,罗巾英,等.基于遥感与碳循环过程模型估算土壤有机碳储量[J].遥感学报,2007,11(1)：127－136.

周亚光,赵振全.多元统计方法[M].长春：吉林人民出版社,1988：12.

第八章 竹林地土壤肥力监测技术

　　土壤肥力是林地承载着林木生长、稳定区域生态系统、林农林木经营获取经济效益的重要基础,监测、获取林地土壤肥力,不仅能为林木的可持续经营积累重要基础数据,也能极大促进林地的优化利用。竹林资源,尤其是毛竹以分布广、生长速度快的特点和经济效益显著的优点,成为南方集体林区林农的重要经济支撑。但受毛竹生长速度、人为经营强度大等因素影响,毛竹资源对林地土壤肥力的需求与其他乔木林分存在着较大的年份差异和空间分异,需要更精准的林地土壤肥力基础数据和林地土壤施肥方案。监测、获取毛竹林地土壤肥力,对于指导林农林地施肥、优化林地经营和利用具有重要意义。但受山区陡峻地形条件、林木生长周期较长、人力投入及测定艰苦性等众多因素影响,当前毛竹林地土壤肥力的测定主要采用的是传统森林经营过程中的立地质量等级的粗放测定,不能像农田那样实施精准化测定,极大地限制、阻碍了毛竹林地的精准施肥经营和科学利用(杨文姬,2004;余坤勇,2009)。目前,林业调查中林地土壤肥力含量的调查方法主要是实地取样,取样之后进行大量的传统化学实验与物理实验。不仅耗时、耗费人力,还由于林地实地调查难度较高、取样过程复杂、步骤繁琐、造成误差的不可控因素较多,造成传统调查的数据误差大、时效性差、人力物力资源浪费严重,且因实地调查往往需要取样或伐木,在一定程度上会对森林的生态系统造成破坏,影响森林生态系统固有的平衡模式。遥感技术的发展,为森林资源及林地的使用等监测和应用提供了重要的技术手段。

　　应用于土壤肥力测定,与传统的土壤肥力评价的方法相比,遥感技术具有快速、准确、无破坏等显著的优势,可进行大尺度宏观监测。最早利用遥感技术进行土壤肥力进展动态监测是 Al-Abbas(1972)和 Baumgardner(2002),他们利用航空遥感影像光谱特征建立土壤有机质含量与可见光或近红外区间波段的光反射率的直线或曲线模型(Al-Abbas A Het al.,1972;Baumgardner M F et al.,1970)。而Ben-Dor 以土壤近红外波段光谱对黏土含量、表面积、阳离子交换量、湿度、有机质以及碳酸盐6种土壤重要属性进行估算(Ben-Dor E et al.,1995)。20世纪80年代初,我国首次利用遥感技术,进行了第二次土壤普查。徐冠华、徐吉炎等利用遥感技术,对防护林地区的土地、森林资源的调查与评价工作(徐冠华等,1988)。随后遥感技术被广泛运用土壤肥力的研究,并取得了一定的成果。沙晋明等,以土壤肥力物质基础的光谱特性为基础理论,提出了土壤黑度值这一概念,讨论了黑度值与土壤各属性之间的相关关系,证明了黑度值在遥感上的应用性(沙晋明,1996)。徐永明、蔺启忠,黄秀华等对土壤的室内的反射率光谱进行研究表明土壤反射率与反应土壤氮元素之间存在较为明显的相关关系(徐永明等,2005)。刘焕军等人为研究黑土典型地区的土壤有机质含量与土壤反射率之间的定量关系,建立黑土地典型区域的SOM遥感预测模型,为土壤肥力评价工作提供了理论依据和技术支持(刘焕军等,2011)。结合遥感技术构建土壤肥力评价模型的研究日益受到学者重视。例如方琳娜等借鉴压力—状态—响应思想建立了基于遥感技术的耕地肥力评价体系(方琳娜等,2008);刘世峰等建立植被指数与土壤肥力的关系模型,结果表明植被指数监测水田土壤肥力是可行的(刘世峰等,2010);孙希华利用遥感和地理信息系统技术,建立土地生产力与综合肥力之间的数学模型,实现对土地生产力水平的定量化评价(孙希华,2001)。

从当前研究可以看出土壤肥力遥感监测的方法是指从遥感数据中获取有用的信息来反演土壤肥力。通过从土壤光谱和植被光谱中提取与土壤肥力相关性高的指标,对于光谱特征指标的选取,往往采用原始光谱的变换形式作为光谱特征指标。一些学者以光谱的形状特征参数作为土壤肥力光谱特征指标。卢艳丽等(2010)对土壤样品实测光谱进行不同的变换,构建了黑土土壤全氮高光谱预测模型。植被指数也是反映土壤肥力光谱特征的重要指标之一,例如归一化植被指数、土壤调节植被指数、比值植被指数等都与土壤质量存在着显著的关系。潘文超等(2010)建立棉花冠层光谱的不同氮素含量估测模型,证明了利用植被的冠层光谱监测土壤氮含量的可行性。研究表明土壤速效氮与归一化植被指数、比值植被指数和转换型调节植被指数均有较高的相关性(薛利红等,2006)。当前构建反演模型的方法多为统计学方法,最为常见的方法有多元统计回归和逐步多元回归分析方法。偏最小二乘和主成分分析也是土壤质量反演的常见方法。郑立华、李民赞等(2009)以研究区植被特征光谱建立土壤参数偏最小二乘回归模型,很好地预测了研究区的土壤肥力。近年来神经网络方法也运用于土壤肥力预测,研究表明神经网络方法对土壤肥力的预测精度高于其他的方法。

8.1　竹林地土壤肥力遥感间接估测理论基础

首先,土壤养分含量变化直接影响林分叶片养分含量的生长,叶片养分含量水平是植被生长状态的综合体现,也是承载着林木生长的林地土壤肥力差异的重要体现。科学实践证明,植物生长所必需的营养元素有 16 种,其中碳、氢、氧、氮、磷、钾为大量营养元素(刘长有,2004)。我国的毛竹生长要求温暖湿润的气候条件,较为充沛的降水,对土壤的要求也高于一般树种。郑德华(2014)对 7 种不同土壤类型与毛竹生长的关系进行研究,如用毛竹新竹胸径的大小为评价指标,新竹胸径从大到小排列为:黄泥土＞红土＞紫色土＞红壤＞黄红壤＞黄壤＞水稻土。氮成分是毛竹叶片中重要的生化组分,参与毛竹体内多项生理代谢过程,是毛竹营养和产量的重要影响因子,对体现毛竹林地土壤肥力的有机质、全氮等养分具有重要的指示作用(朱元洪等,1991;陈志阳等,2009;廖青,2010)。已有研究指出,植被叶片的氮含量可以指示土壤的肥力丰缺情况(翟清云等,2013;谢福来等,2016;张志才等,2016)。有研究分析了土壤和四季竹的叶片氮、磷含量及叶片叶绿素含量间的关系,结果表明,土壤全氮比全磷对叶片氮、磷含量具有更大的影响(顾大形等,2011)。郭晓敏等(2007)通过对奉新县平衡施肥毛竹林的叶养分含量与土壤肥力及产量的相关性研究,指出土壤中影响毛竹叶 N 素含量的主要因子是有机质、速效 P、活性酸、速效 N 和全 K;唐世刚在不同施肥处理下观察毛竹的胸高断面积,观察结果显示,毛竹的胸高断面积与土壤的全氮水平呈负相关,与速效钾呈正相关,与磷元素没有明显的相关性(唐世刚等,2013)。

其次,响应于叶片养分含量变化的林分光谱可为遥感所探测,植被叶片养分含量变化直接影响林分光谱变化。牛铮等对新鲜叶片的化学组分精细光谱遥感探测进行了深入研究,试验结果显示,化学组分及遥感相关性最好的是粗蛋白、氮、钾,为遥感探测叶片化学组分奠定了基础(牛铮等,2000)。Hinzman 等在不同剂量的氮肥施用实验中,观察作物、毛竹、水稻的叶片光谱特征,结果证明在不同肥力情况下生长的作物,其叶片的光谱特征会发生改变,可以通过光谱特征对不同的植被生长土壤肥力进行监测(Hinzman L D et al.,1986;高培军,2013;唐延林等,2004)。在叶片氮含量的估测研究中,大部分学者使用的是高光谱仪。孙俊等利用高光谱图形对生菜的氮含量进行估测,结果证明基于光谱特征与特征波长图像纹理特征的模型适用于生菜氮含量的估测(孙俊等,2014);李萍等确定了香梨叶片氮素含量的最佳预测模型为 703 nm 处的一阶微分光谱建立的模型(李萍等,2013);刘红玉等对光谱和图像技术进行特征层的信息融合,建立了多信息融合的诊断模型(刘红玉等,2015)。

　　毛竹林叶片养分含量和色素水平的变化直接影响毛竹林分光谱的变化,为遥感探测提供重要基础。在 20 世纪 70 年代,美国科学家 Knipling 就发现叶绿素控制着作物可见光波段的光谱反射率(Knipling,1970)。植被在可见光区(400~700 nm)、红边区(680~760 nm)和近红外光区(780~1300 nm),光谱反射率与叶片光合色素含量、养分含量等都具有较高的相关性(Niemann,1995;Cheng et al.,2006)。叶片色素遥感估算的最佳光谱区间绝大部分位于"绿峰""红边"和近红外这三个区域范围内,不同色素的光谱吸收特征存在差异。通过不同的波段组合方式增强目标色素的光谱特征,减弱其他色素和背景散射的影响,可以实现不同色素含量的估算(魏晨,2013;Houborg et al.,2015;Cui et al,2015;Xin et al.,2015)。叶绿素、氮素含量、磷元素含量和类胡萝卜素等是影响植被叶片生化成分与光谱关系的重要因素(施润和,2005;廖青,2010;董大川,2011;石吉勇,2012)。吴长山等(2000)研究指出,叶片反射光谱的导数以及红边位置与叶片叶绿素浓度和叶绿素密度都存在显著相关性。Tarpley 等(2000)和 Read 等(2002)指出可用红边位置与近红外波段的比值预测棉花叶片的氮浓度。宋艳冬等(2009)建立了毛竹叶片光合色素与绿峰位置、红边波段、红边位置之间的定量分析模型。高培军(2013)研究指出毛竹叶片反射光谱和荧光光谱与毛竹的生长具有良好的相关性。

　　从当前研究来看,揭示植被林叶片理化特征与林分光谱变化的关系模型主要可归为:① 基于数学统计方法,包括线性和非线性回归方程,多元逐步回归模型等数学统计分析方法;② 基于光谱曲线中光谱的特征参量信息,包括"三边"位置、波段深度、波段面积归一化指数等;③ 基于光学辐射传输模型的研究,主要的模型有:LIBERTY 模型、PROSPECT 模型、SAIL 模型以及多种光学模型的组合与改进(张永贺,2013;Pedros,2010;Feret,2008;Ali et al.,2015;Hamed,2015)。选择合适的毛竹林分参数,研究、揭示毛竹林叶片养分含量水平和色素变化以及这种变化与毛竹林分光谱变化二者的内在规律,可为基于遥感实现林地土壤肥力的间接估测提供支撑。

8.2　竹林地土壤肥力遥感间接估测思路的构建

通过布设毛竹生长质量和林地土壤肥力监测点,基于替代思路的林地土壤肥力遥感快速量化监测技术的突破,构建遥感间接估测毛竹林林地土壤肥力模型,促进毛竹林林地的高效经营思路,见图 8-1。具体思路为:

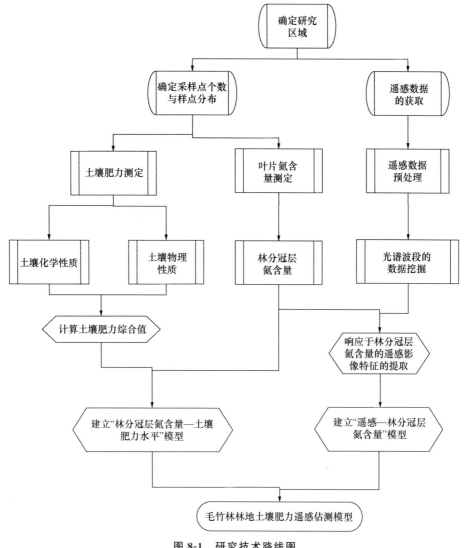

图 8-1　研究技术路线图

（1）基于样点数据的林地土壤肥力的评判

对于竹林资源生长的影响不仅只有土壤化学性质，还与土壤含水量、毛管持水量、容重等土壤物理性质具有很大相关性，单一考虑矿质元素对竹林的影响将会造成误差，因此，有必要也将其他综合元素考虑在内。基于布设的毛竹林林地监测样点，采集土壤样本、测定土壤化学性质与物理性质。根据测定的各样地土壤理化性质，以毛竹林地产量为评判，构建基于样地的土壤肥力测定模型，建立合适的土壤肥力综合指标集，对土壤肥力进行综合评判。获取林地土壤肥力水平基础数据。

（2）量化林分冠层叶片养分含量与林地土壤肥力的内在机制

采集毛竹叶片样本，测定、获取可体现土壤肥力水平密切相关的、且可影响叶片光谱特征的叶绿素、N、P以及色素等元素，分析各叶片理化特征与林地土壤肥力间的关系，探讨毛竹林分冠层养分含量与土壤肥力的内在机制，确定有效体现林地土壤肥力的叶片养分、色素含量等特征指标，构建基于叶片养分含量、色素水平与土壤肥力内在关系的"毛竹林分冠层养分含量—土壤肥力水平"估算模型。

（3）阐明林分冠层养分含量与多光谱的估测机制

针对林分冠层的养分含量，分析并筛选竹林冠层的光谱特征，从光谱的不同形式的变化（一阶导数、原始光谱等）、光谱特征（三边位置、波深宽度、三边面积等）以及几何光学模型反演光谱曲线等方面，分析、确定对林分冠层养分含量敏感响应的光谱特征，构建"遥感影像—林分冠层叶片养分含量"的估测模型。

（4）构建土壤肥力遥感估测模型，实现竹林土壤肥力的间接估测

在森林遥感应用中，由于林木冠层的高覆盖度，遥感图像往往观测不到林木之下的林地土壤状况，无法直接从遥感图像中得到林地土壤的相关信息，因此引入林木冠层参数，基于"遥感—林分冠层养分含量—土壤肥力水平"的替代思路，构建竹林土壤肥力的间接估测模型，实现竹林土壤肥力的间接估测。

8.3 案　例

本案例来源于"俞欣妍.毛竹林林地土壤肥力遥感估测研究.福建农林大学硕士论文，2017"，该论文由福建省科技计划引导性项目"毛竹经营模式遥感评判及高效经营关键技术研究与示范（2016N0003）"项目资助。

8.3.1　研究区概况

研究区为福建省南平市顺昌县西北部($117°30'\sim118°14'$E, $26°39'\sim29°12'$N)，属亚热带季风气候，年平均雨量约为 1752 mm，年平均日照数为可达到 1700 h，年平均气温为 16.3℃，极端温度最高为 37℃，最低为 −4℃。土壤类型多为红壤、黄壤。采集的样本均为毛竹，根据毛竹林的分布，采用分散布点与定点集中测量相结合的方法，在顺昌县大干镇选取 61 个点为采样点，每个样地用两台 GPS 进行定位，要求显示的坐标误差少于 10 m。实验地上部分样本为长势良好、叶量充足、叶片健康的毛竹。

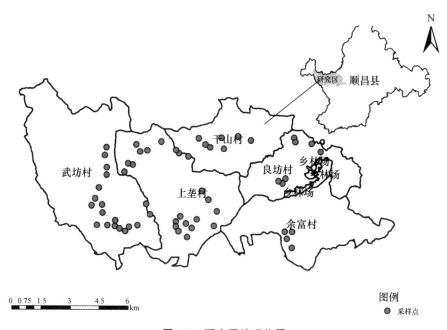

图 8-2　研究区地理位置

8.3.2　数据获取与处理

（一）土壤肥力数据

1. 土壤数据采集方法

每个采样点的取土深度及采样量应均匀一致，土样上层与下层的比例要相同。取样器应垂直于地面入土，深度相同。用铲子先铲出一个水层断面，再平行于断面取土，0～20 cm 土壤为 A 层，20～40 cm 土壤为 B 层，40～60 cm 土壤为 C 层，每层取一个环刀进行物理性质的测定。

2. 土壤肥力数据测定方法

土壤肥力数据测定的指标主要有：有机质、全氮、速效钾、有效磷、水解氮、pH、容重、土壤质量含水量、毛管持水量、田间持水量。

土壤全氮数据采用 VARIO MAX 碳氮元素分析仪进行测定。其余指标按照中华人民共和国林业行业标准进行测定，其中，水解氮采用 LY/T 1229—1999 的扩散法；有效磷采用 LY/T1233—1999 的双酸浸提法；速效钾采用 LY/T1236—1999 的乙酸铵火焰光度计法。

（二）叶片氮含量数据

1. 叶片采集方法

在每个采样点需多采集几株新鲜的毛竹叶片。叶样采集后，尽快带回实验室，将样本在 105℃鼓风干燥箱中烘 30 min 进行杀青，再降温至 65℃保持一段时间，直至烘干（王植等，2011）。烘干的样品粉碎后全部过筛，再进入室内实验测定土壤营养含量。

2. 叶片氮含量测定方法

叶片氮含量数据采用 VARIO MAX 碳氮元素分析仪进行测定，该仪器采用坩埚技术和热导检测技术，原理是通过完全燃烧叶片，测定一定重量的叶片元素含量，该仪器可以快速并且准确地对原始叶片进行全自动的分析，检测不均一性试样中的元素氮含量。

3. 叶片氮含量数据预处理方法

叶片氮素含量采用重复试验法，对同一样本进行 3 次平行试验，选取 2 次数据相近且在误差范围内的数据进行平均值的计算，计算结果作为最后的叶片氮元素含量数据。

8.3.3　遥感数据

（一）遥感数据资料

采用的遥感数据为顺昌县大干镇 2016 年 7 月 31 日数据，ID 为 25616796 的德国 RapidEye 卫星遥感数据，像素大小为 5 m，其数据含有 5 个多光谱波段：蓝（0.44～0.515 μm）、绿（0.52～0.595 μm）、红（0.63～0.695 μm）、红边（0.69～0.735 μm）、近红外（0.76～0.855 μm）。

光谱影像与土壤采集时间间隔应在一个月以内，提高影像光谱与采集数据的吻合度。

（二）遥感数据预处理方法

基于 GIS 平台，利用已有的基础地图，对 RapidEye 数据进行预处理，主要过程包括：正射校正、大气校正、投影坐标的转换、图像的剪裁等，技术流程图如图 8-3。

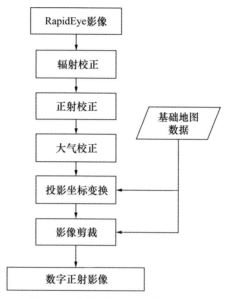

图 8-3　遥感影像预处理技术流程

8.3.4　基于样点的毛竹林林地土壤肥力指数基础数据的获取

目前运用较为普遍的土壤肥力评价方法有聚类分析法、模糊评价法、综合指数法等，这些方法对土壤肥力的评价与研究起到良好的促进作用（魏忠义等，2009）。其中，综合指数法是利用土壤肥力进行权重的计算，去除各肥力指标之间存在的关联性，得到具有代表性的土壤肥力权重分布，是使用广泛的一种评价方法。采用综合指数法对各样地的土壤肥力指标进行确定与计算。

（一）指标隶属度的计算

根据前人的大量研究，一般将除 pH 之外的化学肥力指标的隶属度函数划分在"S"型，将 pH 划分在抛物线型，将土壤的物理性质指标也划分为"S"型。为了便于计算，将曲线函数转化为相应的折线型函数，如图 8-4、图 8-5 所示（孙波等，1995；吕晓男等，2000；蔡崇法等，2001）。

"S"型隶属度公式为

$$k(\chi) = \begin{cases} 1 & (\chi \geqslant b) \\ \dfrac{\chi - a}{b - a} & (a < \chi < b) \\ 0 & (\chi \leqslant a)_{\circ} \end{cases} \tag{8-6}$$

抛物线型隶属度公式为

$$k(\chi) = \begin{cases} 1 & (b_1 \leqslant \chi \leqslant b_2) \\ \dfrac{\chi - a_1}{b_1 - a_1} & (a_1 < \chi < b_1) \\ \dfrac{a_2 - \chi}{a_2 - b_2} & (b_1 < \chi < a_2) \\ 0 & (\chi \leqslant a_1 \text{ 或 } \chi \geqslant a_2), \end{cases} \tag{8-7}$$

式中,$k(\chi)$ 为隶属度值;a,b 为转折点。

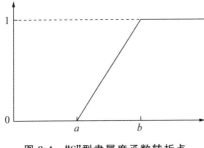

图 8-4 "S"型隶属度函数转折点

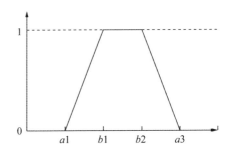

图 8-5 抛物线型隶属度函数转折点

参照已有研究结果及毛竹生产实际情况,拟定"S"型隶属度函数转折点见表 8-1。

表 8-1 "S"型隶属度函数转折点

转折点	有机质 (g/kg)	全氮 (%)	有效磷含量 (mg/kg)	水解氮 (mg/kg)	速效钾 (mg/kg)	土壤质量含水量 (g/kg)	最大持水量(g/kg)	毛管持水量(g/kg)	田间持水量(g/kg)
a	10	0.10	0.3	100	80	130	450	180	150
b	20	0.15	6	150	120	190	750	230	200

抛物线型隶属度函数转折点见表 8-2。

表 8-2　抛物线型隶属度函数转折点

转折点	pH	容重（g/cm³）
a1	4.5	1.00
b1	5.5	1.14
b2	6.0	1.26
a2	7.0	1.30

根据隶属函数计算研究区的 59 个取样点的土壤肥力评价指标隶属度值见表 8-3。

表 8-3　各评价指标隶属度值描述性统计

	极小值	极大值	均值	标准差	变异系数
速效钾	0.000	1.000	0.251	0.353	1.409
水解氮	0.000	1.000	0.471	0.459	0.975
有效磷	0.070	0.810	0.363	0.155	0.426
pH	0.000	1.000	0.340	0.292	0.861
有机质	0.000	1.000	0.886	0.291	0.328
全氮	0.000	1.000	0.832	0.346	0.416
土壤质量含水量	0.000	1.000	0.570	0.388	0.680
毛管持水量	0.000	1.000	0.627	0.349	0.557
田间持水量	0.005	1.000	0.787	0.254	0.323
容重	0.000	1.000	0.216	0.362	1.675

（二）各指标权重的确定

采用因子分析法得到土壤肥力的权重。基本过程为：首先将数据进行标准化处理；其次，数据进行相关矩阵计算，得到各主成分因子的特征值与贡献率；最后，根据成分矩阵中各主成分、各指标因子的荷载量计算各因子贡献的数值，确定权重（表 8-4）。

表 8-4　林地土壤肥力指标权重

指标	权重
速效钾（AK）	0.0714
水解氮（HN）	0.0101
有效磷（AP）	0.0563
pH	0.0632
有机质（OM）	0.0594
全氮（TN）	0.2206

（续表）

指标	权重
土壤质量含水量（WMCS）	0.1719
毛管持水量（CWHC）	0.1751
田间持水量（FC）	0.1662
容重（UW）	0.0058

（三）毛竹林各样点林地土壤肥力的确定

计算土壤肥力综合指数 FQI（吴玉红等，2010；张彦山等，2015）的公式为

$$FQI = \sum W(N) \times f(N) \qquad (8\text{-}8)$$

式中，$W(N)$ 为各个评价指标对应的权重值；$f(N)$ 为各个评价指标对应的隶属度值。

根据前文建立的指标隶属度与指标权重，可以得到研究区中各采样点土壤肥力 FQI 值的公式为

$$
\begin{aligned}
FQI =\ & 0.0714 \times f_{AK} + 0.0101 \times f_{HN} + 0.0563 \times f_{AP} + 0.0632 \times f_{pH} \\
& + 0.0594 \times f_{OM} + 0.2206 \times f_{TN} + 0.1719 \times f_{WMCS} + 0.1751 \times f_{CWHC} \\
& + 0.1662 \times f_{FC} + 0.0058 \times f_{UW}
\end{aligned}
$$

$$(8\text{-}9)$$

8.3.5　土壤肥力与林分冠层氮含量内在关系的构建

利用建立的 59 个样地的土壤肥力 FQI 与相应样点毛竹林叶片氮含量的数据，量化土壤肥力与林分冠层氮含量内在关系，构建"林分冠层氮含量—土壤肥力"关系模型。选择一次线性模型、二次线性模型、指数模型、对数模型、随机森林模型、支持向量机模型等，从相关性较高、预测精度高的角度，筛选作为土壤肥力与林分冠层氮含量内在关系的模型构建。结果见表 8-5。

表 8-5　林分冠层氮含量与土壤肥力水平反演模型

类型	模型	方程	R
线性模型	一元线性模型	$Y = 0.0714\chi - 1.2247$	0.616
	二元线性模型	$Y = -0.0086\chi^2 + 0.5234\chi - 7.1391$	0.657
	指数模型	$Y = 0.0111 e^{0.1519\chi}$	0.606
	对数模型	$Y = 1.9024\ln(\chi) - 5.5599$	0.628
非线性模型	随机森林模型	/	0.477
	支持向量机模型	/	0.657

综上可以看出,在一次线性模型、二次线性模型、指数模型、对数模型、随机森林模型、支持向量机模型中,二次线性模型的建模相关性与检验相关性的均值为所有模型中最大的,故"林分冠层氮含量—土壤肥力水平"模型的最佳模型为二次方程模型,方程为

$$CIF = -0.0086 \times N^2 + 0.5234 \times N - 7.1391,$$

模型的总平均精度为75.65%,均值估测精度为94.81%。

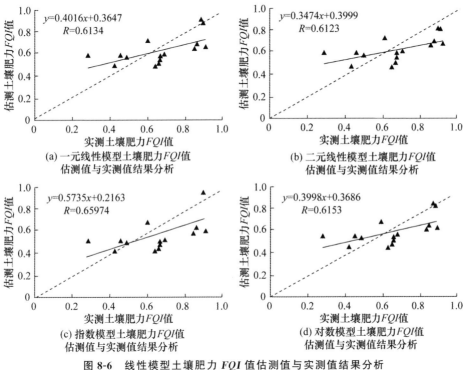

图 8-6　线性模型土壤肥力 *FQI* 值估测值与实测值结果分析

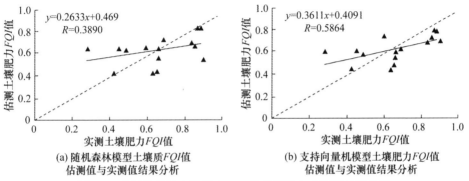

图 8-7　非线性模型土壤肥力 *FQI* 值估测值与实测值结果分析

8.3.6 毛竹林林地土壤肥力遥感估测模型的构建

（一）响应林分冠层氮含量的遥感影像信息特征的选择

利用 RapidEye 的五个波段进行原始波段的单波段、双波段、植被指数的提取，并结合高光谱影像的数据的处理方式，对原始波段进行一阶微分处理和二阶微分处理，进而再将处理后的影像进行深度数据挖掘工作，即把微分处理之后的波段信息再进行单波段、双波段、组合波段、植被指数形式的数据分析，将多种形式的光谱数据按照采样点进行 GPS 点位的坐标提取相应样点的遥感影像反射率值，通过影像信息特征与林分冠层氮含量的相关性分析，确定何种组合形式的遥感影像反射率与毛竹林分冠层氮含量相关性达到显著相关，作为响应林分冠层氮含量的遥感影像信息特征。植被指数见表 8-6。

表 8-6　RapidEye 植被指数的选择

波段	意义	方程	参考文献
NDVI	归一化植被指数	$\dfrac{B5-B3}{B5+B3}$	(Rouse J W et al.,1974;Jordan C. F,1969)
NDVIRE	改进的归一化植被指数	$\dfrac{B5-B4}{B5+B4}$	(Mutanga O et al.,2012)
DVI	差值植被指数	$B5-B3$	(Tucker C J,1979)
DVIRE	改进的差值植被指数	$B5-B4$	
IPVI	垂直植被指数	$\dfrac{B5}{B5+B3}$	
IPVIRE	改进的垂直植被指数	$\dfrac{B5}{B5+B4}$	(Dube T et al.,2014)
SR	比值植被指数	$\dfrac{B5}{B3}$	(Birth G S et al.,1968)
SRRE	改进的比值植被指数	$\dfrac{B5}{B4}$	
TVI	三角植被指数	$0.5\times[120\times(B5-B2)-200\times(B3-B2)]$	(Broge N H et al.,2001)
TVIRE	改进的三角植被指数	$0.5\times[120\times(B5-B2)-200\times(B4-B2)]$	(Dube T et al.,2014)
GI	绿度指数	$\dfrac{B2}{B3}$	(Zarco-Tejada P J et al.,2005)

（续表）

波段	意义	方程	参考文献
GIRE	改进的绿度指数	$\dfrac{B2}{B4}$	(Dube T et al.,2014)
NRI	作物氮反应指数	$\dfrac{B2-B3}{B2+B3}$	(Schleicher T D et al.,2001)
NRIRE	改进的作物氮反应指数	$\dfrac{B2-B4}{B2+B4}$	
GRVI	绿色比值植被指数	$\dfrac{B5}{B3}-1$	(Gitelson A A et al.,2003)
RVIRE	改进的绿度植被指数	$\dfrac{B4}{B5}$	(Sousa C H R D et al.,2012)
PSSR	特定色素简单比值法	$\dfrac{B5}{B4}$	(Blackburn G A,1998)
TCARI	转化的叶绿素吸收反射指数	$3\times\left[B5-B3-0.2\times(B5-B2)\left(\dfrac{B5}{B3}\right)\right]$	(Tapp P D et al.,1994)
TCARRE	改进的转化的叶绿素吸收反射指数	$3\times\left[B4-B3-0.2\times(B4-B2)\left(\dfrac{B4}{B3}\right)\right]$	
OSAVI	优化土壤调节植被指数	$\dfrac{1.16\times(B5-B3)}{0.16+B5+B3}$	(Rondeaux G et al.,1996)
TCARI/OSAVI	综合指数	TCARI/OSAVI	(Haboudane D et al.,2002)
TCARRE/OSAVI	改进的综合指数	TCARRE/OSAVI	

影像信息波段及植被指数特征与林分冠层氮含量的相关性结果见表 8-7。

表 8-7　影像信息波段及植被指数特征与林分冠层氮含量的相关性

波段	原始波段	一阶微分波段	二阶微分波段	波段	原始波段	一阶微分波段	二阶微分波段
B1	0.190	0.187	−0.475**	B1—B5	−0.095	−0.107	−0.167
B2	0.234	−0.391**	−0.184	B2—B3	0.506**	−0.397**	−0.373*
B3	−0.207	0.142	0.342*	B2—B4	0.209	−0.369**	−0.212
B4	0.134	0.291*	0.184	B2—B5	−0.070	−0.214	0.082
B5	0.183	0.146	−0.115	B3—B4	−0.380**	−0.300*	0.254
B1/B2	−0.110	−0.005	0.099	B3—B5	−0.241	−0.117	0.450**
B1/B3	0.244	0.103	−0.345*	B4—B5	0.146	0.115	0.432**
B1/B4	0.108	−0.025	−0.346*	B1+B2	0.216	−0.095	−0.446**

（续表）

波段	原始波段	一阶微分波段	二阶微分波段	波段	原始波段	一阶微分波段	二阶微分波段
$B1/B5$	0.142	0.049	−0.369**	$B1+B3$	0.049	0.175	0.143
$B2/B1$	0.333*	−0.474**	0.266	$B1+B4$	0.177	0.296*	−0.008
$B2/B3$	0.663**	−0.442**	−0.249	$B1+B5$	0.226	0.177	−0.289*
$B2/B4$	0.219	−0.449**	−0.239	$B2+B3$	0.085	−0.095	0.304*
$B2/B5$	0.164	−0.427**	−0.217	$B2+B4$	0.195	0.187	0.155
$B3/B1$	−0.040	−0.116	0.303*	$B2+B5$	0.236	0.073	−0.142
$B3/B2$	−0.620**	−0.028	−0.090	$B3+B4$	0.007	0.267	0.264
$B3/B4$	−0.443**	−0.147	0.255	$B3+B5$	0.118	0.163	0.160
$B3/B5$	−0.307*	−0.016	0.344*	$B4+B5$	0.186	0.211	0.063
$B4/B1$	0.268	0.010	0.290*	NDVI	0.313*	0.015	−0.283*
$B4/B2$	−0.135	−0.045	−0.085	NDVIRE	0.030	−0.235	−0.299*
$B4/B3$	0.476**	0.160	−0.243	DVI	0.241	0.117	−0.450**
$B4/B5$	−0.025	0.240	0.348*	DVIRE	0.146	−0.115	−0.432**
$B5/B1$	0.278*	−0.060	0.267	SR	−0.307*	−0.016	0.344*
$B5/B2$	−0.024	−0.055	−0.066	SRRE	−0.025	0.240	0.348*
$B5/B3$	0.354**	0.011	−0.267	TVI	0.327*	0.039	−0.457**
$B5/B4$	0.040	−0.227	−0.286*	TVIRE	0.197	−0.418**	−0.343*
$B1*B2$	0.282*	−0.283*	0.118	GI	0.663**	−0.442**	−0.249
$B1*B3$	0.201	0.167	−0.470**	GIRE	0.219	−0.449**	−0.239
$B1*B4$	0.235	0.249	−0.456**	NRI	0.641**	−0.392**	−0.249
$B1*B5$	0.219	0.207	−0.153	NRIRE	0.186	−0.441**	−0.240
$B2*B3$	0.131	−0.306*	−0.134	GRVI	−0.024	−0.055	−0.066
$B2*B4$	0.241	−0.322*	−0.137	RVIRE	−0.025	0.240	0.348*
$B2*B5$	0.255	−0.332*	−0.136	PSSR	0.040	−0.227	−0.286*
$B3*B4$	−0.040	0.208	0.258	TCARI	−0.295*	−0.092	−0.458**
$B3*B5$	−0.096	0.160	−0.013	TCARRE	0.194	−0.258	−0.431**
$B4*B5$	0.169	0.207	−0.038	OSAVI	0.313*	0.015	−0.283*
$B1-B3$	0.432**	0.018	−0.429**	TCARI/OSAVI	−0.281*	−0.094	0.118
$B1-B4$	0.076	−0.258	−0.328*	TCARRE/OSAVI	0.144	−0.232	0.328*

整体可以看出，原始的 5 个波段与林分冠层中的氮素含量没有达到显著相关关系，而一阶微分波段中，B2 与 B4 波段与毛竹冠层氮含量的相关性具有明显提高，相关系数达到显著相关水平及以上；二阶微分波段中，B1 与 B3 及 B4 波段与毛竹冠层氮含量的相关性具有明显提高，B1 与 B3 波段的相关系数达到显著相关水平及以上。表明对多光谱数据同样可以采用波段微分的数据处理方式，且可以

达到较好的效果,采用微分方式数据处理方式可以提升影像的数据挖掘程度,为数据的利用提供新的参考。

将遥感数据与叶片毛竹冠层氮含量相关性达到极显著水平的波段进行自相关,得到影像信息波段及植被指数特征之间的自相关分析表(表8-8)。

(二)林分冠层 N 含量遥感估测模型的构建

选择低于 0.05 显著水平的波段形式,采用多元回归模型进行建模,确定原始 $B5/B3$ 和二阶 $B1+B2$ 波段特征作为响应林分冠层氮含量的遥感影像信息特征,以各样点对应的林冠层 N 含量为估测,多元回归构建林分冠层 N 含量遥感估测模型,结果见式(y 为林冠层 N 含量,χ_1 为波段原始 $B5/B3$,χ_2 为波段二阶 $B1+B2$),精度为 95.91%。

$$y = 18.053 + 0.476\,\chi_1 - 7.257 \times 10^{-5}\chi_2$$

(三)毛竹林林地土壤肥力遥感估测模型的构建

根据确定的"林分冠层信息—土壤肥力"模型,以林分冠层氮含量为自变量,土壤肥力 FQI 值为因变量确定的公式:

$$Y = -0.0086\,\chi_2 + 0.5234\,\chi_1 - 7.1391;$$

再根据确定的"遥感—林分冠层信息"模型,以原始 $B5/B3$、二阶 $B1+B2$ 波段信息为自变量,林分冠层氮含量为因变量确定的公式:

$$Y = 18.053 + 0.476\,\chi_1 - 7.257\,\chi_2,$$

将最终"林分冠层信息—土壤肥力"模型建立余下的 9 个样地信息作为验证,得到综合模型为

$$
\begin{aligned}
FQI =\ & -0.0086 \times \left(18.053 + 0.476 \times \frac{B5}{B3} - 7.257 \times 10^{-5} \times (B1'' + B2'')\right)^2 \\
& + 0.5234 \times \left(18.053 + 0.476 \times \frac{B5}{B3} - 7.257 \times 10^{-5} \times (B1'' + B2'')\right) \\
& - 7.1391
\end{aligned}
$$

$$(8\text{-}5)$$

根据模型精度对比表(表8-9)可以看出,模型"遥感—林分冠层氮含量"的精度为 95.91%,高于"林分冠层氮含量—土壤肥力水平"的精度 75.65%,说明林分冠层氮含量与遥感数据的拟合精度高于林分冠层氮含量与土壤肥力数据,并且综合"遥感—林分冠层氮含量"与"林分冠层氮含量—土壤肥力水平",模型"遥感—土壤肥力"的精度为 87.21%,略高于 95.91% 与 75.65% 的均值 85.78%,说明综合后

表 8-8 影像信息波段及植被指数特征之间的自相关分析表

	一阶 B2	二阶 B1	原始 2/3	原始 3/2	原始 3/4	原始 4/3	原始 5/3	原始 1-3	原始 2-3	原始 3-4	一阶 2/1	一阶 2/3	一阶 2/4	一阶 2/5	二阶 2-3	二阶 2-4	二阶 1/5
一阶 B2	1																
二阶 B1	0.488	1															
原始 2/3	−0.606	−0.665	1														
原始 3/2	0.525	0.583	−0.957	1													
原始 3/4	0.077	0.093	−0.658	0.766	1												
原始 4/3	−0.065	−0.107	0.692	−0.744	−0.964	1											
原始 5/3	−0.052	0.134	0.534	−0.622	−0.893	0.895	1										
原始 1-3	−0.990	−0.605	0.659	−0.572	−0.085	0.076	0.027	1									
原始 2-3	−0.823	−0.898	0.739	−0.645	−0.100	0.103	−0.061	0.894	1								
原始 3-4	0.222	0.823	−0.569	0.536	0.349	−0.356	−0.072	−0.333	−0.648	1							
一阶 2/1	0.935	0.756	−0.715	0.637	0.111	−0.097	0.000	−0.974	−0.965	0.489	1						
一阶 2/3	0.961	0.651	−0.677	0.601	0.165	−0.146	−0.063	−0.980	−0.909	0.470	0.975	1					
一阶 2/4	0.952	0.572	−0.706	0.665	0.257	−0.217	−0.216	−0.960	−0.853	0.393	0.944	0.970	1				
一阶 2/5	0.950	0.538	−0.661	0.614	0.207	−0.168	−0.205	−0.952	−0.830	0.336	0.929	0.954	0.994	1			
二阶 2-3	0.399	0.754	−0.622	0.590	0.418	−0.417	−0.164	−0.484	−0.692	0.960	0.594	0.624	0.559	0.559	1		
二阶 2-4	0.367	0.611	−0.587	0.602	0.451	−0.412	−0.417	−0.432	−0.583	0.753	0.527	0.540	0.608	0.600	0.503	1	
二阶 1/5	0.610	0.800	−0.462	0.337	−0.139	0.115	0.409	−0.684	−0.829	0.555	0.757	0.697	0.537	0.493	0.600	0.175	1
二阶 1*3	0.547	0.959	−0.677	0.598	0.147	−0.155	0.009	−0.652	−0.901	0.842	0.782	0.711	0.668	0.646	0.814	0.780	0.686
二阶 1*4	0.495	0.910	−0.669	0.610	0.184	−0.182	−0.085	−0.596	−0.843	0.795	0.729	0.650	0.647	0.636	0.760	0.844	0.550
二阶 1-3	0.431	0.769	−0.652	0.642	0.363	−0.333	−0.296	−0.516	−0.719	0.798	0.636	0.604	0.649	0.639	0.803	0.971	0.346
二阶 3-5	−0.457	−0.901	0.673	−0.616	−0.305	0.313	0.035	0.561	0.817	−0.966	−0.694	−0.671	−0.589	−0.536	−0.963	−0.746	−0.701
二阶 4-5	−0.433	−0.776	0.661	−0.649	−0.390	0.364	0.293	0.519	0.724	−0.845	−0.639	−0.620	−0.650	−0.632	−0.859	−0.973	−0.375
二阶 1+2	0.463	0.970	−0.601	0.511	−0.037	0.019	0.227	−0.576	−0.865	0.674	0.725	0.582	0.508	0.486	0.573	0.470	0.796
原始 GI	−0.606	−0.665	1.000	−0.957	−0.658	0.692	0.534	0.659	0.739	−0.569	−0.715	−0.677	−0.706	−0.661	−0.622	−0.587	−0.462
原始 NRI	−0.559	−0.616	0.985	−0.993	−0.734	0.736	0.598	0.608	0.683	−0.552	−0.669	−0.633	−0.683	−0.634	−0.606	−0.600	0.384

（续表）

	一阶 B2	二阶 B1	原始 2/3	原始 3/2	原始 3/4	原始 4/3	原始 5/3	原始 1-3	原始 2-3	原始 3-4	一阶 2/1	一阶 2/3	一阶 2/4	一阶 2/5	一阶 2-3	一阶 2-4	二阶 1/5
GI 一阶	0.961	0.651	-0.677	0.601	0.165	-0.146	-0.063	-0.980	-0.909	0.470	0.975	1.000	0.970	0.954	0.624	0.540	0.697
GIRE 一阶	0.952	0.572	-0.706	0.665	0.257	-0.217	-0.216	-0.960	-0.853	0.393	0.944	0.970	1.000	0.994	0.559	0.608	0.537
TVIRE 一阶	0.426	0.873	-0.618	0.547	0.245	-0.267	0.078	-0.528	-0.784	0.936	0.655	0.634	0.510	0.446	0.928	0.583	0.781
NRI 一阶	0.933	0.679	-0.547	0.432	-0.053	0.052	0.137	-0.960	-0.914	0.418	0.960	0.963	0.899	0.897	0.537	0.437	0.775
NRIRE 一阶	0.966	0.600	-0.679	0.619	0.186	-0.155	-0.142	-0.977	-0.878	0.394	0.963	0.983	0.995	0.992	0.554	0.580	0.591
DVI 二阶	0.457	0.901	-0.673	0.616	0.305	-0.313	-0.035	-0.561	-0.817	0.966	0.694	0.671	0.589	0.536	0.963	0.746	0.701
DVIRE 二阶	0.433	0.776	-0.661	0.649	0.390	-0.364	-0.293	-0.519	-0.724	0.845	0.639	0.620	0.650	0.632	0.859	0.973	0.375
TVI 二阶	0.461	0.860	-0.691	0.660	0.362	-0.348	-0.195	-0.558	-0.793	0.919	0.688	0.663	0.651	0.619	0.923	0.915	0.523
TCARI 二阶	0.470	0.900	-0.684	0.633	0.321	-0.322	-0.076	-0.572	-0.823	0.962	0.705	0.682	0.618	0.570	0.963	0.800	0.666

表 8-8　影像信息波段及植被指数特征之间的自相关分析表（续）

	二阶 1*3	二阶 1*4	二阶 1-3	二阶 3-5	二阶 4-5	二阶 1+2	原始 GI	原始 NRI	GI 一阶	GIRE 一阶	TVIRE 一阶	NRI 一阶	NRIRE 一阶	DVI 二阶	DVIRE 二阶	TVI 二阶	TCARI 二阶
一阶 B2																	
二阶 B1																	
原始 2/3																	
原始 3/2																	
原始 3/4																	
原始 4/3																	
原始 5/3																	
原始 1-3																	
原始 2-3																	
原始 3-4																	
一阶 2/1																	
一阶 2/3																	

（续表）

	二阶 1*3	二阶 1*4	二阶 1-3	二阶 3-5	二阶 4-5	二阶 1+2	原始 GI	原始 NRI	GI 一阶	GIRE 一阶	TVIRE 一阶	NRI 一阶	NRIRE 一阶	DVI 二阶	DVIRE 二阶	TVI 二阶	TCARI 二阶
一阶 2/4																	
一阶 2/5																	
一阶 2-3																	
一阶 2-4																	
一阶 1/5																	
二阶 1*3	1																
二阶 1*4	0.981	1															
二阶 1-3	0.896	0.944	1														
二阶 3-5	−0.916	−0.854	−0.819	1													
二阶 4-5	−0.899	−0.933	−0.995	0.861	1												
二阶 1+2	0.897	0.856	0.665	−0.769	−0.652	1											
原始 GI	−0.677	−0.669	−0.652	0.673	0.661	−0.601	1										
原始 NRI	−0.630	−0.635	−0.649	0.641	0.657	−0.545	0.985	1									
GI 一阶	0.711	0.650	0.604	−0.671	−0.620	0.582	−0.677	−0.633	1								
GIRE 一阶	0.668	0.647	0.649	−0.589	−0.650	0.508	−0.706	−0.683	0.970	1							
TVIRE 一阶	0.841	0.741	0.669	−0.974	−0.725	0.748	−0.618	−0.577	0.634	0.510	1						
NRI 一阶	0.716	0.644	0.538	−0.628	−0.545	0.650	−0.547	−0.476	0.963	0.899	0.608	1					
NRIRE 一阶	0.686	0.656	0.634	−0.598	−0.635	0.544	−0.679	−0.644	0.983	0.995	0.529	0.936	1				
DVI 二阶	0.916	0.854	0.819	−0.861	−0.769	0.769	−0.673	−0.641	0.671	0.589	0.974	0.628	0.598	1			
DVIRE 二阶	0.899	0.933	0.995	−0.861	−0.944	0.652	−0.661	−0.657	0.620	0.650	0.725	0.545	0.635	0.861	1		
TVI 二阶	0.943	0.941	0.962	−0.944	−0.980	0.734	−0.691	−0.675	0.663	0.651	0.846	0.602	0.645	0.944	0.980	1	
TCARI 二阶	0.934	0.887	0.866	−0.996	−0.902	0.768	−0.684	−0.656	0.682	0.618	0.951	0.634	0.623	0.996	0.902	0.970	1

的模型精度是稳定的,模型可以体现遥感至土壤肥力的转换。

表 8-9　模型精度比较

模型	遥感—林分冠层氮含量	林分冠层氮含量—土壤肥力水平	遥感—土壤肥力
精度	95.91%	75.65%	87.21%

8.3.7　研究区土壤肥力遥感特征估测反演结果

根据构建的间接估测模型,实现研究土壤肥力遥感反演,并将反演结果分为 15 个等级,见图 8-8。反演土壤肥力 FQI 值分布如图中显示:研究区内土壤 FQI 值主要为 0.55～0.6,武坊村中部土壤肥力 FQI 较为平均;土垒村中部及西部区域土壤肥力 FQI 值较低,北部及东南部土壤肥力 FQI 值较高;干山村中部、北部及东部土壤肥力 FQI 值较低,余富村西部区域土壤肥力 FQI 值较高,东部区域的土壤肥力 FQI 值较高。

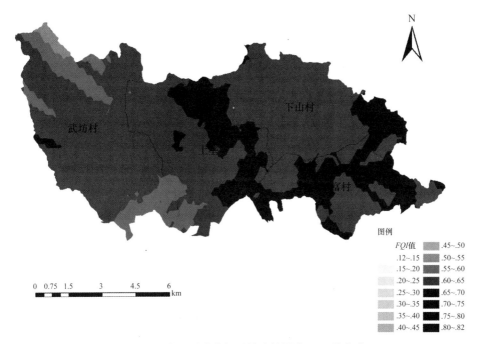

图 8-8　研究区遥感特征反演土壤肥力 FQI 值分布

8.4 本章小结

竹林地肥力监测和施肥措施的实施是一个新兴而极具潜力的研究方向,毛竹的短轮伐期以及其自身速生生长的特点,已逐渐成为主要造林树种与用材树种,随着毛竹林集约化经营地程度不断提升,在有效保障毛竹林资源高效的产出的同时,探讨维持毛竹林地土壤肥力的稳定与循环利用的肥力监测和管理技术措施,提出能使用于较大领域的切实可行的毛竹林地肥力长期动态监测手段,为减少竹林林地肥力监测和管理的耗费大量的人力、财力和时间提供更为科学化、简易化的方法,以实现竹林产业发展趋向科技化、信息化。

本章着重介绍林分叶片养分的光谱响应特征及其模型构建方法,以及土壤肥力遥感监测技术的理论基础与方法,分析利用遥感手段直接估测土壤肥力的局限性,提出基于"遥感—林分冠层氮含量信息—土壤肥力"的替代思路,将"遥感—土壤肥力"的直接估测转化成"遥感—林分冠层氮含量"与"林分冠层氮含量—土壤肥力"2个步骤的间接估测,并结合案例,以南方典型毛竹集约经营区的毛竹林为研究对象,通过构建遥感影像光谱—毛竹林分养分参数模型、林分养分参数—土壤肥力模型,实现"遥感—毛竹林分氮含量—土壤肥力"的毛竹林土壤肥力间接估测,为毛竹林土壤肥力的快速监测提供技术思路与参考。

参 考 文 献

Al-Abbas A H,Swain P H,Baumgardner M F. Relatingsoil organic matter and clay content to the multi-spectralradiance[J]. Soil Sci,1972,114:477 - 485.

Ali G F,Mahmoud R S,Shahnazari A, et al. Non-destructive estimation of sunflower leaf area and leaf area index under different water regime managements[J]. Archives of Agronomy and Soil Science, 2015, 61(10):1357 - 1367.

Baumgardner M F,Kristoff S J,Johannsen C J,et al. The effect of organic matter on multi-spectral properties of soils[J]. Proc Indiana Acad Sci,1970,79:413 - 422.

Ben-Dor E,Banin A. Near-infrared analysis as a rapid method to simultaneously evaluate several soil properties[J]. Soil Science Society of America Journal,1995,59:364 - 372.

Birth G S, Mcvey G R. Measuring the color of growing turf with a reflectance spectrophotometer[J]. Agronomy Journal, 1968, 60(6):640 - 643.

Blackburn G A. Spectral indices for estimating photosynthetic pigment concentrations: A test using senescent tree leaves[J]. International Journal of Remote Sensing. 1998, 19(4), 657 - 675.

Broge N H, Leblanc E. Comparing prediction power and stability of broadband and hyper-spectral vegetation indices for estimation of green leaf area index and canopy chlorophyll density [J]. Remote Sensing of Environment, 2001, 76(2):156 - 172.

Cheng Y B, Zarco P J, Raio D, et al. Estimating vegetation water content with hyper-spectral data for different canopy scenarios: Relationships between AVIRIS and MODIS indexes[J]. Remote Sensing of Environment, 2006, 105:354 - 366.

Cui Y, Jia L, Hu G, et al. Mapping of Interception Loss of Vegetation in the Heihe River Basin of China Using Remote Sensing Observations[J]. Geoscience and Remote Sensing Letters, IEEE. 2015, 12(1):23 - 27.

Dube T, Mutanga O, Elhadi A, et al. Intra-and-inter species biomass prediction in a planta-tion forest: testing the utility of high spatial resolution spaceborne multispectral RapidEye sensor and advanced machine learning algorithms[J]. Sensors (Basel). 2014, 14(8):15348 - 15370.

Feret J B, Francois, Asner G P, et al. PROSPECT-4 and 5 advance in the leaf optical pro-perties model separating photosynthetic pigments [J]. Remote Sensing of Environment, 2008, 112(6): 3030 - 3043.

Gitelson A A, Gritz Y, Merzlyak M N. Relationships between leaf chlorophyll content and spectral reflectance and algorithms for non-destructive chlorophyll assessment in higherplant lea-ves[J]. Journal of Plant Physiology, 2003, 160(3): 271 - 282.

Haboudane D, Miller J R, Tremblay N, et al. Integrated narrow-band vegetation indices forprediction of crop chlorophyll content for application to precision agriculture[J]. Remote Sen-sing of Environment, 2002, 81(2): 416 - 426.

Hamed G, Scott M, Robeson, et al. Comparing the performance of multispectral vegetation indices and machine-learning algorithms for remote estimation of chlorophyll content: a case stu-dy in the Sundarbans mangrove forest[J]. International Journal of Remote Sensing, 2015, 36 (12):3114 - 3133.

Hinzman L D, Bauer M E, Daughtry C S T, Effects of nitrogen fertilization on growth and reflectance characteristics of winter wheat[J], Remote Sensing of Environment, 1986. 19 (1): 47 - 61.

Houborg R, Fisher J B, Skidmore A. Advances in remote sensing of vegetation function and traits[J]. International Journal of Applied Earth Observation and Geoinformation,2015,43:1 - 6.

Jordan C. F. Derivation of leaf-area index from quality of light on the forest floor[J]. Ecology 1969，50(4)，663 – 666.

Kim M S，Daughtry C S T，Chappelle E W，et al. The use of high spectral resolution bands for estimating absorbed photosynthetically active radiation（A par）[J]. Proceedings of the 6th Symposium on Physical Measurements and Signatures in Remote Sensing，1994，17 – 21，299 – 306.

Knipling E B. Physical and physiological basis for the reflectance of visible and near-infrared radiation from vegetation.[J]. 1970，1(3):155 – 159.

Mutanga O，Adam E，Cho M A. Highdensity biomass estimation for wetland vegetation using World View-2 imagery and random forest regression algorithm[J]. International Journal of Applied Earth Observation & Geoinformation. 2012，18(1):399 – 406.

Niemann K O. Remote sensing of forest stand age using airborne spectrometer date[J]. Photogrammetric Engineering and Remote Sensing，1995，61(9):1119 – 1127.

Pedros R，Goulas Y，Jacquemoud S，et al. MOD leaf: a new leaf fluorenscence emission model based on the PROSPECT model [J]. Remote Sensing of Environment，2010，114(1): 155 – 167.

Rondeaux G，Steven M，& Baret，F. Optimization of soil-adjustedvegetation indices[J]. Remote Sensing of Environment，1996，55(2)，95 – 107.

Rouse J W，Haas R W，Schell J A，et al. Monitoring the vernal advancement and retrogradation（Greenwave effect）of natural vegetation. NASA/GSFCT Type III final report[J]. Nasa，1974.

Schleicher T D，Bausch W C，Delgado J A，et al. Evaluation and refinement of the nitrogen reflectance index（nri）for site-specific fertilizer management[C]// 2001 Sacramento，CA July 29-August 1,2001. 2001.

Sousa C H R D，Souza C G，Zanella L，et al. Analysis of rapideye's red edge band for image segmentation and classification[C]//Geographic Object-Based Image Analysis GEOBIA. 2012，7 – 9 (3):518.

Tucker C J. Red and photographic infrared linear combinations for monitoringvegetation[J]. Remote Sensing of Environment. 1979，8(2):127 – 150.

Xin D，Qiangzi L，Taifeng D，et al. Winter wheat biomass estimation using high temporal and spatial resolution satellite data combined with a light use efficiency model[J]. Geocarto International，2015，30(3): 258 – 269.

Zarco-Tejada P J，Berjón A，López-Lozano R，et al. Assessing vineyard condition with hyperspectral indices: leaf and canopy reflectance simulation in a row-structured discontinuous canopy[J]. Remote Sensing of Environment. 2005，99(3):271－287.

蔡崇法，丁树文. GIS 支持下三峡库区典型小流域土壤养分流失量预测[J]. 水土保持学报，2001，15(1):9－12.

陈学良. 蚓粪对土壤质量及荔枝生长的影响研究[D]. 广西大学，2011.

陈志阳，姚先铭，田小梅. 毛竹叶片营养与土壤肥力及产量模型的建立[J]. 经济林研究，2009，27(3)：53－56.

董大川. 毛竹冠层叶片光谱及叶绿素荧光特性研究[D]. 浙江农林大学，2011.

方琳娜，宋金平. 基于 SPOT 多光谱影像的耕地质量评价——以山东省即墨市为例[J]. 地理科学进展，2008，(5).

高培军. 氮素施肥对毛竹光合能力与光谱特性的影响[D]. 北京林业大学，2013.

顾大形，陈双林，黄玉清. 土壤氮磷对四季竹叶片氮磷化学计量特征和叶绿素含量的影响[J]. 植物生态学报，2011，12:1219－1225.

郭晓敏，牛德奎，范方礼，等. 平衡施肥毛竹林叶片营养与土壤肥力及产量的回归分析[J]. 林业科学，2007，43(a01):53－57.

李萍，柴仲平，武红旗，等. 基于光谱的库尔勒香梨叶片氮素含量估算模型[J]. 经济林研究，2013，31(3):48－53.

廖青. 四川慈竹叶片营养诊断指标体系研究[D]. 四川农业大学，2010.

刘爱玲. 浅谈土壤样品采集技术要点[J]. 河南农业，2010(5):28－28.

刘红玉，毛罕平，朱文静，等. 基于高光谱的番茄氮磷钾营养水平快速诊断[J]. 农业工程学报，2015，31(S1):212－220.

刘焕军，赵春江，王纪华，等.黑土典型区土壤有机质遥感反演[J].农业工程学报，2011，(8).

刘世峰，潘剑君，杨志强，等.利用中巴-2 号卫星 CCD 估测土壤全氮的研究[J].遥感信息，2010，(1).

刘长有. 化学肥料中碳元素的价值及肥料成份的表示方式[J]. 化肥工业，2004，05:10－12.

卢艳丽，白由路，王磊，等.黑土土壤中全氮含量的高光谱预测分析[J].农业工程学报，2010，(1).

吕晓男，陆允甫. 浙江低丘红壤肥力数值化综合评价研究[J]. 土壤通报，2000，31(3):107－110.

牛铮，陈永华，隋洪智，等. 叶片化学组分成像光谱遥感探测机理分析[J]. 遥感学报，2000，02:125－130.

潘文超，李少昆，王克如，等.基于棉花冠层光谱的土壤氮素监测研究[J].棉花学报，2010，(1).

沙晋明.利用土壤黑度值实现土壤肥力遥感监测的机理[J].山西农业大学学报，1996，(4).

尚海英.测土配方施肥样品采集方法及注意的问题[J].农业科技与信息,2009(21):27-27.

施润和,庄大方,牛铮,等.叶肉结构对叶片光谱及生化组分定量反演的影响[J].中国科学院研究生院学报,2005,22(5):589-595.

石吉勇.基于高光谱图像技术的设施栽培作物营养元素亏缺诊断研究[D].江苏大学,2012.

孙波,张桃林.我国东南丘陵山区土壤肥力的综合评价[J].土壤学报,1995(4):362-369.

孙俊,金夏明,毛罕平,等.基于高光谱图像光谱与纹理信息的生菜氮素含量检测[J].农业工程学报,2014,30(10):167-173.

孙希华.长清县农用土地生产力评价及生产潜力研究[J].中国人口.资源与环境,2001,(S2).

唐世刚,金爱武,蔡梦蝶,等.施肥对毛竹胸高断面积的影响[J].世界竹藤通讯,2013,06:13-16.

唐延林,王人潮,黄敬峰,等.不同供氮水平下水稻高光谱及其红边特征研究[J].遥感学报,2004,02:185-192.

涂淑萍,叶长娣,王蕾,等.黄竹叶片营养与土壤肥力及产量的相关研究[J].江西农业大学学报,2011,33(5):918-923.

王植,周连第,李红,等.桃树叶片氮素含量的高光谱遥感监测[J].中国农学通报,2011,27(4):85-90.

魏晨.植物色素及氮素含量高光谱遥感估算模型的元分析[D].浙江大学,2013.

魏忠义,王秋兵.大型煤矸石山植被重建的土壤限制性因子分析[J].水土保持研究,2009,16(1):179-182.

吴玉红,田霄鸿,同延安,等.基于主成分分析的土壤肥力综合指数评价[J].生态学杂志,2010,29(1):173-180.

谢福来,史晓芳,史忠良,等.利用高光谱技术估测小麦叶片氮量和土壤供氮水平[J].农学学报,2016,6(4):7-15.

徐冠华,徐吉炎,再生资源遥感研究[M].1988,北京:科学出版社.

徐永明,蔺启忠,黄秀华,沈艳,王璐.利用可见光/近红外反射光谱估算土壤总氮含量的实验研究[J].地理与地理信息科学,2005,(1).

薛利红,卢萍,杨林章,单玉华,范晓晖,韩勇.利用水稻冠层光谱特征诊断土壤氮素营养状况[J].植物生态学报,2006,(4).

翟清云,张娟娟,熊淑萍,等.基于不同土壤质地的小麦叶片氮含量高光谱差异及监测模型构建[J].中国农业科学,2013,46(13):2655-2667.

张彦山,韩明玉,马杰,等.正宁县苹果园土壤肥力综合指数评价[J].甘肃农业科技,

2015(2):6-9.

张永贺.基于林木叶片光谱特征的生化组分估算模型探究[D].福建师范大学,2013.

张志才,黄金华,叶代全,等.光皮树不同家系叶片氮、磷化学计量特征及其与土壤养分的关系[J].西北林学院学报,2016,31(4):53-58.

郑德华.不同土壤类型对毛竹林生长的影响研究[J].世界竹藤通讯,2014,05:32-34.

郑立华,李民赞,潘娈,孙建英,唐宁.近红外光谱小波分析在土壤参数预测中的应用[J].光谱学与光谱分析,2009,(6).

朱元洪,孙羲,洪顺山.施肥和土壤养分对毛竹笋营养成分的影响[J].土壤学报,1991(1):40-49.

第九章　竹林资源适宜性区划

目前我国毛竹资源的利用已从衣食住行覆盖到生态系统服务,从单一木材经济价值到多角度文化生态内涵。从古代竹林的经营理论发展到现代竹林经营理论,竹林资源区划经营成为调整的方向。当前,遥感技术在林业资源上已得到广泛应用,利用遥感技术获取林分基础资料、林分生长监测等方面的应用使得遥感与毛竹资源高效利用之间紧密联系。科学的竹林资源适宜性区划成果能够为充分开发利用现有竹林资源及自然资源优势,合理规划安排区域栽种布局提供科学依据,有利于区域竹林稳定、可持续发展,促进区域竹林产业集约化发展。

本章分别从适宜性区划、林地资源适宜性区划、竹林资源适宜性区划的概述出发,分析了影响竹林适宜性生长的气候因子、地形因子和土壤因子。强调了竹林资源适宜性区划的目的和意义以及林地适宜性区划的方法及流程,并阐述遥感技术在竹林资源适宜性区划中的应用思路。

9.1　竹林资源适宜性分析概述

9.1.1　适宜性区划

适宜性分析是指土地针对某种特定开发活动的分析,我们通常评价的适宜性包括土地适宜性、生态适宜性、文化适宜性、发展适宜性等。适宜性区划是根据林地质量评价结果,结合各林班林地面积所占比例大小,对一个地区林地进行的适宜性等级区划,适宜性区划一般包括两大类,即气候适宜性区划和生态适宜性区划。

气候适宜性是当前区划研究的重要内容。刘少军等(2015)根据确定的橡胶树种植的气候区划指标(气候适宜性指数、橡胶树台风灾害指数、橡胶树综合寒害指数),结合模糊综合评价模型,进行中国橡胶树种植气候适宜性区划研究。贺文丽等(2011)根据猕猴桃的气候生态特征,分析了猕猴桃生长环境对气候条件的要求,并利用气候资料,以年平均气温、年降水量等作为区划因子,确定了区划指标,采用 GIS 及模糊综合评判的方法,将陕西关中的猕猴桃生长区域划分适宜区、次适宜区和不适宜区,并对各区的生态气候条件进行评述。

目前说得最多的生态适宜性区划,简单来说,就是根据某种植物、某种技术措施等对生态条件的要求,遵循生态分布的地带性和非地带性规律,把生态条件大致相当的地方归并在一起,把生态条件差异较大的地方区分开来,这样得出若干等级的带和区之类的区划单位。由此可见,生态适宜性区划即在分析生态条件的基础上,以对地理分布有决定性意义的生态指标为依据,遵循生态相似原理和地域分异性规律,将一个地区划分为若干个不同的生态适宜性区域,各区域内部存在着共同的生态特征和经济供需,区域之间则存在着一定程度上的量和质的差异性。

生态适宜性区划与气候适宜性区划有着显著差别。气候区划是以分析地区的气候特点,以气候的形成和差异规律为准则,确定气候区域区划指标;而生态适宜性区划则是在生态适宜性分析的基础上,按照生产需求或景观诉求等,确定对资源产地分异规律有重要意义的生态因子,以此为指标进行分区。从以上分析可以看出,无论是在区划的目的、方法以及为社会生产服务的深度和广度上,两者均存在一定的差异。

9.1.2　林地资源适宜性区划

林地资源,指用于生产和再生产森林资源的土地,是林业生产最基本的生产资料(徐立峰等,2015),包括有林地、宜林地、疏林地、未成林造林地、灌林地、苗圃地等(王汉忠,2013)。林地作为地球生态区划的一个方面,是由气候、土壤、地形、地貌和生物等因素构成的自然综合体,由于构成因素的不同,导致自然界中不同区域林地的立地条件、质量、生产力、用途和价值等千差万别,不同的林地资源对应不同的生态环境和物种,不同的林地利用方式会对林地产生不同的影响,不适宜的利用方式会严重破坏林地的质量和生产力,有效的利用方式可以维护区域生态系统平衡、促进林地资源的高效持续利用。因此,林地资源的适宜性区划,要求以科学合理的方法对林地资源自身和环境的影响要素做出评价,构建合理的林地适宜性区划。在我国,谢瑞红等(2007)在对海南岛红树林资源进行详细研究探讨的基础上,根据影响海南岛红树林分布的主要因子,从生态适宜性区划的角度对海南岛红树林首次进行了适宜性区划,为海南岛红树林的恢复和保护决策提供了参考性意见(谢瑞红,2007)。

在传统的区划中,人们多采用主成分分析、聚类分析法等方法来对林地进行经济或生态适宜性区划。近年来,随着科学技术的飞速发展,一些新技术、新方法,如人工神经网络、地统计学相关研究理论方法和地理信息系统(GIS)等技术也逐步被应用于各个学科,以期合理规划,科学地评价立地质量,提高林地的生产力(郑德祥等,2006;陈艳芳,1987)。至此适宜性区划的研究方法也发生了较大的变化。GIS技术为林地资源区划提供了一个强大的技术平台,气象和土壤数据又为这个平台提供了海量的数据支持,这大大提高了区划的精度和速度(Peng J et al,2011;高菲,2012)。如龙俐等(2008)根据贵州特殊的山地立体气候,依据气候相似性原理,运用贵州省 1:25 万地形数据和 84 个台站 30 年的气候资料,以 GIS 为技术手段,划分出 3 种分布范围,即:适宜区、次适宜区及不适宜区。

9.1.3　竹林资源适宜性区划

在我国,竹林自然区划研究工作已经得到了较好的发展。1989 年,何方、黎祖尧通过模糊聚类的方法对江西省的毛竹进行了区划。1990 年,梁泰然根据我国竹林分布的特点,以气温与降水分配的地域分异为依据,结合其他生态因子,第一次把全国的竹林划分为四个带和若干个亚带。此次分类标志着自然区划在竹林资源上展开。我国最早进行竹林区划的省份是浙江省,首先是方伟于 1991 年根据浙江省气候、地形等特点,结合竹林资源分布的情况,将浙江省内的竹林区划为东南部沿海丛生竹林区、丘陵山地混合竹林区和平原丘陵散生竹林区,在此基础上,将平原丘陵散生竹林区划分为浙北人工竹林亚区与浙西天然竹林亚区,结合区划结果,提出了浙江省竹种资源的利用与引种意见。1992 年,浙江省林业勘察设计院毛竹区划课题组通过实地调查和自然地域分布规律将浙江全省划分为四个水平适宜区域,并根据各区域内毛竹经营的特点,划分出五个不同生产力等级区,将区划界线落实到了乡一级,运用数学模型将浙江全省南北代表山体划分出四个适宜带。毛竹分布大省福建也于 1992 年通过选择对影响毛竹生长、分布和产量密切相关的生态因子的模糊聚类分析,按适宜性等级将全省划分为 5 个区,并根据生产力指标将各区划分生产力等级区。在此之后广东、贵州、四川等地也相继有学者提出地区性的竹林区划(毛竹规划课题组,1992)。之后,全国毛竹区划工作小组在各个省毛竹区划研究的基础上,依据全国的毛竹产区的生态因子、立地因子及生产力的地域差异完成了"我国毛竹的生态经济区划与发展战略研究"。该研究从宏观上进行了毛竹适生区、适宜区和生产力等级区区划。毛竹生态经济区划为各地毛竹林基地建设、科学经营、丰产林建设等提供了科学依据(祝国民,2006)。另外,熊德礼等在2003年还首次完成了竹林在县域尺度上的区划。

从相关领域的研究发展趋势可以看出,单纯地以自然地域分异作为竹林区划基本原则与方法正逐渐转向以生态学原理作为指导,以数量化生态指标为依据,生态地域分异为主的生态区划。根据生态区划的基本原则与方法并结合区划对象的特点,划分不同的竹林适宜区域,依托和服务于地域资源的可持续利用和经济的可持续发展。

9.2 竹林资源生长适宜环境要素影响分析

竹林跟其他植物群落一样,与其周围环境之间相互联系、相互制约,并不断进行物质和能量的交换,构成一个完整的生态系统——竹林生态系统。竹林中除主要建群的竹子外,还有乔灌木、草本植物、微生物等成分,环境条件包括气候、土壤、地形、生物等。由于经度、纬度、海拔、地形、土壤和气候的变化,造成了不同的生态因子组合,称之为立地条件。立地条件的诸多构成因素,不是个别地孤立作用于竹林的生长,而是相互关联、相互影响,共同综合作用于竹林的生长。进行竹林资源生长的适宜性区划就是根据竹林群体生理特征、生态要求和自然环境相适宜的程度,按照一定的指标划分出竹林适生范围,因地制宜,适地适树。当然在同一场合的不同时间内,有些不同因子起到主导的作用,谓之时空性,了解这一点,对于科学区划竹林资源十分重要。

9.2.1 竹林资源与气候环境

经过调查研究,气象因素是影响毛竹秆形最重要的因素之一。毛竹生长的不同生育期内,不同的积温、降水量和光照对毛竹的生长影响程度是不同的,某些因子作为主导性或限制性因子,并且综合作用于毛竹的生长发育。此外,经过对不同产区或同一产区的毛竹生长情况与气象因子之间的相关性分析,可以得知有利于毛竹生长的基本前提条件是温度与湿度条件(汪阳东等,2002)。温度和降水对竹笋——幼竹的高生长量影响尤其显著,在毛竹的初植阶段,若遇到气温急剧变化或者持续干旱,毛竹生长会受到严重影响(詹乐昌,1997)。特别是温度,在降水量充足的前提下,高生长量和气温具有直线相关性。谚语"雨后春笋",即在春季降水后,土壤水分充足,同时春季降水后通常是伴随着气温的升高,因而竹笋竞相萌发,长势极旺,这个道理已经被人们普遍掌握和了解。

（一）气温

气温在毛竹的生长过程中具有重要的作用。毛竹在长期的自然选择中形成了喜温喜湿的习性,在最适宜的温度范围内,毛竹生长表现出最大的生产力,对极端的气温虽然表现出一定的忍耐力,但是一旦超出了可接受温度的临界值,毛竹往往会死亡。一般状况下,气温低于 8 ℃就停止生长,18 ℃以上生长良好,低于 18 ℃生长缓慢,25~29 ℃毛竹生长最活跃。毛竹的分布范围内,年平均气温在 12~22 ℃,我国毛竹分布中心的年平均气温为 18~19.1 ℃。毛竹自然分布北线的年平均气温为 12.6 ℃左右,南界的年平均气温为 18~22.8 ℃,再向南毛竹年均温不能超过23 ℃,超过此线的地区几乎没有毛竹的踪迹。在毛竹分布区的北缘,降水较少,干旱期较长,但由于毛竹地下茎深入土层,竹鞭和笋芽得到一定程度的保护,所以毛竹在冬季具有一定的抗干旱能力。从北到南,随着温度水分的增加,气候环境为毛竹的生长提供了有利条件。近年广西上林大明山和北纬 23°以南的容县大容山将毛竹移植成功,但都在北坡荫蔽较湿润处。20 世纪 60~70 年代,全国大规模的"南竹北移"试验中,也有不少成功的例子。影响引种成败的关键仍是气温(在同一品种下)。据引种最北的辽宁金县试验,毛竹一般在 1 月平均气温－5 ℃左右、极端最低气温－16 ℃左右时基本无冻害,可以在自然状态下安全越冬,在稍低的气温条件下,如能争取适当防寒措施,亦可越冬,并随着栽培时间的加长,毛竹抗性加强,将能耐更低的气温,但在 1 月平均气温－9 ℃以下,极端最低气温－19 ℃以下时,即使防寒,毛竹越冬也有困难。

（二）降水

降水作为一种生态系统的水分因子,在不同的发育阶段对水分的需求是不同的。降水量对毛竹的影响可从三个方面来体现:年降水量、生长活跃期的降水和月平均降水量。凡是有毛竹自然分布的地方,年降水量都在 1100 mm 以上。在自然状况下,如果年降水量低于这个限度的地区发展和栽培毛竹,必须在阴湿小地形上或必须视毛竹生理需要及时辅以人工灌溉(赖信舟,2013)。

毛竹生长高峰期从发笋期(3 月、9 月)开始,从竹笋出土到长成竹秆定高,共需60~90 天,在这样短的时间内完成竹秆的高生长和发枝展叶,需要大量的水分。尤以 4 月份降水对毛竹生长最为重要,4 月份降水量的等值线也是我国毛竹自然分布的重要界限。毛竹孕笋期(8 月—10 月)的降水量对毛竹的生长发育也至关重要。发笋期充沛的水量有利于竹笋分化,但如果在毛竹的这一时期内常年出现干旱,这一区域就不可能有毛竹的自然分布。相关研究发现,孕笋期的降水量每增加1 mm,毛竹的立竹数将增加 0.15 株(陈艳芳,1987)。如果降水规律符合毛竹本身的生理需要和生长规律,刚好在毛竹需水时,雨季到来,毛竹生长就旺盛,从各地春季降水量也可以看出这个规律。

年降水量的月均分配状况,也对毛竹生长有一定影响。竹笋在孕笋期的土壤养分、水分以及孕笋前竹林同化养分的积累、竹林本身结构状态对竹林成竹都有着影响。一年之内,毛竹在秋季孕笋期和毛竹的出笋期,这两个时期毛竹对水分的需求量大,必须有足够的降水量才能保证毛竹丰产。即使孕笋期满足了毛竹的生长,其他月份严重干旱依旧会影响毛竹的出笋、成竹。例如,1988 年虽然孕笋期水量充沛,但是接下来的 10 月—12 月三个月份都出现了严重的干旱,三个月的降水总量仅为 38.6 mm,只有历年同期降水量的 23%,最后出现的结果就是全竹林出现凋萎现象,部分土层较薄的毛竹干枯而死,全年出笋产量锐减(周文伟,1991)。所以一年四季雨水较均匀,则可满足毛竹年生育期内各个时期的需水量,有利毛竹成长、成材。但如果旱季超过一定限度,则不利毛竹的生长,甚至影响毛竹的生存。

(三)光照

光照强度对植物生长及形态结构有重要作用。自然生境下植物不可避免地要受到光照时间、光照强度和光质变化的影响,植物需要适合其生长的光环境才能正常生长。光对毛竹的生长有直接影响和间接影响。直接影响指光对竹子形态生成的作用,间接影响指毛竹的光合作用,这是毛竹生长的物质基础。毛竹是阳性植物,具有趋光性。光照影响竹冠的趋向、枝叶的光合生长等,适当的光照强度是毛竹生长的必备条件。稀疏的林分,强光长期照射的情况下,林内水分蒸发快,土壤干燥,不利于幼竹的生长。相反,在郁闭度相对适当的林分内,林内相对湿度较高,地表水分充足,有利于幼竹的生长。所以,光照的强弱需要适当控制。

随着"3S"技术的广泛应用,以上各因子的获取变得更加便捷,可以通过遥感获取基础影像,再建立影像与自然地理要素、水热因子之间的关系,可以有效模拟出竹林区的气候特征,将大大减少竹林资源的适宜性区划的野外工作量,节约资金,节省时间,提高经济效益。

9.2.2　竹林资源与地形因子

地形对毛竹林分布的关系也很重要。因为地形的变异直接影响环境水热条件的变化,从而影响毛竹的分布与生长。毛竹在平原、盆地、丘陵、高原和山地等各种地貌类型都有分布,其中在丘陵和山地多形成成片的混交林状态,在平原地多零星栽植。毛竹生长的最适宜海拔在 $500\sim800$ m 的低山地带土层深厚的缓坡地段(范蓉,2010)。我国的毛竹多生长在山坡,山地降水条件比平原好,一般山地的向风坡地形多雨,所以各山地的降水量一般比平原丰富。降水量也随着海拔高度(一定范围内)的增加而有相应的增大,但各山体增加的趋势和幅度不一样。另外,地形的变化,导致日照条件、热量辐射、湿润状况、云、风等诸多环境因素的变化,直接影响到水、热条件的变迁,进而制约着毛竹的生存和生长。不同地形特征,毛竹的分布和生产力水平在同纬度也有明显差异。随着"3S"技术的发展,使得地形因子的获取更加便利和高效。在竹林资源适宜性区划过程中,区域内的坡度、坡向及高程等地形因子可以利用数字高程模型提取出来,以其生态序列分布规律作为辅助因子,利用遥感影像上不同竹林区的波谱信息,便可以区分出不同地形条件下的毛竹生长分布。

（一）坡向

坡向不同,太阳辐射、光照时间也不一样,直接影响林地的水热状况,进而导致毛竹林的光热、水分分布和胸径的不同。阳坡能接受较多的太阳辐射,土壤增热快,土温较高,有利于有机质的分解和有效养分的释放,而阴坡接受太阳辐射少,受热条件差,土温低,有机质分解转化慢。

竹子与一般植物的生长不一样,无次生生长,竹子胸径在幼竹时就基本定形。坡向对竹林胸径的影响主要是影响竹林的光照状态,进而引发生境的变化,影响土壤水肥状况。阴坡、半阴坡的土壤含水量、有机质、速效 N 含量多于阳坡、半阳坡,夏秋季孕笋期,降水较少,阴坡水分蒸发少,有利于孕笋。而阳坡的速效 K 含量高于阴坡。竹林春季萌生阳坡较阴坡早,阳坡竹笋萌发多,但个体较小,材质刚性较强,阴坡竹笋萌发数量较少,但个体相对较大,竹节间较长,竹秆较阳坡粗长,竹材韧性较好(郑郁善等,1998)。邓司马等(2016)从毛竹林分水平和土壤养分含量两个尺度详细分析了不同坡向的影响,研究结果也进一步证实坡向是影响立竹度和平均尖削度主效因子,是影响速效磷和有机质的显著因子。速效 P 与平均尖削度显著相关,有机质与平均株高显著相关,与平均胸径负显著相关,与立竹度极显著相关。阳坡地毛竹林分生长较好,相比较阴坡地,立竹度高,平均胸径低,株高稍高,而枝下高相差不大,阳坡地毛竹林分生物量较大,毛竹凋谢物较多,土壤因子指标明显较高于阴坡地。

（二）坡位、坡度

坡位、坡度往往对竹林的胸径也有较大的影响,毛竹林发笋、成竹因气候、土壤和经营管理不同而有差别(黄振奋,2014)。坡向的影响在新成竹的数量表现上呈现一般的趋势规律:下坡新成竹数＞中坡新成竹数＞上坡新成竹数;坡度小于30°竹林的新成竹数＞坡度大于30°。坡位、坡度导致土壤土层深厚与肥沃程度的差异,且水分的蓄积在南方山区也有着一般规律:坡下位＞坡中位＞坡上位。竹林立竹量是动态变化的,且受人为影响较大。坡位与坡度、坡位与坡向之间存在着显著的交互作用。下坡位的立竹量明显高于中、上坡位。山体中下位坡度小,立竹量也相对高。显然,坡度较缓的中、下坡位林地土层深厚、肥沃,水分蓄积高,有利于竹林生长。坡度大的上坡位林地,土层瘠薄,水分不易蓄积,竹林立竹量不高长势亦差(黄礼祥,2005)。

（三）海拔高度

毛竹生长受海拔高度的影响,有随高度增加而下降的明显趋势。海拔在1000 m以下,毛竹生长良好。到1100 m时,虽然毛竹也能正常生长,但其粗度只相当于适生区的77.9%左右,高度只能达到80.8%。从陈双林关于海拔对毛竹林结构及生理生态学特性影响研究结果来看,土壤理化性质上,海拔对土壤容重、毛管孔隙度、田间持水量无显著影响,土壤总孔隙度、非毛管孔隙度、饱和持水量随海拔升高而显著增大,海拔与土壤值、全氮、速效氮呈极显著负相关,与有机质呈极显著正相关,对全磷、速效磷、全钾、速效钾影响不显著。种群结构上,毛竹林立竹密度和立竹平均胸径、枝下高、全高随海拔的升高而显著增大,立竹整齐度、均匀度则显著下降。海拔每升高100 m,立竹平均胸径增加0.646 cm。始出笋时间、出笋终止时间随海拔升高向后推移,出笋持续时间随海拔升高而缩短。中、低海拔毛竹林出笋前期、后期持续时间接近,高海拔毛竹林则相对较短。退笋率随海拔升高而降低。毛竹林经济性状上,虽然立竹壁厚率与海拔呈负相关关系,相同径级立竹材积随海拔升高而降低,但海拔与立竹胸径的显著相关和立竹尖削度值随海拔的升高而显著增大的趋势,使竹材产量随海拔的升高而显著增长,竹材质量提高。海拔致成的环境因子综合变化,使不同海拔梯度毛竹林的光合日变化呈现出一定的规律性,所以根据不同海拔梯度毛竹林的种群生长特点和经济性状表现,应实行分类经营、定向培育策略,低、中、高海拔毛竹林分(陈双林,2009)。

以上坡度、坡向等地形因子皆可通过GIS技术从DEM中提取得到。

9.2.3 竹林资源与土壤

毛竹喜通透性、保水、保肥性良好的酸性、微酸性土壤,在轻度盐碱化的土壤上也可以正常生长,但在盐碱化程度较严重和石灰性土壤上生长不良,如滨海盐土上均无毛竹分布,即使在适宜区内石灰性土壤上毛竹生长也不良(吴家森等,2006)。毛竹生长情况受土壤因素的影响较大。土壤因素对竹林资源的影响主要体现在竹材质量(胸径、枝下高、基径)等生长因子的差异方面(朱剑秋等,1990)。程晓阳等对四年生毛竹实生林调查研究结果表明,在相同种苗和栽培措施条件下,立地条件和竹高差异不显著,与胸径生长量有极显著差异。不同立地条件的土壤厚度是导致胸径及显著的主要原因(程晓阳等,2004)。

(一)土壤肥力与立竹粗生长

1. 土层厚度与立竹粗生长

长期的野外工作发现,用土层厚度来确定立竹粗生长存在着局限性。例如,许多平坦的地段,土层非常深厚,但由于土壤常受人为干扰而显得比较紧实,竹鞭和根系入土深度比较浅。地上立竹粗度也不大。粉砂质地的土壤,心、底土很板结,竹鞭和根系分布浅,立竹也往往比较细。用"有效土层"的概念更为适用,所谓"有效土层"是指木本植物根系改造过的疏松土层,是密集的细根分布到达的土壤层次(郑郁善等,1998)。也有相关调查结果证实了这一论点。

毛竹粗生长与有效土层厚度和腐殖质层的厚度都存在极显著的相关,尤其是与有效土层厚度相关系数更大。石灰岩形成的土壤,立竹平均胸径最小,主要是因为有效土层浅的缘故;流纹岩和长英岩发育的土壤,质地疏松,竹鞭及根系入土深,立竹就粗得多;页岩发育的土壤,多数生长中小径级的毛竹。

2. 腐殖质含量与立竹粗生长

土壤腐殖质是有机质在微生物的作用下,经转化后富新合成的一类高分子含氮有机化合物。对作物生育有良好的促进作用,可以增强呼吸和对养分的吸收,促进细胞分裂,从而加速根系和地上部分的生长。土壤腐殖质是森林土壤最重要的肥力指标之一,了解其含量水平,有助于对立地质量的评价。表层土壤腐殖质含量水平是影响毛竹粗生长的重要因素之一。从表现看来,表层腐殖质含量多的立地,立竹的粗度反而相对较小。但是,在相同的立地条件下,富含腐殖质的土壤,每年单位面积的新竹数却多得多,新竹产量也比较高;增施有机肥同样能达到增产的效果,只是新竹的平均胸径变小而已。

3. 土壤养分与立竹粗生长

森林土壤学在研究立地条件时比较注重土壤物理特征,但竹子往往当作经济林对待,经营集约度高,并要求较大的施肥量,所以研究其土壤养分的相关性尤为必要。毛竹粗生长与表土以下的土壤养分含量关系不密切,因此,需要进行土壤营养诊断时,仅需采集表土进行分析即可。有人主张森林土壤营养诊断的采土深度0~20 cm,经过调查研究表明毛竹林土壤表层腐殖质平均厚度在 25~35 cm,因此采集土壤深度定为 0~30 cm 较合适。

4. 土壤容重与立竹粗生长

土壤容重应称为干容重,又称土壤假比重,一定容积的土壤(包括土粒及粒间的孔隙)烘干后的重量与同容积水重的比值(黄静,2012),土壤的容重大小表明土壤的密实程度,容重越大,密实程度越大。林地中四种母岩发育的表土容重比较相似,都在 1.0 g/cm³ 左右;心土容重相差较大,其中以页岩发育的心土层容重最大,达到 1.276 g/cm³,可能与粉粒含量(67.9%)较高有关。表土层与心土层容重对立竹粗生长的影响很大。说明要培育大口径的毛竹,除了采取众所周知的提高单位面积的立竹数外,还要选择心土层比较疏松的立地。

(二)土壤理化性质与毛竹根系分布

土壤的理化性质,主要包括土壤的容重、比重、通气性、透水性、养分状况、黏结性、黏着性、可塑性、耕性、磁性等。毛竹根系的分布一方面由自身的特性所决定;另一方面受土壤水分——物理性质所形成的抗穿透力的影响。山区森林土壤除沟谷地常为冲积堆土外,一般都为自然发育成土,腐殖质层较薄,其水分—物理性质从上至下一般呈规律性的变化。土壤容重值相对较小,且 50 cm 以上土层的容重都为适宜容重。非毛管孔隙度 10%~20%,其通气性适宜于根系生长。

在土壤结构良好的前提下,土壤化学性质决定着土壤的肥力状况。土壤的肥力,尤其是有机质含量的高低,又影响着土壤的结构和蓄积有效水的状况。植物根有趋肥性,无疑土壤的化学构成对竹林地下系统的结构状态是有影响的。土壤有机质、全氮量的分布与须根分布有着相同的趋势。磷、钾的分布在一些标准地中不呈规律,但从统计值上仍表现出一种趋势。在毛竹林土壤因子中,土壤氮因子是影响毛竹生长的主要因子之一。

(三)土壤养分与毛竹笋营养成分

植物的生长发育和土壤养分供应的数量和种类有关。竹林土壤养分不仅关系毛竹自身生长,而且影响毛竹笋的品质。土壤养分对笋体营养成分影响是以生长于不同土壤肥力上的竹林为研究对象。土壤水解氮与冬笋蛋白质水解氨基酸含量成正相关,其中丝氨酸、谷氨酸、甘氨酸、亮氨酸、苯丙氨酸与土壤水解氮相关达极显著水平,氨基酸总量及缬氨酸、赖氨酸与土壤水解氮的相关达显著水平,其他氨基酸与土壤水解氮相关不显著。土壤速效磷与蛋白质水解氨基酸成微弱正相关,其中甘氨酸、亮氨酸与土壤速效磷有一定的相关性。土壤速效钾与蛋白质水解氨基酸含量相关不显著(朱元洪等,1991)。

(四)土壤温度与毛竹冬笋-春笋高生长

冬笋-春笋高生长正值早春,面临的气候条件多变,尤其是温度,往往成为影响竹笋生长的主导因素。在毛竹出笋期间,土壤温度主要在 8～16 ℃之间变动,此时冬笋-春笋高生长量随温度上升呈直线增大,笋越高,生长量越大。例如,当竹笋高度为 10 cm 时,土壤温度每上升 1 ℃,冬笋-春笋高生长量增大 0.16 cm;而当竹笋高度等于 90 cm 时,土壤温度每上升 1 ℃,高生长量增大 0.53 cm。

不同地表覆盖和母质的土壤具有不同的反射光谱及其波谱特性,通过 RS 技术可以测量土壤表面发射或反射的电磁能量,研究遥感信息与土壤属性之间的关系,并建立土壤属性与遥感数据间的信息模型,可以反演出竹林地的土壤属性(杨涛等,2010)。进而,可以更加便捷地分析竹林地毛竹生长与不同土壤肥力、水分、矿物质等之间的分布和生长差异,为毛竹资源适宜性区划提供支撑。

9.2.4 竹林资源与生物因子

竹林生态系统是森林生态系统中极为重要的一部分,除了土壤、植物外,竹林生态系统中还具有很多生物因子,而这些生物因子有些是有利于竹林生长发育的,如专门分解枯枝落叶的微生物、细菌,帮助疏松土壤的小动物等;同样竹林生态系统中还存在着很多对竹林的生长有负面作用的生物,如竹蝗等虫害,其中包括对竹笋危害较大的野猪、鸟兽等。这些危害竹林生长发育的生物因子如果没有处在平衡状态,将会对竹林造成毁灭性的破坏,所以生物因子的适当管治也是保障竹林资源良好生长的重要条件。

"3S"技术通过其高精度定位获取竹林中生物的位置信息,并利用 RS 技术获取地表影像后进行影像判读,再利用 GIS 分析,便能轻松得到地面生物的生长、病害等情况,提高了林业工作的效率。

9.3 竹林资源适宜性区划原理及实现流程

9.3.1 竹林资源适宜性区划的目的和意义

竹林资源适宜性区划的目的在于阐明地区竹林分布、适宜生长、灾害的分布规律,划出具有不同生产意义的生态适宜性区域。一方面,它为竹林的综合发展,为当前调整竹林结构、采伐或综合生产等合理布局,采用的合理竹林技术措施提供基础依据;另一方面,也为国家竹林产业的长远规划和林业资源整治提供科学依据。因此,竹林资源生态适宜性区划为竹林生产领导者在指导竹林生产和进行竹林产业规划时起到重要的参谋作用。

竹林资源生产是在自然条件下进行的,它无时无刻不在受到各种环境条件的影响,生态条件是竹林生产重要的环境条件,对生态环境因子的生态适宜性区划是合理布局、综合发展竹林资源的重要依据和工作。但是,一个地区在发展竹林产业或采用怎样的种植制度、技术措施等,除了受自然环境因素影响外,还受到社会、经济、政治等不可控因素的制约,竹林区划的主要任务是全面、系统地分析和考虑自然条件和社会政治经济等因素前提下,为因地制宜开发利用各地区资源,为制定竹林生产发展规划和布置竹林生产任务,为指定竹林政策和竹林技术措施提供方向性的建议和科学依据。因此,在对竹林资源生产对象形成过程、产量构成与环境的相互关系进行分析的基础上,根据特定要求,制定出对竹林资源地域分异规律有意义的生态指标,进行区域的划分对竹林资源生态适宜性区划具有重要意义。

9.3.2 竹林资源适宜性区划原则

生态适宜性区划可以按其任务、生态类型和地区范围大小划分成不同的类型,各类型有其本身的特点,并对竹林生产起的作用也不相同。

(1)地域分异原则。在地带性因素和非地带性因素共同作用下,地球表面不同地段之间相互分化及差异形成地域分异,地域分异按确定的方向发生有规律的分布促使地域差异具有一定的规律性。自然环境的空间分布存在着明显的水平和垂直差异,而这种生境分异必然导致毛竹适生程度和生产力水平的明显差异。因此,环境的地域分异是区划最基本原则(林业部,1988)。

(2)环境的综合效益与主导因素作用原则。生态环境是由生物群落及非生物自然因素组成的各种生态系统所构成的整体(崔秀花,2009),主要由气候、地貌、植被、人文等多种因素形成,各因子之间相互联系、相互作用,其中任何因子都不能单独存在,毛竹林群体生产力依赖各种环境因素组合而产生的综合效益(李边疆,2007)。但是,环境因子对毛竹生长的作用并非等同,它们在组合时都以量的大小决定对毛竹影响的大小和主次,其中必有若干个因子起主导作用(陈存及等,1991)。如我国西南地区毛竹的生产力春季的主导限制因子是水分,而华南地区则主要由温度限制,可以看出不同地区即使同一季节的主导限制因子也存在差异,因此,在划分时既要考虑环境因子的综合效应,又要突出主导因子的作用。

(3)科学性与实用性原则。毛竹区划是一种综合的实用技术,区划是指导毛竹生产发展的重要基础,区划必须要有科学的理论依据和先进的方法,要在详细调查和分析不同地域毛竹生长状况、经营水平等的基础上,根据各地区自然、社会和经济特点,采用直观、稳定、便于判断测定的主导因子,系统地找出毛竹地域、环境、经济及生产力之间的关系规律,制定符合实际的、切实可行的和具有实际指导意义的毛竹发展对策,并在进行区划时对区划的科学性和实用性进行充分验证。

(4)现实生产力水平和经营主体意愿协调原则。各个地区的地形、气候、生物、经纬度等因素以不同的组合方式形成不同的生境,致使毛竹生产力在不同区域存在一定差异,其中很大一方面原因在于人为因素。在同一地域内,不同经营形式与经营强度所表现出的便是毛竹生产力水平和经济效果的差异,经营主体的经营意愿是决定当地毛竹生产是否趋于自生自灭的重要因素。当前,有许多地区的毛竹经营水平并不理想,毛竹生态系统的生态、经济、环境效应及林地生产潜力未得到充分发挥。随着生态林业建设的推进,对毛竹产品需求和经济发展的需要将进一步提升,经营主体的经营意愿必将成为影响毛竹发展的重要因素。

(5)多级序原则。多级序层次结构是自然科学的普遍现象,林业用地普遍存在着大同小异的等级差别(范金顺等,2012)。树种区划服务于树种连续经营体系,由于环境因子在时间上的连续性,镶嵌性和渐变性以及经济效益及社会需求的可塑性和不平衡性,在空间上具有完整性和不重复性的特定。因此,毛竹区划必须以多级序列控制,可根据综合环境因素划分出不同适宜区,各区内又按立地条件对生产力的影响大小划分生产力等级,并建立逐级控制体系。划分单位从高到低,按其相似性逐渐增大、差异性逐渐缩小的原则划分,力求区内相似性大,差异性小;区间差异性大,相似性小,以满足不同等级规划布局的需要(陈存及等,1991)。

9.3.3　竹林资源适宜性区划方法

每一个生态适宜性区划都因地区的自然特点、竹林生产任务和存在的问题以及林业区划的要求不同,而各有不同的具体任务。同时,由于竹林生产水平的不断提高,技术水平的不断进步,生态适宜性区划的具体任务和内容也不是一成不变的。因此,在现有基础上,随着监测技术水平的提高,进行修改、充实,以满足生产不断发展的需要。早期适宜性区划所采用的方法多为数学方法结合经验法分析研究。如刘继平运用聚类分析方法确定了热量公因子、水分公因子、光照公因子及孕笋期雨量公因子为影响毛竹生长发育及分布的四个公因子(刘继平,1987)。浙江毛竹区划课题组利用数学方法对浙江毛竹分布进行适宜区域的定位划分,并用经验法进行了等级区的划分(毛竹区划课题组,1992)。随着信息技术及"3S"技术的不断发展和应用,在资源监测、管理中"3S"技术得到越来越广泛的应用,目前数学方法结合"3S"技术的方法被广泛运用于区划及评价研究中。如李迎春等根据毛竹正常生长发育所需的气候条件,利用 GIS 为辅助手段对井冈山区毛竹进行了气候分区,并结合遥感监测技术得出井冈山区毛竹实际分布信息(2002);张明洁采用基于 GIS 的加权指数求和法作为评价方法,对其做出的北方地区日光温室发展的气候适宜性做出综合评价(2013)。龙俐等结合贵州特殊的山地立体气候,依据特细青刀豆生长发育特性对其气象条件的要求,利用气候相似性原理,以 GIS 为技术手段,划分出适宜区、次适宜区、不适宜区三种不同等级、不同时段的分布范围(龙俐,2008)。闫秀婧等在对麦积区经济林种植的土壤养分和环境因子进行充分调研的基础上,利用空间统计学和 GIS,完成了麦积区苹果、葡萄土壤适宜性的专题区划(闫秀婧,2014)。

(一)经典聚类分析法

经典聚类法是目前实际使用中最多的一种方法,其中基本思想是:定义样点之间的距离(或相似系数)和类与类之间的距离,即一开始将几个样点各自成一类,这时类与类之间的距离与样点之间的距离是等价的,然后将距离最近的两类合并,重新计算新类与其他类的距离,再按最小距离归类,这样每次缩小一类,直到所有样点都成一类为止。这种归类过程可以用聚类图(或称系谱图)形象地表示出来,并由聚类图进行分类。样点区划指不同的地域,通过分类,将同一类的各点划为一区,即完成分区工作。在实际问题中,不同变量一般取得单位不同,为了使不同的单位能够比较,通常要数据转换。有时即使变量是同一单位,为了使数据更适合某

种模型,也需将数据转换。一般聚类方法分为三种:

(1)直接聚类法:先把各个分类对象单独视为一类,然后根据距离最小的原则,依次选出一对分类对象,并成新类。如果其中一个分类对象已归于一类,则把另一个也归入该类;如果一对分类对象正好属于已归的两类,则把这两类并为一类。每一次归并,都划去该对象所在的列与列序相同的行。经过 $m-1$ 次就可以把全部分类对象归为一类,这样就可以根据归并的先后顺序作出聚类谱系图(张鹏,2011、卢东升,2013)。

(2)最短距离聚类法:是在原来的 $m \times m$ 距离矩阵的非对角元素中找出,把分类对象 G_p 和 G_q 归并为一新类 G_r,然后按计算公式计算原来各类与新类之间的距离,这样就得到一个新的 $(m-1)$ 阶的距离矩阵;再从新的距离矩阵中选出最小者 d_{ij},把 G_i 和 G_j 归并成新类;再计算各类与新类的距离,这样一直下去,直至各分类对象被归为一类为止(曹洪伟,2010),

$$D_{pq} = \min_{x_i \in G_p, x_j \in G_q} d_{ij}. \tag{9-1}$$

(3)最远距离聚类法:最远距离聚类法与最短距离聚类法的区别在于计算原来的类与新类距离时采用的公式不同。最远距离聚类法所用的是最远距离来衡量样本之间的距离(徐丽媛,2010),

$$D_{pq} = \max_{x_i \in G_p, x_j \in G_q} d_{ij}, \tag{9-2}$$

(二)模糊聚类分析法

模糊聚类分析来源于模糊数学方法,目前在国内的农业气候工作中应用的模糊数学方法有模糊综合评判、模糊相似选择、模糊聚类分析等(何延治,2006)。模糊数学分析法是区域地理规划方案评价的重要方法,它既适合于可直接量化的评价指标,也适合不能直接量化的评价指标(王凤领等,2012;顾韩等,2006)。模糊数学统计法的步骤为:确定论域与因素集;要求参与实验者就论域中各给出的点是否属于因素的各元素进行投票;统计投票结果,求出隶属函数。以下主要介绍模糊聚类分析。

1. 标定距离,建立模糊相似系数矩阵

距离是衡量分类对象间相似程度的统计量,用 $x_{ij}(i=1,2,\cdots,n;j=1,2,\cdots,m;n$ 为样本的个数,m 为指标个数)表示。利用 x_{ij} 从而确定相似关系矩阵:

$$\widetilde{R} = \begin{bmatrix} x_{11} & x_{12} & \cdots & x_{1m} \\ x_{21} & x_{22} & \cdots & x_{2m} \\ \cdots & \cdots & \cdots & \cdots \\ x_{n1} & x_{n2} & \cdots & x_{nm} \end{bmatrix}_{n \times m}. \tag{9-3}$$

标定距离的方法有很多,常用的有相关系数法、最大最小法、算术平均最小法、几何平均最小法、绝对指数法、绝对值减数法、夹角余弦法等,这里采用一种常用的欧氏距离计算方法:

$$r_{ij} = 1 - \frac{\sqrt{\sum_{k=1}^{m} (x_{ik} - x_{jk})^2}}{\max D}, \quad (1 \leqslant j \leqslant m), \tag{9-4}$$

式中,x_{ik} 表示第 i 样本的第 k 个指标的观察值,x_{jk} 表示 j 个样本的第 k 个指标的观察值,r_{ij} 表示第 i 个样本与第 j 个样本之间的亲疏程度,$\max D$ 等于 $\sqrt{\sum_{k=1}^{m} (x_{ik} - x_{jk})^2}$ 中的最大值。r_{ij} 越大,则第 i 个样本与第 j 个样本之间的性质就越接近。性质接近的样本就可以划归为一类。

2. 模糊等价关系矩阵建立

用上述方法建立起来的相关系数 R,一般只满足反射性和对称性,不满足传递性,因而还不是模糊等价关系。为此,可用求传递闭包的方法将 R 改造成 R^*,按最短距离法原则寻求 x_i 与 x_j 的亲密程度。

假设 $R^2 = (r_{ij})$,即 $r_{ij} = \bigvee_{k=1}^{n} (r_{ik} \wedge r_{kj})$,说明 x_i 与 x_j 是通过第三者 k 作为媒介而发生关系的,符号"$\vee$"和"$\wedge$"含义的定义为 $a \vee b = \max(a, b)$,$a \wedge b = \min(a, b)$。$r_{ik} \wedge r_{kj}$ 表示 x_i 与 x_j 的关系密切程度是以 $\min(r_{ik} r_{kj})$ 为准则,因 k 是任意的,故从一切 $r_{ik} \wedge r_{kj}$ 中寻求下一个使 x_i 与 x_j 关系最密切的通道。

在实际处理过程中,为了进一步加快 R 的收敛速度,先将 R 自乘改造为 R^2,再自乘得 R^4,如此继续下去,直到某一步出现 $R^{2k} = R^k = R^*$,此时 R^* 满足了传递性,于是模糊相似矩阵(R)就被改造成了一个模糊等价关系矩阵(R^*)。

3. 模糊聚类

对满足传递性模糊关系矩阵 R^* 进行聚类处理,给定不同置信水平的 λ,求 R_λ^* 阵,找出 R^* 的 λ 显示,得到普通的分类关系。当 $\lambda = 1$ 时,每个样品自成一类,随 λ 的降低,由细到粗逐渐归并,最后得到模糊聚类结果(郭进辉,2008)。

（三）灰色聚类分析法

灰色聚类是基于灰色关联矩阵或灰数的白化权函数将一些观测指标或观测对象聚集成若干个可定义类别的方法(王涛等,2012)。一个聚类可以看作是属于同一类的观测对象的集合。在实际问题中,往往是每个观测对象具有许多个特征指标,难以进行准确分类(孙慧等,2011、王辉等,2011)。

灰色聚类按聚类对象划分,可划分为灰关联聚类和灰类白化权函数聚类。灰关联聚类主要用于同类因素的归并,以使复杂系统简化(李维国等,2011)。通过灰关联聚类,可以检查多个因素中是否有若干个因素关系密切,使我们既能够用这些因素综合平均指标或用其中某一个因素代表这几个因素,又使信息不受严重损失,这属于系统变量的删减问题。在进行大面积调研之前,通过典型抽样数据的灰关联聚类,可以减少不必要变量的收集,以节省经费(郭三党等,2013)。灰类白化权函数聚类主要用于检查观测对象是否属于事先设定的不同类别,以便区别对待(王辉等,2011)。应用时,灰类白化权函数聚类则较灰关联聚类更复杂。其主要步骤为:

（1）给出聚类白化数:选取 n 个聚类对象,得到 m 个聚类指标;

（2）根据公式(9-3)将聚类白化数进行均值化无量纲化处理,得到聚类白化数矩阵 $[X_{ij}]_{n \times m}$,其中 n 为聚类对象数,m 为聚类指标数;将 n 个对象关于聚类指标 $j(j=1, 2, \cdots, m)$ 的取值相应地分为 s 个灰类($s=k_1, k_2, k_3$),称为 j 指标子类

$$D_{pq} = \max_{x_i \in G_p, x_j \in G_q} d_{ij}; \qquad (9\text{-}5)$$

（3）根据灰类的定义规定 j 指标 k 子类的白化权函数,根据白化权函数,定义为 j 指标 k 子类临界值,并按式(9-4)计算 j 指标 k 子类的权

$$n_{j}^{k} = \frac{\lambda_j^k}{\sum\limits_{i=1}^{m} \lambda_j^k}; \qquad (9\text{-}6)$$

（4）标定聚类权灰数矩阵,构造聚类矩阵;

（5）计算聚类矩阵,根据聚类矩阵结果进行灰色评价。

（四）主坐标分析法

竹林生态系统是一个多维的林业—社会—经济—生态系统,追求生态效益、经济效益和社会效益的有机结合是其根本目标。因此,对于这样一个复杂的系统进行聚类,须遵循定性与定量方法相结合,以增强区划成果的科学性,而主坐标分析方法则是一种独特的标定方法,它能将聚类分析与主成分分析方法融合起来,用较

少的主坐标对分类单元进行有效地排序并使损失的信息最小(陶向新,1987)。在竹林重逢适应性区划中应用主坐标分析方法,较之应用聚类分析方法更具有直观性。

主坐标分析以 OTU(分类单元)间的差异性为基础,即从距离矩阵出发,再通过坐标轴旋转变换,建立新的排序坐标系(主坐标),使 OTU 的欧氏距离等于原来OTU 间的距离,保持差异性不变。主坐标分析的基本原理是将 m 个 OTU 间的差异组成 m 阶距离矩阵 D(董广志,1993)。其主要步骤为:

(1)选择 m 个 OTU 间的相异性数据。

(2)根据相异性数据,构造一个 m 阶的欧氏距离平方矩阵

$$D = \{d_{ik}^2\} \quad (i,k = 1,2,\cdots,m)。$$

(3)根据公式

$$S_{ik} = -\frac{1}{2}d_{ik}^2 + \frac{1}{2m} + \frac{1}{2m} - \frac{1}{2}\frac{1}{m^2}$$

计算

$$S = \{S_{ik}\} \quad (i,k = 1,2,\cdots,m)。 \tag{9-7}$$

(4)计算 S 的特征根 λ,依大小排列;计算对应的特征向量 U。

(5)根据 $Y = \Lambda^{\frac{1}{2}} U$,计算 m 个 OUT 在 p 维主坐标中的排序坐标;根据

$$I_i = \frac{\lambda_i}{\sum\limits_{i=1}^{m}\lambda_i} \ \text{及} \ \sum_{i=1}^{t}I_i = \frac{\sum\limits_{i=1}^{t}\lambda_i}{\sum\limits_{i=1}^{m}\lambda_i},$$

计算前 t 个主坐标保留的信息比;决定排序坐标维数。

(6)依据前 2~3 个主坐标中的排序值绘出排序图。

(7)根据排序图,将分类单元划分为几个类别,确定区划界线。

(五)最大信息熵模型

依据分子运动论的观点对熵所做的解释,熵与系统状态参量之间具有连续单值函数关系,这种关系用数学语言描述为——映射(曲昭伟 2003)。使熵与概率之间建立联系,可以用熵的概念研究和描述"不确性"。使用概率描述通信系统内信号源的随机性时,就创立了信息熵数学理论。最大熵方法的特点是,在研究的问题中,尽量把问题与信息熵联系起来,再把信息熵最大作为一个有益的假设(原理),用于所研究的问题中(赵欣,2012)。最大熵原理指出,当我们需要对一个随机事件的概率分布进行预测时,我们的预测应当满足全部已知的条件,而对未知的情况不

要做任何主观假设(陈琴,2010)。在这种情况下,概率分布最均匀,预测的风险最小。因为这时概率分布的信息熵最大,所以人们称这种模型叫"最大熵模型"。

根据概率论,对事件 $X=x_i$ 自信息求数学期望,得到其平均自信息,记作

$$H(X) = \sum_{i=1}^{n} P(x_i) I(x_i) = - \sum_{i=1}^{n} P(x_i) \lg P(x_i),\qquad(9\text{-}8)$$

当 X 代表信息源时,$H(X)$ 代表信息源的平均自信息,被称为信息熵。实际应用中,在式(9-8)右边乘以一个常数,通常取玻尔兹曼常数,并将 $H(X)$ 记为通常使用的熵的符号 S,将 $P(x_i)$ 简记为 p_i,将 lg 记作自然对数 ln,则上式变为

$$S = -k_B \sum_{i=1}^{n} P_i \ln P_i,\qquad(9\text{-}9)$$

式中,k_B 为玻尔兹曼常数;p_i 为事件 $X=x_i$ 发生的概率。

最大信息熵原理认为:在所有相容的分布中,挑选在满足某些约束条件下(通常是给定的某些随机变量的平均值)能使信息熵达到极大值的分布作为系统的分布。也就是说在满足约束条件下,熵值最大的分布是最符合实际的分布(达庆东,1999)。

最大信息熵原理的中心任务是找出确定 p_i 的方法,使得导出的 p_i 与关于系统的所有已知知识相一致。这里的已知知识是指与所研究系统有关的知识。

9.3.4 竹林资源适宜性区划流程

(一)区划指标选取

区划指标的选择是保证适宜性区划结果是否具有科学性和实用性的关键。影响森林资源适宜性等级差别的因子主要包括三个方面,即林地资源、林木资源及环境指标。竹林与生态环境具有高度的关联性,不同的植被类型所需的生态环境是不一样的。环境因素对毛竹的分布和生长的作用并不等同,毛竹林特定的生态环境是竹林生态系统在发育过程中适应其周围特定生态环境的结果。自然环境组合是植被适生的基础,而适宜程度是树种生产力的条件。在生态环境系统中,对森林的分布起到制约作用的主导因素是热量,其次是水分条件(陶国祥,1993)。由于限制毛竹生长的因子包括了生态、经济、人文等,因此不同地区毛竹区划选取的指标也存在一定差异。

林业部区划办选择双因子控制的立竹株数和立竹平均胸径作为毛竹生长平均水平确定区划系统的数量指标体系(王永安,1992);浙江毛竹区划课题组采用毛竹

平均胸径的数量指标系统,并适当考虑毛竹单位株数,对浙江省毛竹分布进行区划(毛竹区划课题组,1992)。我国西南地区,限制毛竹生存的主要原因是由于春季干旱,雨季来得迟,而华南一带则是常因 1 月份气温过高,毛竹的休眠芽不能休眠,次年不能出笋。因此,以气候要素因子为气候适宜区划指标的也相对较多。李迎春等提出毛竹喜温耐湿,水分条件对毛竹的影响远较其他因子大,选取井冈山区 15~25 ℃ 日数、6—8 月降水量和 1 月平均气温 3 个主要因子作为井冈山区毛竹种植气候区划的指标(李迎春,2002)。陈存及等对福建毛竹区划选择的指标则主要是环境因素组合的差异程度,包括年均温,年降水量、3—4 月降水量、相对湿度、≥10 ℃ 的积温、海拔、地貌(中山与低山比例)、土壤(红壤和黄壤比例)、风速、经纬度等自然环境因素及生产力水平的差异程度,以胸径和立竹度表示(陈存及等,1991)。综合分析竹资源的区划指标可归纳为:

1. 林地指标

(1)反映土壤条件的因子主要有:土壤侵蚀模数、土壤有机质、全氮、全磷、全钾、土层厚度。

(2)地形因子:地貌类型(各低丘、高丘、低山、中山、山间盆地所占比例)、海拔、坡度、坡向(阴坡和阳坡所占比例)、地面曲率。

2. 林木指标

主要表现为竹林生长的资源数量和质量指标:林地利用率、竹林面积、竹材蓄积和产量、林分郁闭度、立竹密度、年龄结构、竹株分布的均匀度、个体大小(平均胸径和竹高)和整齐度、叶面积指数、竹针阔混交林比例、各林地生产力等。

3. 环境指标

主要表现在与气象有关的因子:年均气温、极端高温、极端低温、年均降水量、四季(春、夏、秋、冬)降水量等。

(二)确定区划方法及思路

毛竹林的生长受到气候、地形、土壤、植被等生态因子的综合作用,这些因子的作用主要表现在毛竹林竹材蓄积和产量、立竹密度等方面,其林地适宜性区划首先应在遵循毛竹区划原则的基础上,利用"3S"技术根据野外调查和遥感影像的对照判读及影像处理,获取竹林生长分布与生长情况。结合地区毛竹生长的实际条件和生长情况,进行竹林生态环境因子的分析判别,并用遥感数据与地面各种因子建立模型,判定该地区毛竹生长的影响因素,利用 GIS 技术分析各因素对毛竹生长的影响方式和程度,从而叠加气候、土壤、植被等因子对毛竹生长的综合指标;确定影响毛竹生长的主要指标后，根据选定的影响因素，确定毛竹区划系统，目前较多使用的区划因素为环境因素的综合影响及毛竹生产力水平的差异，在水平方向上将毛竹区域划分为适生区与散生区(零星分布区)，并在垂直方向上分为最适宜带、适宜带和较适宜带。最后结合区划因子与区划系统，选择区划方法，如南方地区环境因素对毛竹生长影响差异程度较大，生产力水平差异明显，因此多采用聚类分析法，根据选定的因子，得到毛竹在地理区域上的聚群状况，以划分不同适宜区范围，最终实现毛竹适宜性区划。图 9-1 为流程图。

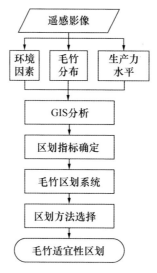

图 9-1　毛竹适宜性区划流程

（三）区划结果应用

对毛竹进行合理地区划，其目的是为了更全面认识毛竹在区域中的生长差异，对合理安排毛竹生产、分别制定适宜的栽培措施、促进毛竹高效生产、对提高当地的毛竹生产力水平具有重要意义。

毛竹适宜性区划，可以更加详细地了解地区气候、土壤、植被等条件及其组合状况对当地毛竹生产发展的影响，明确毛竹生长发展的总体气候、土壤、植被等适宜程度，用于更合理的指示毛竹经营管理。当前，在全国及省市尺度上均已有不少毛竹的区划结果，其中，全国性的宏观区划界定了适生区、零星分布区和引种区等分布区及其下的若干等级，较好地指导了全国毛竹的区域化栽培，在大区域上指导毛竹的经营管理，但也较难准确地定位其在局部地区的界线，因此，更小区域的毛竹分区为地区提供更详细的区域指导。毛竹适宜性区划在一定程度上方便了地区的毛竹生产管理,提高了地区的经济效益、社会效益及生态效益。

9.4　遥感应用于竹资源适宜性区划的整体思路

在竹林的生态区划中,新方法与新技术逐渐得到充分应用(焦伟华等,2010;曹榕彬,2005),避免了传统的区划方法的主观影响,且越来越多具备扎实的专业基础和丰富的工作经验的高素质人才投入研究,确保了区划结果的客观性。结合目前林业发展的现状,竹林资源适宜性区划应在高效区划的基础上保证区划的结果结合地方实际,满足经济发展与生态建设的双重需要,为政策的制定与实施提供了理论依据,乃至直接服务于生产实际。遥感技术作为一种空间信息获取和处理的技术,在其高度的时效性下,为当前竹林资源的适宜性区划提供了重要的技术平台,为资料的快速获取与更新提供了基础。遥感技术在竹林资源适宜性区划中最最重要的作用即获取基础数据。

9.4.1　毛竹适宜性区划过程

根据前人研究总结出竹林适宜性区划总体分为四大模块分布为:确定区划对象、区划要素选择、区划方法选择、区划结果。其中:确定区划对象,即所需要区划的毛竹分布区,如全国范围或者省县范围内的毛竹林适宜性区划;区划要素选择,即区划指标的选择,在毛竹生长发育过程中,受到环境和人为等诸多因子的综合作用,因此需要分析和判别这些环境因子对毛竹生长及分布的影响程度,揭示不同环境作用下,毛竹的生长及分布情况,从而为毛竹适宜性区划提供科学依据;区划方法选择,区划方法需在遵循区划原则的基础上,严格按照相应的生态、环境、经济指标,建立严密的区划系统,而后选择区划方法,目前区划方法具有定性定量相结合的方法,如郑郁善等采用的是环境因子与产量聚类方法,陈存及等采用模糊聚类分析法和综合评价分析确定了福建省毛竹适宜性分布;区划结果,前人多以模糊聚类的聚类结果作为毛竹适宜性区划的区划结果,部分结合地区立地变化和生产力差异,做适当调整,确定毛竹适宜性分布。

9.4.2　遥感应用于竹资源适宜性区划思路

在适宜性区划的过程中,至关重要的一步是区划要素选择,即提前获取地区的气象、土壤、地形等环境因子及毛竹的生长情况、毛竹分布等基础信息,分析影响毛竹生长的影响因素。因此遥感技术在竹林资源的适宜性区划中具有重要的基奠作用。在毛竹适宜性区划过程中,传统的非遥感手段因受自然条件的限制,很多数据无法获取,各竹林区自身特殊的地理环境和人类活动等,极易影响毛竹的生长分布。选择遥感数据作为基础资料,利用遥感技术获取、处理地面信息,将大大提高毛竹适宜性区划的效率。

遥感获取的是地表各要素的综合光谱,反映的是地物群体的特征而不是地物的个体特性。在进行毛竹适宜性区划过程中需要确定区划指标,而区划相关指标,如土壤、地形、竹林分布、竹林面积等,这些指标需要进一步进行分析和探讨,因此,其获取是区划的重要过程。遥感技术在毛竹适宜性区划过程中主要是通过获取毛竹林区域内土地覆被状况、空间分布特征及其他相关生态环境因子的光谱特征,并建立遥感信息模型为基础,获得遥感影像,利用 GIS 技术进行:图像预处理、图像增强、分类处理、专题信息提取等处理后的遥感影像,分析地面毛竹资源生长分布、生产力情况,及其影响因素,探测并揭示其要素的空间分布特征与时空变化规律,定性或定量划分毛竹分布及生产力区域,为主体区划服务。主要流程如图 9-2 所示。

9.5 本章小结

毛竹是我国南方重要的森林资源,不仅是重要的商业用材,更在维护生态平衡方面发挥了重要作用,具有重要的经济、生态和社会服务等多功能价值。毛竹林地适宜性区划关系到区域毛竹产业的发展方向,其结果将在毛竹产业的生产实践中提供重要的指导作用。利用遥感技术能够高效、准确地进行功能区地物识别分类,提取专题信息,提高选定区划要素的科学性与时效性,并通过适宜的区划方法,划分地区毛竹生产发展的适宜地域,并配合以科学的经营管理措施,对毛竹产业甚至是整个森林资源的可持续发展具有重要意义。

本章从区划的意义、区划影响因素、原则与区划方法及区划应用出发来阐述毛竹适宜性区划,整体可以看出:① 毛竹区划是在分析毛竹自然分布区内的生境、生产力水平等因素与社会需求的一致性的基础上,综合划分毛竹的不同适宜区,以达到分区指导、分类经营、科学育竹的目的,从而提高毛竹林生产力,为社会经济和生态环境的发展提供最佳的经营效益。② 毛竹生产力主要受气候、地形、土壤、生物因子等的影响,并且受到各环境因子的综合作用,因此,在区划时考虑的因素越多,则使区划的适用性越高,找出对毛竹生产力影响最大的环境限制因子,如水分、热

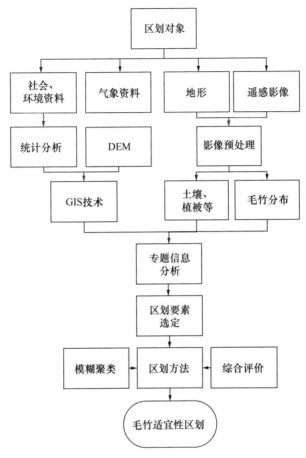

图 9-2　毛竹适宜性区划流程

量、地形等,对毛竹区划的准确性具有至关重要的作用。③ 毛竹适宜性区划需要遵循地域分异、环境的综合效益与主导因素作用、科学性与实用性等原则的基础,并在确定区划指标的基础上,选择区域的毛竹适宜性区划方法,目前的区划方法主要有模糊聚类分析方法、灰色聚类分析、主坐标分析法等。随着遥感信息源的空间分辨率和时间分辨率的提高,遥感技术将得到进一步的应用和发展,在未来林业发展中,遥感技术凭借其实时性、快捷性、准确性,不管是资源环境监测还是林业资源区划、精准林业等方面,均具有良好的应用前景。

参 考 文 献

Bailey R G. Explanatory supplement to ecoregions map of the continents[J]. Environmental Conservation, 1989, 16(4): 307—309.

Hommeyer. Ecoregions: A framework foe managing ecosystems[J]. The George Wright Forum, 1895, 12(1): 35—50.

Matthews E. Global vegetation and land-use: New high-resolution data bases forel imate studies[J]. Journal of Climate and Applied Meteorology, 1983, 22: 474—487.

Peng J, Chen S, Huang Tet al. Division of Forest Resources Classification Base on GIS: An Application in the Tree Farm of Kunlun Mountain[J]. Science & Technology Innovation Herald, 2011, 10(9):1—11.

Prentice I C, Cramer W, Harrison S R, et al. A global biome model based on plant physio-Schultz J. The Ecozones of the World: The Ecological Divisions of the Geosphere[M]. Berlin: Springer-Verlag, 1995: 5—71.

Stolz J F, Botakin D B, Dastoor M N. The integral biosphere[C]//Rambler M B, Margulis L, Fester R. Global Ecology: Towards a Science of the Biosphere San Diego: Academic Press. 1989: 36—37.

曹洪伟. 承德市城市竞争力研究[D]. 西安理工大学, 2010.

曹榕彬. 基于 GIS 技术的福建省林地适宜性评价[D]. 福建农林大学, 2005.

陈存及, 黄克福, 陈荣富, 等. 福建省毛竹区划研究(Ⅰ)地域区划[J]. 福建林学院学报, 1991(4):374—380.

陈琴. 跨语言信息检索中双语词典的建立和翻译方法[J]. 计算机应用与软件, 2010, 27(7):107—109.

陈双林. 海拔对毛竹林结构及生理生态学特性的影响研究[D]. 南京林业大学, 2009.

陈艳芳. 我国毛竹生态气候区划的研究[J]. 中国农业气象, 1987, 8(4):46—50.

程晓阳, 方乐金, 詹鸿章, 等. 立地条件对毛竹实生林生长发育影响的研究[J]. 世界竹藤通讯, 2004, 2(4):26—27.

崔秀花. 河南省县域生态环境和谐发展问题研究[J]. 公民与法:法学版, 2009(10): 29—32.

达庆东, 张国伍, 姜学峰. 交通分布与熵[J]. 公路交通科技, 1999, 11:36—39.

邓司马, 何国良, 杨杰, 等. 不同坡向坡位对毛竹林生长及土壤因子的影响[J]. 湖南林业科技, 2016, 43(3):79—82.

董广志,梁文举,李海洋. 主坐标分析方法在农业生态区划中的应用[J]. 土壤与作物,1993(1):58—60.

范金顺,高兆蔚,蔡元晃,等. 福建省森林立地分类与立地质量评价[J]. 林业勘察设计,2012(1):1—5.

范蓉. 毛竹林丰产栽培管理技术[J]. 林业勘察设计,2010(2):138—141.

方伟. 浙江省竹林自然区划[J]. 竹子研究汇刊,1991(1):1—10.

高菲. 基于秋眠性的中国紫花苜蓿气候适应区区划研究[D].北京林业大学,2012.

顾韩,田大方,王晓春. 公路景观评价中 AHP 和模糊数学分析法的对比[J]. 工程管理学报,2006(5):18—20.

郭进辉. 基于社区的武夷山自然保护区森林生态旅游研究[D].北京林业大学,2008.

郭三党,王玲玲,刘思峰,等. 基于最大灰色关联度的聚类方法分析[J]. 数学的实践与认识,2013,43(6):195—201.

何方,黎祖尧. 江西省毛竹栽培区划及立地类型划分的研究[J]. 经济林研究,1989(2):11—22.

何延治. 农业研究中常用的几种模糊数学方法[D].吉林大学,2006.

贺文丽,李星敏,朱琳,等. 基于 GIS 的关中猕猴桃气候生态适宜性区划[J]. 中国农学通报,2011,27(22):202—207.

黄静. 秃杉生长的环境条件要求[J]. 吉林农业:学术版,2012(1):135—136.

黄礼祥. 坡位对毛竹生长的影响[J]. 广东林业科技,2005,21(1):66—68.

黄振奋. 影响蕉城区毛竹林生长的主要因子分析[J]. 林业勘察设计,2014(1):138—140.

焦伟华,何荧彬,张小栓,等. 基于 GIS 的保护性耕作技术适宜性区划方法[J]. 农业机械学报,2010,41(2):47—51.

赖信舟. 崇阳毛竹基础生物学特性研究[D].华中农业大学,2013.

李边疆. 土地利用与生态环境关系研究[D].南京农业大学,2007.

李维国,王耀球. 基于灰色聚类的珠三角区域物流竞争能力分析[J]. 物流技术,2011,30(8):69—71.

李迎春,张建萍.GIS 支持下的井冈山区毛竹种植气候区划[J]. 中国生态农业学报,2002,10(4):94—96.

刘继平. 毛竹产区气候区划的研究[J]. 竹子研究汇刊,1987,6(3):1—12.

刘少军,周广胜,房世波. 中国橡胶树种植气候适宜性区划[J]. 中国农业科学,2015,48(12):2335—2345.

刘英男,王振国.探讨林地退化原因及防治措施[J]. 黑龙江科技信息,2011(15):201—201.

龙俐,田鹏举,王备,等. 基于 GIS 贵州省法国特细青刀豆适生种植区划[J]. 贵州气象,2008,32(4):12—14.

卢东升. 基于模糊论和数据挖掘网络学习过程评价研究[J]. 无线互联科技,2013(12): 22—22.

马平,蒋小龙,李正跃,等. 基于 GIS 与气候相似性的谷斑皮蠹在云南适生区的预测[J]. 植物保护,2009,35(4):44—48.

毛竹区划课题组. 浙江省毛竹区划研究[J]. 竹子研究汇刊,1992(3):65—75.

曲昭伟,姚荣涵,王殿海. 基于最大信息熵原理的居民出行分布模型[J]. 吉林大学学报(工),2003,33(2):15—19.

陶国祥. 云南省杉木气候区划[J]. 林业调查规划,1993(1):13—17.

陶向新. 多元数量区划法与应用[J]. 沈阳农业大学学报,1987,2(18):30—35.

汪阳东,韦德煌. 气象因素对毛竹秆形生长变异的影响[J]. 竹子研究汇刊,2002,21(1): 46—52.

王凤领,陈荣耀,张剑飞,等. 基于 GIS 与 ES 的公路生态景观评价系统[J]. 计算机工程, 2012,38(1):291—292.

王汉忠. 广东省林地保护问题与对策研究[D]. 华南理工大学,2013.

王辉,周林飞,康萍萍,等. 基于灰色聚类法的大凌河水环境质量综合评价[J]. 人民黄河, 2011,33(9):74—76.

王涛,陈峻,王昊. 基于灰色聚类评估法的城市交通安全评价研究[J]. 交通信息与安全, 2012,3(30):93—97.

王永安. 我国毛竹区划完成[J]. 林业资源管理,1992,1:81—82.

吴家森,胡睦荫,蔡庭付,等. 毛竹生长与土壤环境[J]. 竹子研究汇刊,2006,25(2):3—6.

谢瑞红. 海南岛红树林资源与生态适宜性区划研究[D]. 华南热带农业大学,2007.

熊德礼,彭锦云,刘道锦. 阳新县竹类区划及其资源开发对策研究[J]. 竹子研究汇刊, 2003,22(4):61—66.

熊德礼,吴志庄,冯祥成,等. 湖北竹类的自然分区研究[J]. 世界竹藤通讯,2012,10(2): 13—17.

徐立峰,杨小军,陈珂. 集体林权制度改革背景下的林地经营效率研究——以辽宁省本溪县南营坊村为例[J]. 林业经济,2015(5):7—13.

徐丽媛. 高校图书馆管理系统的个性化服务的设计与实现[D]. 黑龙江大学,2010.

闫秀婧,汪浩然. 空间统计学林业应用案例[M]. 清华大学出版社,2014.179—183

杨涛,宫辉力,李小娟,等. 土壤水分遥感监测研究进展[J]. 生态学报,2010,30(22): 6264—6277.

俞礼军,严海,严宝杰. 最大熵原理在交通流统计分布模型中的应用[J]. 交通运输工程学报,2001,1(3):91—94.

詹乐昌. 毛竹造林技术应用研究[J]. 福建林业科技,1997,24(3):20—23.

张明洁,赵艳霞. 北方地区日光温室气候适宜性区划方法[J]. 应用气象学报,2013,24(3):278—286.

张鹏. 基于物理模型的聚类方法研究[D]. 电子科技大学,2011.

赵欣. 基于最大熵的中文术语抽取系统的设计与实现[D]. 西安电子科技大学,2012.

郑德祥,陈平留,张连金. 人工神经网络方法在林地经济区划中的应用[J]. 福建林学院学报,2006,26(3):206—209.

郑度,葛全胜,张雪芹,等. 中国区划工作的回顾与展望[J]. 地理研究,2005,24(3):330—344.

郑郁善,洪伟. 毛竹经营学[M]. 厦门大学出版社,1998(12):141—152.

周文伟. 降水对毛竹林生长的影响分析[J]. 竹子研究汇刊,1991,10(2):33—39.

朱剑秋,曾新宇. 毛竹林不同留养度数对生长和产量的影响[J]. 竹子研究汇刊,1990,9(1):55—62.

朱元洪,洪顺山. 施肥和土壤养分对毛竹笋营养成分的影响[J]. 土壤学报,1991,28(1):40—49.

祝国民. 浙江省竹林生态区划及区域竹业发展研究[D]. 南京林业大学,2006.

第十章　竹林资源健康状况的遥感监测

21世纪,中国确立了以生态建设为主的林业发展战略,与中国林业发展战略调整对应,以生态建设为主的林业生态建设工程也面临着调整定位的问题。传统的以木材生产为主的营造林理念已经不能适应现代林业生态建设的要求。营造健康森林成为当前林业生态工程在理论和实践领域重要的课题(曹云生,2011)。我国竹林资源的健康状况对竹产品生产、竹林资源的可持续经营具有重要作用。同时,竹林作为森林的重要组成部分,掌握竹林资源健康动态,维护竹林资源及森林生态系统健康,构建以可持续经营理论为指导,以可持续发展为目标,充满活力的森林生态系统,符合当前我国经济建设、生态文明建设等的需求及方向。

本章以竹林资源健康的内涵为基础,结合竹林资源的生物学特征与生长环境的特殊性,分析了竹林健康的基础和竹林资源监测的目的意义,重点阐述竹林病虫害这一健康要素,并从当前森林病虫害遥感监测的现状、主要内容及原理出发,介绍竹病虫害研究现状及遥感技术进行竹林病虫害监测的原理与技术流程。

10.1　竹资源健康概述

森林健康经营林理念逐渐被接受并得到广泛运用,竹类作为一个重要的森林类型,"竹资源健康"的概念尚未成熟。在当前森林资源供需矛盾和倡导生态文明建设的环境下,毛竹的地位和作用将更加突出,实现竹资源的可持续与健康经营对竹产业甚至林业发展具有重要意义。

10.1.1　竹资源健康内涵与实质

当今世界环境状况不断恶化,日益严重的环境问题已威胁或危害到人体健康,医学专家率先把医学模型扩展到自然环境保护中(王兵等,2007),从而出现了公众健康(public health 或 population health)、环境健康学(environmental health science)和环境医学(environmental medicine)。随后健康理念又被用于研究动植物的状态,相应地产生了森林生态系统健康(forest ecosystem health)、湿地生态系统健康(wetland ecosystem health)、流域健康(watershed health)、景观健康(landscape health)、森林健康(forest health)等术语(陈高等,2002)。其中。森林生态系统健康越来越多地被生态学家、林业和自然资源管理学家们所接受和使用,并将其作为森林状况评估和森林资源管理的标准和目标,同时提出了森林健康的监测与评估问题。

现代的森林健康概念已经逐步发展为包括林分、森林群落、森林生态系统以及森林景观在内的一个复杂的系统概念(肖风劲等,2003;Percy,2004)。普遍认为,健康的森林是生物因素(如病虫害、外来种入侵)和非生物因素(如火灾、空气污染、营林措施、木材采伐等)对森林的影响不会威胁到现在或将来森林资源经营的目标(谷勇,2007)。

毛竹作为森林的一个特别林种,其生物学、生长发育、采伐收获和特有的地下鞭根结构决定了毛竹林独特的特点和属性。毛竹林健康内涵的界定与理解是评价林分健康与否的前提,探讨毛竹林健康内涵,既要从生理方面理解毛竹的生物学特性,还要从功能上研究其生态系统属性。

从毛竹生长发育特征及其生物学特性来看,竹资源健康内涵包括:

毛竹生长发育一般需经历笋期生长、春笋幼竹期秆形生长、成竹生长三个阶段。笋是毛竹生长的第一个阶段(周芳纯,1981),冬笋是笋芽在地下生长时期的毛竹,一般不能长成立竹,是毛竹林经济收益的重要部分。但冬笋的采挖强度过大或刨鞭挖笋,则会破坏林地根系及其土壤结构而给来年笋产量带来负面影响(童颖国等,2007)。春笋的笋体大、生长速度快,是毛竹林生产能力的最重要补充,毛竹林笋的生长是决定毛竹林产量和质量的关键环节。毛竹笋抵抗外界破坏的能力非常脆弱,一旦遭到人为、病、虫等的破坏,基本不能再发育成竹,因此笋期的发展状况与毛竹林健康发展密不可分。从笋出土至完成秆高和秆形生长,是毛竹生长的第二阶段,分为生长初期、上升期、盛期和末期四个阶段(周芳纯,1981;苏文会,2013)。水分和温度也是影响此时期林地质量的限制因子,因此毛竹林地经营中,保留足够数量的健壮母竹、提高土壤质量、水分和养分管理是毛竹林健康经营应关注的重点。成竹生长是毛竹生长的第三阶段,在前两个阶段完成后,毛竹竹秆的胸径和秆高基本定型,根据竹子对干物质积累的速度以及物理力学性能的特性,认为新竹成熟生长需经历增进期、稳定期以及下降期。根据各阶段竹子的特性,实际经营中应清除 1~5 年生竹子中病虫竹、弱小竹,采伐 8 年以上的所有竹,保留部分 6~8 年竹子中生长健壮竹,以最佳发挥其利用效能。

毛竹林是人为干扰程度相对较高的一种森林类型,事实上,竹林资源健康问题的出现,是由于自然或人为因素使得林分结构或土壤环境发生变化,导致包括产品输出在内的服务功能等发生改变,从而影响稳定性和系统功能。比如毛竹纯林化、高强度采竹、挖笋、长期大量施肥等经营措施,虽然能得到短期内的经济效益,但是易引起林地大面积病虫害、生产力衰退、林地结构破坏、地力下降等问题,给毛竹林的长期稳定发展埋下隐患,也违背了人们的长期健康经营目标。

10.1.2 竹林资源健康监测的意义和必要性

(一)建设资源节约型城市的需要

很长时间以来,以增长速率为唯一考核标准的办法,造成了资源利用效率降低、经济粗放型增长等问题,也使得生态破坏得不到有效控制和解决。所以竹林健康监测与评价,应当坚持以科学发展观为指导,以可持续发展为导向,将资源节约和环境保护指标的权重提升,严格遵守以环境保护为重,竹林资源健康利用为先的竹林资源开发利用原则(田雅芳,2007)。通过生产技术与资源节约技术、环境保护技术体系的融合,抑制浪费资源、污染环境的行为,实现生态环境的平衡和社会经济的可持续发展,全面加快建设资源节约型、环境友好型社会的进程。

(二)新型工业化道路的需要

21 世纪人类发展的主题是绿色发展。绿色发展的内涵就是要消除或升级"高消耗、高污染"的传统工业化模式,彻底摆脱"先污染、后治理""先破坏、后保护"的落后的经济发展模式(孙柏林,2012)。竹林健康监测与评价项目的实施,将对目前竹林经营质量与方向做出科学评判,这对竹林生态环境建设的重大决策有重要意义,对避免社会经济发展重走以资源的高消耗、环境污染和生态破坏为代价的数量扩张型的传统工业化道路,对处理经济发展与人口、资源和生态环境之间的关系,对坚持绿色发展有着重大的监督管理作用,促进了经济效益、社会效益和生态效益三者的科学统一。

(三)经济可持续发展的需要

根据社会经济和文化的发展对林业的要求,以森林可持续经营理论为指导,以建设可持续发展的森林为目标,研究竹林健康监测与评价的理论与方法,进一步开展竹林健康监测与评价的相关研究,对提高林业科学经营,促进竹林健康管理水平,发挥竹林的各类功能与效益,建设一个健康、有活力的竹林生态系统,促进经济的可持续发展将起到重大的作用(张佳音,2010)。

(四)环境保护及生态建设的需要

森林作为陆地生态系统主体,其健康状况直接关系到区域生态安全和社会的可持续发展。目前实施的所有林业生态工程,都要求必须掌握明确的有关森林恢复进程和森林健康质量的动态信息,及时而科学地开展竹林健康及其生态变化的综合监测与评价是竹林健康管理的基础,所以开展竹林健康监测与评价有着非常重要的社会意义。一个科学的监测系统可以提供有用的信息和最基础的数据,为监测和评价竹林健康状况提供基本框架(谷勇等,2007)。对于管理部门来说,科学的监测与评价可为政策制定者提供科学的指导,通过监测数据,可深入分析竹林健康的地位和趋势,从而进行有效的竹林健康经营与管理。

(五)环境、经济和社会效益的共同需要

山区竹林健康监测与评价研究,通过竹林动态变化格局与过程进行长期定位监测,研究其发生、发展、演替规律,定量分析不同界面、不同时空尺度上生态过程演变、转换与耦合机制,建立评价预警体系,分析竹林植被理水调水功能机制,分析水土流失生态修复机制与过程,分析竹林在环境建设中的地位和作用,为竹林健康经营提供科技支撑,为生态环境的综合治理、生物多样性的保护以及林业发展等宏观决策的制定提供理论依据(郭宝华,2012)。

10.2　森林病虫害遥感监测

随着人口增加和经济发展,土地利用和城市化建设给各种资源带来巨大的压力。森林资源需求空前增大,但是森林单位面积产量较低,土壤情况、竹林结构、管理、病虫害等方面是森林低产的主要原因,其中森林病虫害是森林健康和林业生产的大敌。目前竹林病虫害成灾具有空间异质性,成灾地区可能地理位置较偏僻,不仅工作量大且不易发现,而且现有的常规测报技术难以及时、全面地准确掌握虫害发生、发展情况。因此,利用遥感大尺度的、直观的监测竹林病虫害情况是森林健康经营的必然趋势。进入 21 世纪以来,我国在资源环境卫星领域的重大突破,高分辨率卫星数据的实现为我国推进森林病虫害遥感监测工作奠定了重要基础。遥感作为探测地球表面为主的新技术,以其观测范围广、信息量大、获取信息快、可比性强、访问周期短等特点,越来越多地应用到森林资源的监测调查中。利用遥感监测森林病虫害可以提供直观的竹林状况数据,可以在短时期内重复跟踪单株林木和森林群落,能够及时、准确地监测到森林病虫害早期灾害点,便于将病虫害损失降低到最小,对于降低病虫害对竹林降质减产的危害具有重要的意义。

10.2.1 森林病虫害遥感监测的研究现状

森林病虫害是林业生产的大敌,造成的损失十分惊人(黄麟,2006)。据估测,森林大国加拿大,每年因病虫害损失木材蓄积量达 8800×10^4 m³。我国国土辽阔,森林资源稀缺,可是每年因病虫害损失的材积也相当可观。林业部统计,我国森林病虫害的损失远远超过森林火灾对森林资源带来的损失。有效地防治病虫害的根本就是及时、准确掌握病虫的发生、发展情况,以便尽可能地将受灾的程度降到最低。在人类历史的很长时间内,受当时生产条件和科技水平的限制,人们只能在实地用肉眼观察有无病虫害发生及其危害程度,或用捕捉虫蛾等办法判断虫害爆发的可能性。20 世纪 20～30 年代,植物保护专家在飞机上安置专用高级摄影机对地面植物进行摄影,在室内分析判读航摄相片就可以掌握病虫害的发生状况。这被认为是航空遥感监测病虫害的开始。20 世纪 30 年代,国外研究人员首次对铁杉尺蠖危害的落叶林进行了航摄监测,随着遥感技术的发展,各国遥感病虫害监测也逐步开展起来;20 世纪七八十年代,美国、日本等国家应用卫星遥感对森林病虫害的程度和面积进行了监测;1988 年,加拿大利用卫星遥感对花旗松林卷叶蛾虫的发生动态进行了监测等。

目前,森林病虫害的监测研究多采用雷达、光学系统及航空摄影、摄像的方式直接监测迁飞性害虫的动态变化(王蕾,2005)。国内外已大量开展了各种遥感技术进行病虫害的预测、动态监测和危害情况等方面的应用研究(曾兵兵,2008)。

(一)航空遥感

森林病虫害遥感监测始于 20 世纪 30 年代的航空实验观察。当时国外对受铁杉尺蠖(*Lambdina fiscel laria fiscellaria*)危害的落叶林进行了航摄试验观察,揭开了森林病虫害遥感监测的序幕。20 世纪 40 年代后,红外摄影技术得以发展。在航空遥感数据中,彩色红外(CIR)航空影像是监测森林病虫害的主要数据源。Harare 等利用 CIR 来评估芬兰云杉林的失叶量,结果表明该方法完全可以监测死的或严重失叶的单株树木和立地(Haara A,2002)。Appeal 等利用 CIR 影像分析了橡树枯萎病(*Ceratocystis fagacearum*)的流行病学参数,以提高对该病的管理(Appel D N,1987)。此后,美国林务局研制和开发了监测森林病虫害的航空录像技术,该技术在监测午毒蛾、云杉色卷蛾(*Choristoneura fumiferana*)、松小蠹(*Tomicus piniperda*)、云杉小蠹(*Scolytus sinopiceus*)等北美重大森林虫害中得以推广应用,取得了较好效果。我国从"八五"后期开始引进和消化吸收这项技术,先后开展了马尾松毛虫(*Dendrolimus punctatus*)和松材线虫(*Bursaphelenchus xylophilus*)等重大森林病虫害的监测和危险性评估研究和应用。如浙江省江山市应用运五飞机进行了监测马尾松毛虫的试验;广西武鸣县应用海燕 650B 动力轻型滑翔机进行监测松毛虫试验,经图像拼接、校正及增强处理,可判别受松毛虫危害损失 50% 以上针叶的灾害点。

　　航空多光谱数据也被用于监测森林病虫害。Leckie 等利用机载 MSS 数据(共9 个波段)对云杉色卷蛾引起的失叶量进行了制图。各波段数据、比值差值及主成分分析技术被用于区分失叶条件,用图像分类的方法监测了云-冷杉林的失叶量,其分类精度最高可达 70% 左右(Leckie D G,1988)。Olthof 等还利用多光谱机载数字影像、土壤数据、森林结构数据(如 LAI、树冠郁闭度、树干基面积等)等建立了1 个森林健康指数,对各种类型的森林健康条件进行评价(Olthof I,1988)。

　　(二) 卫星遥感

　　20 世纪 70 年代以来,随着航天遥感技术的迅猛发展,森林病虫害的遥感监测又有了更先进的技术支持。各国竞相把航天遥感引入森林病虫害和迁飞性害虫的监测中,特别是 1972 年美国成功发射了第一颗地球资源卫星之后,开创了卫星遥感监测森林病虫害的应用研究。如美国应用卫星遥感监测午毒蛾(*Lymantria dispar*)危害阔叶林的面积和程度;日本 1982 年开始研究应用美国资源卫星调查森林病虫害;中国在 1978 年对腾冲地区 2000 hm^2 以上松叶蜂(*Diprion spp.*)虫害进行了监测,测定了健康林木和被害林木的光谱特征。进入 20 世纪 80 年代后,卫星遥感监测森林病虫害才真正进入了应用阶段。加拿大 1988 年应用卫星遥感监测花旗松林卷叶蛾虫害的发生动态。我国在"八五"期间设立了科技攻关项目"松毛虫早期灾害点遥感监测研究"专题,深入研究和探讨陆地资源卫星 TM 资料监测松毛虫的可行性和技术方法,取得了满意的效果。1988—1990 年,中科院的池天河等在安徽应用 TM 图像进行了越冬代松毛虫灾害的监测应用研究(池天河,1995)。武红敢等也对松毛虫灾害的 TM 影像监测技术进行了深入研究(武红敢,2004)。应用气象卫星监测大范围森林虫害也取得了进展,如刘志明等利用 AVHRR 数据对大范围落叶松毛虫进行了研究,找出了不同灾害程度的 RVI 临界值,判对率达73%,与同期 TM 影像解译结果进行比较,相关系数达 0.91(刘志明,2002)。

（三）雷达遥感

对害虫迁飞、迁移行为及其机制的了解与掌握是制定有效控制策略的关键。目前，在这方面使用最普遍的遥感技术是雷达。雷达技术在害虫管理中的应用范围已涉及的迁飞性害虫有草地蝗（*Stenobothrus spp*.）、沙漠蝗（*Schistocerca gregaria*）、非洲粘虫（*Spodoptera exempta*）、午毒蛾、稻飞虱、棉铃虫（*Helicoverpa armigera*）、马尾松毛虫等。在国内，薛贤清等应用雷达监测马尾松毛虫成虫踪迹试验表明，雷达能监测到 143 m 处的马尾松毛虫成虫以及吊持在氢气球下升空 1020 m 的马尾松毛虫成虫（薛贤清,1991）。

（四）高光谱遥感

高光谱遥感是 20 世纪 80 年代才开始发展起来的遥感技术，也是目前监测植物受病虫危害光谱特性变化的最先进手段之一（伍南,2012）。森林病虫害高光谱遥感监测主要通过测定植物生活力，如叶绿素含量、植物体内化学成分变化来完成。如 Adams 利用 AVIRIS 数据，引入黄色指数来监测受胁迫植物叶片由于缺乏营养元素导致的叶绿素减少，即缺绿症（Adams M L,1999）。利用高光谱遥感数据可较为细致地描述植被的近红外强反射特性。由于受病虫害影响，森林植被中叶绿素含量减少时，光谱曲线中强反射波段向短波方向偏移，当森林植被因缺水而发生叶子枯萎时，光谱曲线中强反射波段将向长波方向偏移。判断临界光谱区的窄波段的反射是遥感应用于森林冠层受害监测的基础，可以用机载传感器携带的窄波段监测森林群落中各树种的早期损害。

10.2.2 森林病虫害遥感监测的主要内容

（一）森林病虫害遥感监测研究

1. 失叶监测研究

病虫害导致森林失叶是干扰森林生态系统的一个重要因子,目前,利用遥感数据监测森林失叶多集中在由虫害引起的失叶方面。Muchoney 等用 SPOT 数据监测温带阔叶林失叶量（Muchoney D M,1994）；Franklin 等利用 SPOT HRV 数据及野外调查数据研究加拿大纽芬兰西部云杉林由云杉色卷蛾导致的失叶量,研究结果表明了在遭受虫害的云杉林地,在可见光谱段的反射率显著增大,在红外谱段的反射率显著降低,且其 NDVI 值和色度指数更显著减小（Franklin S E,1994）。利用遥感数据监测和评估病虫害导致的失叶及受损面积对森林的经营和健康具有重要的意义。

2. 林冠动态研究

遥感在林冠动态研究中的地位和作用已被广泛认知。许多研究利用多时相卫星数据监测受害后的林冠变化，如 Nelson 很早就利用 Landsat MSS 数据来监测由午毒蛾引起的林冠变化(Nelson R F,1983)。此外，航空遥感数据中的彩红外(CIR)航空影像也成为监测森林病虫害导致林冠变化的主要数据源，Haara 和 Nevalainen 利用 CIR 评估芬兰由虫害导致失叶不严重云杉林的林冠变化(Haara A,2002)。

3. 危害程度/等级研究

划分森林危害等级便于为森林的经营管理和病虫害的控制提供依据和帮助，对于林业经营管理和减小灾害损失具有重要的意义。森林在遭受不同程度病虫害时光谱会发生变化，通过遥感图像上测定这种波谱特征变化，分析相应的虫害水平，提高自动化水平。美国、加拿大等森林大国一直以航空遥感作为监测森林病虫害的主要手段，随着遥感图像空间分辨率的提高，现在也通过陆地系列卫星监测害虫的危害。武红敢等利用 TM 数据对浙江省江山市马尾松毛虫的早期危害症状进行了遥感监测，通过分析可以清晰地在影像上辨别出重灾区、中灾区、轻灾区、微灾区和健康林区(武红敢,1995)。戴昌达等利用 TM 影像监测松毛虫灾害时指出垂直被数 PVI(3、4 波段构成的二维图像上各相元质土壤基线的垂直距离)区分重害、轻害和无害样区(戴昌达,1991)。

4. 光谱特征与森林受害之间关系研究

森林病虫害遥感监测的主要依据是受害森林群落的光谱变化。Aher 等的研究也证明对卫星光谱特性的分析能够提供关于受害范围及程度的信息，卫星光谱性质的精度与森林受害程度、病虫害类型、森林衰退现象及林木参数有很大关系(Ahern F,1991)。我国在 1978 年监测了腾冲地区超过 2000 hm² 松叶蜂虫灾，分别测定了健康林木和虫灾林木的光谱。此外，通过研究叶片的光谱反射系数变化，高光谱遥感可监测森林健康状况的变化，指示森林病虫害类型、受害程度、衰退等现象，如近红外反射下降和"红边"转移，可指示叶片的受胁迫程度。

5. 森林景观健康的遥感监测

森林景观格局是森林生态功能在区域尺度上体现的重要指标，影响并决定着各种生态过程和林内种群的生存、抗干扰能力。一定地理区域的景观格局常与干扰状况相对应，这里的干扰包括自身、自然、人为 3 种情况，而受到病虫侵害的林木死亡、灾后恢复及人工治理属于自然与人为的综合干扰，都会影响整个森林的景观格局。Radeloff 等利用 TM 数据研究了由于色卷蛾（*Choristoneura pinus*）导致的松树落叶与抢救性砍伐对景观格局产生的影响（Radeloff V C,2000）。

（二）害虫生境因子遥感监测研究

对害虫栖息环境进行遥感监测是遥感技术在害虫管理中最重要的应用。要实现有效的预测和预控,必须了解和掌握害虫本身的数量增长规律及其影响因子,以此建立合适的模拟模型,在此基础上对这些因子进行周期性地监测。生境因子包括寄主植物分布、气象因素、土壤因素、林分基本特征、地形因素等。寄主植物是监测害虫种群动态的基础,而应用遥感影像对其监测的可行性则取决于影像对寄主植物的可靠识别。如马建文等通过对蝗虫生活的芦苇样地进行野外调研,并利用TM 数据提取出了样地的归一化植被指数（NDVI）及抗大气植被指数（ARVI）,找出了遥感光谱特征域,提出了监测预测蝗灾的遥感方法（马建文,2003）。卫星遥感不仅能够直接监测害虫的寄主植物,而且还可监测其他环境因子如降雨和大气温度。如松材线虫病在海拔超过 700m 以上的地区几乎没有发生。研究害虫发生发育及其与生境因子的关系,通过因子的定量化并输入相应的模拟模型,从而认识病虫害发生的规律性,就可实现对害虫种群的预测预警。

（三）森林病虫害遥感监测模型研究

目前,国内外利用卫星遥感对森林病虫害监测的各类模型主要有两类:一类是采用各类植被指数（归一化植被指数、比值植被指数、差值植被指数、正交植被指数和垂直植被指数等）模型。原理是利用各类植被指数变化与树木叶损失量变化关系进行森林病虫害监测和评价。如有学者在研究松毛虫等病虫灾害监测时,采用TM 资料,提出基本相似的比值植被指数变化与林木叶损失量变化模型,并将虫害危害的灾情评价分级（杨存建,1999;雷莉萍,1995）。二类是采用所用通道的其他各类组合形成的特定形式（如色度指数等）模型。如 Ekstrand,Brockhaus 和武红敢等人提出的监测模型（曾兵兵等,2008）。

10.2.3　森林病虫害遥感监测原理

现代遥感技术的主要基础是地物光谱特性研究,地物的光谱特性是指地物对各种类型电磁波的光谱响应特性,这是遥感技术应用的重要理论基础（亓兴兰,2011）。自然界中的任何地物都具有本身的特有规律与特性:能够反射、吸收紫外线、可见光、红外线和微波等电磁波的某些波段;在温度高于绝对温度零度的情况下,都能进行热辐射,能够发射红外线、微波;少数地物还具有透射电磁波的特性。

当太阳光电磁波经大气层到达地球表面时,地球表面的地物就会对此电磁波产生反射和吸收作用。不过根据入射光波长不同,地物的反射率不同;同时由于各种地物的物理和化学特性不同,各地物对入射光的反射率也不同。所以地物的波谱特性就是指,各种不同的地物反射、发射电磁波的能量随波长不同而改变的特性,从而产生量的变化和质的差异的变化规律(亓兴兰,2011)。

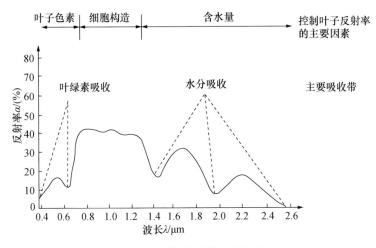

图 10-1　植物反射光谱曲线

植物反射光谱曲线如图 10-1 所示,首先植物在蓝光波段(0.43～0.47 μm)反射率低,随着波长增大,反射率逐渐增大,到了波长 0.55 μm 左右,即绿光波段(0.50～0.56 μm)的中点附近,产成一个反射率小高峰;随后反射率下降,至红光波段(0.62～0.76 μm)的 0.65 μm 附近形成一反射低谷,随后又上升,特别是在0.70～0.80 μm 波段反射率陡峭上升,至 0.80 μm 附近达到反射最高峰。随后的波段里,由于水分的吸收,又产生几个波峰与波谷,但幅度都小于前面几个波段。由此可见不同植被类型、不同生长阶段、所处的生长环境不同等因素都会造成植被光谱反映各波段反射值的差异,不过其光谱曲线的总体特征保持不变,只有当植物遭受病虫害侵袭时其光谱特征才会发生变化(武红敢,1995;戴昌达,1992)。

森林病虫害有两种表现形式:一是林木外部形态变化,指诸如叶子失水枯黄、落叶、卷叶,叶片、幼芽被吞噬,枝条枯萎和林木枯死导致冠层形状发生变化等(陈高,2004;邓忠坚,2008);二是林木内部生理变化,表现为叶绿素组织遭受破坏,光合作用、养分水分吸收、运输、转化等机能衰退(陈高,2004;武红敢,1995)。健康的绿色植物具有典型的光谱特征。当植物生长状况发生变化时,其波谱曲线的形态随之发生改变。病虫害带来的不论是形态的变化或是生理变化,都会引起林木反射率的变化,从而可使受病虫害的林木寄主在光谱特性上与辐射特征上发生明显变化,继而使遥感图像光谱值与纹理结构发生变化,而遥感卫星的传感器都能够接收到这些光谱特性的变化,这是森林病虫害遥感监测的理论基础和原理依据(邓忠坚,2008 王蕾,2005)。当植物受到病虫害时,海绵组织受到破坏,叶子的色素比例也发生变化,使得可见光的两个吸收谷不明显。近红外光区的变化更为明显,峰值被削弱,甚至消失,整个反射光谱曲线被拉平。因此,根据受损植物与健康植物的光谱曲线的比较,可以确定植物受伤害的程度(图 10-2)。

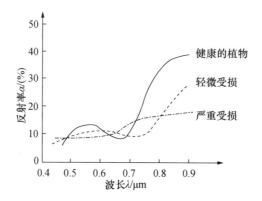

图 10-2　遭受不同程度损害的植物反射光谱曲线

10.3　竹林病虫害遥感监测

　　我国竹林资源监测应在传统的调查操作基础上,引进"3S"技术,通过建立以竹资源为专题的清查和监测体系,实现对竹林资源各种灾害(病虫害、林火)的全天候监测,快速、实时、准确进行竹林资源动态监测和数据更新,从而使竹林资源监测进入一个数字化、实时化、自动化、动态化、集成化的新时代,这也是我国竹林资源调查规划和科学管理的重要发展方向。

10.3.1　竹林病虫害研究现状

　　我国竹类病害研究工作起步较晚,从 20 世纪 50 年代开始,才成立专门的研究机构,增加研究人员,解决当时生产问题。60 年代期间,对竹类病害的研究工作进展缓慢,这些病害没有得到很好的研究,生产中也缺乏一套切实有效的防治措施,竹类病害给生产造成的损失很大。直到 20 世纪 70～80 年代,我国对竹类病害才开始进入系统研究阶段,研究工作面扩大,开始围绕竹子生产上发生的病虫害进行研究工作。先后开展了竹秆锈病、竹丛枝病、毛竹枯梢病、毛竹基腐病等的研究工作,澄清了这些病害在病原、发生规律、防治措施等方面有争议或不甚清楚的疑点。80 年代后期竹子害虫的研究有了一些大型的项目,以工程治理为中心的防治课程,取得明显效益,如 2002 年衢州市完成的竹林主要害虫防治研究工作,以经营技术为中心,对害虫生物学、测报及防治技术进行研究获得了显著的经济、社会、生态效益。目前对竹林资源病虫害的研究主要包括竹子害虫种类研究,竹笋害虫的研究,竹叶害虫的研究,竹枝、竹秆害虫的研究,竹子害虫发生与环境的关系。

10.3.2　竹林病虫害遥感监测方法

遥感监测竹林病虫害的主要方法包括图像处理和模式识别方法(图像增强分类法、影像差技术法、其他图像处理方法)、植被指数差 VID 技术及各种比值方法、光谱分析技术(红边参数分析技术、导数光谱技术、参数成图技术、数学方法和 GIS 技术辅助应用)等。

1. 图像处理和模式识别方法

(1) 图像增强分类法。多光谱图像分类的方法主要监测虫害导致的树冠光谱的变化。如云杉色卷蛾和铁杉尺蠖主要引起云杉针叶变得更红,并在几周内落叶。此外,云杉色卷蛾导致云杉、冷杉自上而下失叶,直至死亡、变成棕灰色。根据这些光谱差异,利用多光谱影像分类的方法就可以成功监测云杉色卷蛾和铁杉尺蠖。通过对单一影像分类可以获得评估病虫害损失的合理精度,但多时相数据通常可以获得更高的分类精度。

(2) 影像差技术。当虫害感染导致大量的失叶而不是显著的光谱变化时,可以应用影像差值技术成功地监测失叶量,如舞毒蛾和梨带蓟马(*Taeniothripsincosequens*)引起的森林失叶等。如郭志华等(2003)在关于铁杉球蚜虫害研究中发现,虽然铁杉球蚜(*Adelges tsugae*)通常导致的失叶量不大,且多是从下部枝条开始,直到树冠顶部,然而铁杉球蚜的监测方法还是以影像差值技术为优。

(3) 其他图像处理方法。随着研究的进一步发展,更多、更复杂的图像处理方法被用于监测病虫害引起的森林变化,如 Gramm-Schmidt 变换、主成分分析、Tasseled Cap 变换、光谱混合分析(spectral mix ture analysis)、变化—矢量分析(CVA)等。

2. 植被指数差技术及各种比值方法

植被指数(VI)成为表征植被状况进而指示病虫发生过程和程度的重要因子。Royle 等(1997)根据 TM 数据监测新泽西高地上的加拿大铁杉林因虫害而引起的失叶状况,利用两景图像的比值植被指数 RVI(=TM4/TM3)的差(即植被指数差技术,VID)监测森林健康状况,取得了很好的效果;Nelson(1983)利用 Landsat MSS 数据监测由午毒蛾引起的森林落叶,结果表明:植被指数差变换能更准确地监测虫害引起的林冠变化。比值指数 TM5/TM4 及 TM4/TM3 是监测和评估森林病虫害的有效参数,TM5/TM4 适合于低叶面积指数的森林病虫害监测,而 TM4/TM3 更适合高叶面积指数植被的遥感监测;比值指数 TM7/TM4 还可用来有效估算植物的叶生物量,从而可用于监测植物虫害。如利用 NOAA AVHRR 数据 RVI(=CH2/CH1)提取大兴安岭地区发生的落叶松松毛虫虫害。

3. 光谱分析技术

(1) 红边参数分析技术:表征植物生理状态的"红边"光学参数分析从红外波段叶绿素吸收区的反射率低点到近红外波段叶片散射的反射率高点这个过渡区称为"红边"区。时间因素及植物病虫害都将影响植物的生长发育,从而使植物光谱强度和光谱特征发生改变,引起红边、蓝边斜率的变化和位置的偏移。研究表明,植被光谱"红边"对植被生长状况反应敏感,也证实了红边拐点的波长位置和叶绿素浓度具有正相关。因此,通过对红边特性的研究就可以监测植被的健康状况。Rock、Boyer、Miller、Boochs、吴继友等都对林木伤害做过研究,得出受害林木树叶叶绿素含量降低、红界光谱蓝移的结论(吴继友,1995)。

(2) 导数光谱技术:也称光谱微分技术,由于它能部分消除背景噪音或不理想的低频信号对目标信号的影响,例如能减弱土壤和干凋落物等背景光谱对森林植物光谱的影响,因而被应用在许多遥感研究中。Demet riades-Shah 等应用光谱微分技术监测植物的失绿病获得成功,他们证明微分光谱要优于常规宽波段光谱指数,如近红外与红光间的比值 RVI(Demetriades-Shah T H,1990)。

(3) 参数成图技术:这种技术是借助统计回归建立一些波段值或其变换形式与生物物理参数的半经验关系预测模型,从而计算高光谱遥感图像上每个像元的单参数预测值,再采用聚类或密度分割方法将单参数预测图分成不同等级,即为参数分布图,作为森林受害信息提取和病虫害研究的辅助手段。

(4) 数学方法和 GIS 技术辅助应用:各种数学方法和 GIS 技术的应用,为森林病虫害的遥感监测注入了新的活力,如多元线性回归、线性回归、对数回归、多项式对数回归、逐步回归、统计自相关、图像半方差分析技术、元胞转换模型、人工神经网络、典型相关分析 CCA、时间序列分析和格局识别技术等。GIS 技术主要用于整合辅助地理数据和遥感数据,提高病虫害的监测精度,并可用于管理与病虫害有关的空间数据,对灾情进行评估、预报和决策分析(曾兵兵等,2008)。

10.3.3 竹林病虫害遥感监测技术流程

目前竹林病虫害研究主要技术手段仍是研究光谱特征和植被指数变化。竹林病虫害遥感监测技术主要是通过卫星遥感、高光谱遥感等来获取基础信息,再通过图像处理、识别模式等技术处理,结合林冠动态研究、危害等级评定、光谱特征与竹林病虫害等级的关系等研究理论,实现对竹林病虫害的监测(王晓巍,2014)。

在竹病虫害的遥感监测中,应当遵循以下技术流程,以保证分析结果的真实性和可靠性。

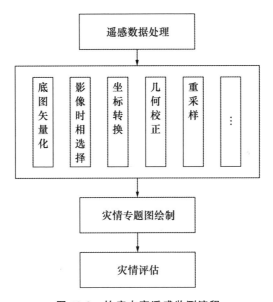

图 10-3 竹病虫害遥感监测流程

(1)遥感数据处理:由于图像在成像过程中受到大气、地表辐射及其他因素等的影响会产生几何上的偏差与光谱上的失真,同时由于成像机理的限制,影像覆盖范围与研究区域并非完全一致。所以在遥感应用研究中,为了从原始数据中挖掘出满足研究所需的信息,必须要对遥感影像进行预处理。通过对背景底图的矢量化、影像数据时相的选择、坐标转换、几何校正与重采样等一系列操作和计算,得到一段时期内植被指数的变化量。用该变化量作为划定灾情等级的依据,建立区域林地病虫害等级分级图的矢量图,提取各等级的受灾面积。注意在底图数据处理过程中要避免出现投影信息丢失、图元丢失等问题,以确保转换数据的完整性。

(2)灾情专题图绘制:结合区域 DEM 图层,可以分析不同坡度、坡向灾情等级,根据灾情的分布情况、受灾等级,绘制相关信息的专题图,作为决策依据。专题图的制作要添加标题、图例、比例尺、指北针、对象五要素,调整字体大小、页面设置、颜色搭配等,保证专题图的整体美观。

(3)灾情评估:通过目视判读,结合专题图,对受灾状况作出具体评估。

10.4　案　例

本案例是基于叶片理化参数的刚竹毒蛾危害监测研究,来源于国家自然科学基金青年项目"刚竹毒蛾危害下的毛竹林遥感响应机理研究"(41501361)资助。

10.4.1　研究区概况

研究选择福建省南平市延平区作为研究区(图 10-4),该区地处福建省中部偏北,建溪、西溪汇合处,东邻闽清、古田,西接顺昌,南交沙县、尤溪,北连建瓯;经纬度范围为 117°50′～118°40′E,26°15′～26°52′N,东西长约 81 km,南北宽约 69 km,土地总面积 2659.7 km²。该区地势表现为南北高、东西低的马鞍状。延平区属中

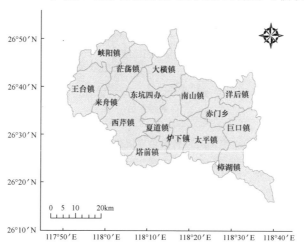

图 10-4　延平区位置

亚热带海洋季风性湿润气候,年均降水量为 1669 mm。截至 2011 年年底,该区共有林业用地 318.5×10^4 hm²,其中有林地面积 291.5×10^4 hm²,生态公益林面积 63.6×10^4 hm²,森林覆盖率达 73.3%,竹林 58.8×10^4 hm²,其中毛竹林 55.9×10^4 hm²,其蕴藏量逾 5000×10^4 根,中小径竹面积为 2.94×10^4 hm²。近 10 年来,延平区各类林业病虫害发生面积近 4.08×10^4 hm²,主要包括刚竹毒蛾、马尾松毛虫、松材线虫病等,据有关部门统计,刚竹毒蛾发生面积有逐年上升的趋势。

10.4.2　虫害等级划分

将毛竹划分为健康、受害两个层次,受害则进一步划分为轻、中、重 3 级,故虫害等级包括 4 级:无危害、轻度危害、中度危害、重度危害,并将其设为目标变量。以毛竹叶片为尺度,对刚竹毒蛾危害等级进行综合判定:① 根据刚竹毒蛾的危害机制以及国家林业局发布的《林业有害生物发生及成灾标准》,将单株失叶率(无危害:0%、轻度危害:0~25%、中度危害:25%~50%、重度危害:>50%)及虫口数量(健康:<10 条、轻度危害:10~30 条、中度危害:31~79、重度危害:>80 条)列入虫害等级划分的参考因子;② 以植物保护、森林保护等学科背景的高校学者及长期从事森防检疫工作的林业从业人员为对象,利用专家咨询法对虫害等级进行最终判定。

10.4.3　数据获取与处理

于 2017 年 2 月 23—26 日(刚竹毒蛾越冬代幼虫初期)赴延平区开展调研工作。根据上述虫情等级划分标准及不同刚竹毒蛾危害等级下的寄主表征变化,分别选取了以下几个具有代表性的理化参数进行测定。

(一)叶损失率数据测定

基于参照板拍摄不同虫害等级叶片照片,通过调节照片亮度及对比度,以确保病斑及缺刻的可辨性,将照片导入电脑,利用 CAD 及 Excel 等分别计算其病斑及缺刻面积,以二者面积之和占总叶面积之比作为叶损失率数据,经整合后将其导入数据库。

(二)叶片高光谱数据获取及特征波长分析

采用 ISI921VF-256 野外地物光谱辐射计测定毛竹叶片光谱数据。该设备波长范围为 380~1050 nm,计 256 个波段,光谱分辨率为 4 nm,视场角为 3°。为保证光谱数据的准确性,每当测量位置发生变化时进行一次标准白板校正;每片竹叶分别测定近叶尖处、叶中、近叶基处 3 个部位,每个部位取连续测定 3 次的平均值,将 3 个部位的平均光谱数据作为该叶片光谱值,并汇入数据库。

为尽量保证各虫害等级间的可辨性,采用两两分组的方式进行分析(健康—轻度危害、健康—中度危害、健康—重度危害、轻度危害—中度危害、轻度危害—重度危害、中度危害—重度危害),并利用单因素方差分析法获取各虫害等级叶片间具有极显著差异($P<0.01$)的波长,当 4 组(或以上)差异同时达极显著水平($P<0.01$)时,则记录该波长。利用欧式距离法、相关系数法及光谱角匹配法进行虫害判别能力分析,当所选波长通过两种(或以上)判别方法的检验时,将其确定为特征波长。此外,考虑到与遥感影像的对接性,本文对小于 10 nm 的波长予以剔除。基于上述实验,将原始光谱的 733.66~898.56 nm、一阶微分光谱的 562.95~585.25 nm 及 706.18~725.41 nm 确定为特征波长。

(三)相对叶绿素含量测定

当前较为常用的叶绿素含量(SPAD)测定方法有丙酮研磨法、浸提法、便携式叶绿素仪测定法等,为保证数据的时效性及测定精度,采用 TYS-4N 植物营养测定仪对毛竹叶片进行无损测定。该仪器的工作原理在于测定叶片在叶绿素的两个吸收光波长范围内的透光系数,以此确定叶绿素的相对含量(SPAD)。利用植物营养测定仪分别测定各虫害等级叶片的 SPAD 值,将其记录并汇入数据库。

(四)相对含水量测定

完成以上参数测定工作后,迅速将叶片装入密封袋送至实验室,去除叶片根部后利用电子天平逐片速测其鲜重;随后经 105 ℃ 杀青后在 80 ℃ 下烘至恒重,分别称取各叶片干重,最后利用(10-1)式计算其单叶含水量(RWC)

$$RWC = (FW - DW)/FW \times 100\%, \tag{10-1}$$

式中,RWC 代表相对含水量,FW 代表叶片的鲜重,DW 代表叶片的干重。

10.4.4 虫害检测算法及分组评价设计

(一)虫害检测算法

(1)Fisher 判别法:其基本思想是投影,即基于方差分析的思想(组内方差尽量小,组间方差尽量大),将 n 组 p 维数据投影至某一个方向,使其成为一维数据,再依据相应的判别准则确定其类别。其判别函数为

$$y(X) = \hat{C}_1^T X \tag{10-2}$$

式中,$\hat{C}_1$ 为最大特征值对应的特征向量;X 为样本自变量矩阵。

（2）随机森林法（RF）：RF 法实质上是对决策树算法的一种改进，其基本思想为利用自助抽样法（bootstrap）从原始训练集中有放回的抽取 k 个样本作为新的训练集；分别对其进行决策树建模后生成 k 个分类树，从而生成随机森林；最后根据各个分类树的结果（Class）决定新样本的归属。该算法的优势在于能够有效处理高维数据，且无须降维，对于缺省值及非平衡的数据亦能获取较好的分类精度（图10-5）。

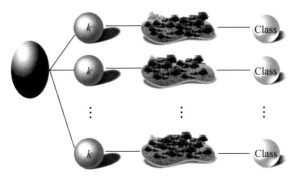

图 10-5　随机森林建模

（3）BP 神经网络：是一种多层前向型网络，其核心思想是运用梯度下降法求解以网络误差平方为目标函数的最小值。BP 神经网络的优点在于其具备较强的非线性映射能力以及强大的自学及自适应能力，且能给出完整的数理推导。当前主要应用于函数逼近、模式识别、数据分类及压缩等方面（图 10-6）。

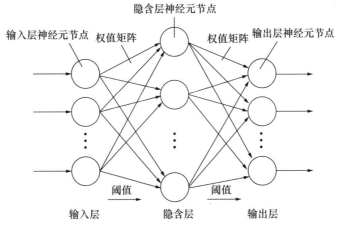

图 10-6　BP 神经网络 3 层结构

（二）分组设计及算法评价

为尽量避免实验误差,将所采集的样本数据随机划分为实验组（样本数 63）和验证组（样本数 37）并做 5 次重复,进而得到 5 个样本组,利用 Fisher 判别法、RF 法及 BP 神经网络法进行计算,分别标为试验 1～5。

当前常用的评价指标包括总精度、Kappa 系数和判定系数（R^2）,故本文采用以上三个指标对各算法的分类结果予以评价,当总精度、Kappa 系数和 R^2 的值越高,则表明算法的分类效果越好。

10.4.5 耦合多表征的刚竹毒蛾判别能力分析

（一）Fisher 判别分析

以 $SPAD(G)$、$RWC(W)$、叶损失率（D）及 3 个特征波长处（B_1：原始光谱 733.66～898.56 nm、B_2：一阶微分光谱：562.95～585.25 nm、B_3：706.18～725.41 nm）的光谱值为自变量,建立健康、轻度危害、中度危害及重度危害的 Fisher 线性判别函数（表 10-1）。

表 10-1　耦合多表征为自变量的 Fisher 线性判别函数

试验组别	虫害等级	特征系数						
		G	W	D	B_1	B_2	B_3	常数
1	健康	1.5768	92.9779	26.2569	−0.4921	−95.2302	21.4129	−60.9613
	轻度危害	1.6063	84.7863	29.6771	−0.5008	−85.7128	8.1585	−44.3890
	中度危害	1.4441	74.4783	36.1034	−0.2149	−62.8414	−5.2214	−37.9735
	重度危害	1.4215	77.9087	58.8551	−0.1955	−49.1432	−5.2186	−48.7934
2	健康	1.6508	73.7156	22.9635	−0.1085	−116.2632	−1.5305	−58.2000
	轻度危害	1.7921	65.7777	27.0766	−0.1364	−108.6571	−15.6909	−43.9342
	中度危害	1.7522	60.1380	35.8926	0.1165	−94.9454	−28.7861	−43.0332
	重度危害	1.4922	61.7689	50.9348	0.1434	−80.1362	−28.0460	−43.2989
3	健康	1.6675	78.1815	24.5284	−0.5221	−96.9868	19.6942	−55.8214
	轻度危害	1.8940	74.9935	25.1227	−0.5830	−118.5822	2.4926	−45.4397
	中度危害	1.5967	67.0545	35.5210	−0.1644	−92.1365	−16.2411	−37.9545
	重度危害	1.5814	68.0595	52.5907	−0.1894	−84.1194	−12.8677	−45.1763
4	健康	1.4085	81.2087	22.5132	−0.6050	−92.9340	30.2101	−55.2551
	轻度危害	1.5197	78.1742	27.0864	−0.6157	−100.5278	12.1959	−42.1128
	中度危害	1.3740	63.6322	31.0773	−0.1673	−76.6886	−9.2361	−35.2436
	重度危害	1.2343	71.9448	49.1434	−0.2660	−66.3086	−1.8360	−42.0589

（续表）

试验组别	虫害等级	特征系数						
		G	W	D	B_1	B_2	B_3	常数
5	健康	1.6459	74.0918	28.5498	−0.4937	−179.0410	13.2928	−60.8895
	轻度危害	1.5890	70.0444	28.2645	−0.4945	−114.4514	6.1860	−41.4810
	中度危害	1.4794	59.3863	34.2271	−0.1471	−88.4298	−10.1487	−36.9624
	重度危害	1.3313	63.6241	50.7703	−0.1616	−73.8893	−6.8968	−41.4635

判别结果显示（表 10-2），耦合以上指标为自变量的 Fisher 判别函数对刚竹毒蛾危害具备一定的判别能力，其总精度分别达 70.27％、70.27％、67.57％、64.86％、72.97％；Kappa 系数则分别为 0.5901、0.5958、0.5542、0.5161、0.6285。而根据各虫害等级的判别结果来看（图 10-7），轻度危害的精度最高（93.33％），健康次之（75.00％），再次为重度危害（68.57％），中度危害的精度则最低（36.00％）。根据 Fisher 判别的分类结果及实测数据，建立二者的线性回归模型，分别求取各样本组的 R^2。检验结果显示，样本组 1～5 的 R^2 分别为 0.7281、0.7384、0.7061、0.6858、0.7525。综上所述，Fisher 判别对刚竹毒蛾危害具备一定的判别能力，但其对虫害等级的识别能力（尤其是中度危害）稍弱。

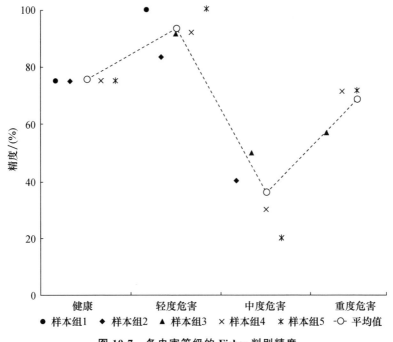

图 10-7　各虫害等级的 Fisher 判别精度

表 10-2　**Fisher 判别分析结果及评价指标**

评价指标	样本组				
	1	2	3	4	5
总精度/（%）	70.27	70.27	67.57	64.86	72.97
Kappa	0.5901	0.5958	0.5542	0.5161	0.6285
R^2	0.7281	0.7384	0.7061	0.6858	0.7525

（二）随机森林法

以上述 6 个指标（G、W、D、B_1、B_2、B_3）为自变量，因变量设为健康、轻度危害、中度危害及重度危害，决策树数量（ntree）设为 5000，节点分割变量（mtry）设为 5。

可以看出（表 10-3），5 个样本组的总精度分别达 83.78%、86.49%、83.78%、83.78%、81.08%；Kappa 系数分别为 0.7773、0.8154、0.7780、0.7778、0.7453。分别计算各虫害等级的精度（图 10-8），可见 RF 法对于刚竹毒蛾危害的判别能力相对较好（健康：100%、轻度危害：98.33%、中度危害：50.00%、重度危害：91.43%），但其对于中度危害的识别能力仍稍弱。同样建立 RF 法所得判别结果同实测数据间的线性回归模型，样本组 1～5 的 R^2 分别为 0.8729、0.8908、0.8732、0.8716、0.8458，可见 RF 的判别结果同实测数据的拟合度较好。

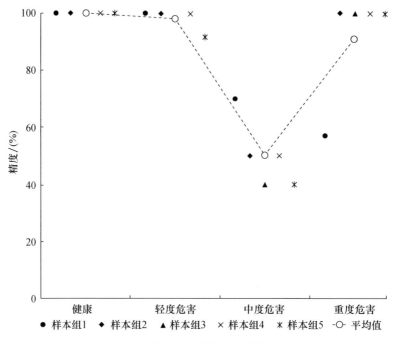

图 10-8　**各虫害等级的 RF 判别精度**

表 10-3　RF 法分析结果及评价指标

评价指标	样本组				
	1	2	3	4	5
总精度/(%)	83.78	86.49	83.78	83.78	81.08
Kappa	0.7773	0.8154	0.7780	0.7778	0.7453
R^2	0.8729	0.8908	0.8732	0.8716	0.8458

（三）BP 神经网络法

建立"6-10-4"的三层网络标准结构,输入层到隐含层传递函数设为 tansig、隐含层到输出层传递函数设为 logsig、训练方式选择 Levenberg-Marquardt 算法、迭代次数为 1000 的误差反向传播模型。运行 BP 神经网络程序后分别得到相应的仿真结果,随后导入验证组数据予以检测。结果显示(表 10-4),5 个样本组的总精度分别为 67.57%、67.57%、67.57%、59.46%、64.86%;Kappa 系数则分别为 0.5586、0.5600、0.5617、0.4627、0.5190;R^2 分别为 0.7060、0.6020、0.6030、0.2980、0.7040。而从各虫害等级的精度来看(图 10-9),BP 神经网络法对刚竹毒蛾危害及各虫害等级识别的能力较 Fisher 判别法及 RF 法弱(健康:82.50%、轻度危害:66.67%、中度危害:52.00%、重度危害:57.14%)。

表 10-4　BP 神经网络分析结果及评价指标

评价指标	样本组				
	1	2	3	4	5
总精度/(%)	67.57	67.57	67.57	59.46	64.86
Kappa	0.5586	0.5600	0.5617	0.4627	0.5190
R^2	0.7060	0.6020	0.6030	0.2980	0.7040

（四）检测结果对比

分别计算样本组 1~5 总精度、Kappa 系数及 R^2 的平均值(图 10-10),可以看出,基于 RF 法所得出的总精度、Kappa 系数和 R^2 均高于 Fisher 判别及 BP 神经网络。而由表 10-5 可知,较之于 Fisher 判别法和 BP 神经网络法,RF 法判别的总精度分别提高了 14.59% 和 18.38%;Kappa 系数分别提高了 0.2018 和 0.2464;根据 R^2 结果显示,RF 所给出的分类结果同实测虫害等级的拟合效果较好,较 Fisher 判别法提高了 0.1487,较 BP 神经网络法则提高了 0.2833。综上所述,RF 法的分类

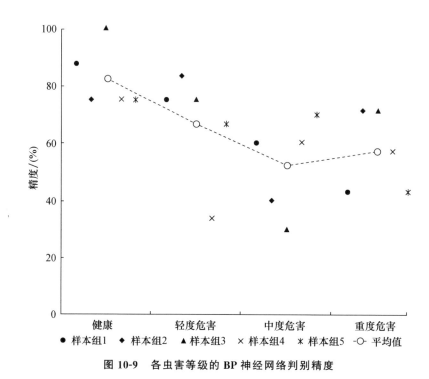

图 10-9　各虫害等级的 BP 神经网络判别精度

效果优于 Fisher 判别法和 BP 神经网络法。

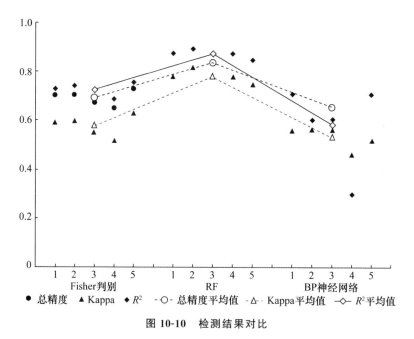

图 10-10　检测结果对比

表 10-5　检测算法比较

评价指标	检测算法		
	Fisher	RF	BP
总精度/(%)	69.19	83.78	65.41
Kappa	0.5769	0.7788	0.5324
R^2	0.7222	0.8709	0.5826

10.5　本 章 小 结

　　本章阐述了竹资源健康的基本内涵及监测技术,从森林病虫害遥感监测出发分析竹林病虫害遥感监测的研究现状和技术方法,通过借鉴对比森林病虫害遥感监测内容、原理,总结了竹林病虫害遥感监测方法和关键流程,为解决竹林资源健康状况的遥感监测提供技术指导。

　　毛竹林健康的内涵是毛竹林在遵循自身发展演替规律基础上,对外界干扰有一定的抵抗力,能维持林分结构稳定,并能为人们提供相应的产品和生态服务功能。毛竹林健康问题源于实际经营主体对毛竹林资源属性的过度关注及对其自然属性、社会属性和基础设施属性的忽视,该认识指导下的经营模式可能获得了短期的效益,但对林分长期的结构稳定、活力维持、抗干扰能力、经济产出和生态功能发挥埋下了安全隐患,最终使毛竹林通过自身恢复或简单干预无法回到最初的平衡。竹资源健康的评价与监测涉及的指标复杂,竹林病虫害遥感监测长期动态,在本章中无法详尽阐述。

　　当前利用遥感技术进行资源监测已成为发展趋势,虽然遥感监测技术普遍应用于森林病虫害的监测,并在森林病虫害的监测和防范上起着重要作用,但是遥感技术的应用在此还是不成熟的。这都需要我们进一步提高光谱的识别技术、扩大监测技术的认知范围,从而提高遥感监测的实用性。

参 考 文 献

Appel D N,Maggio R C,Nelson E L,et al. Measurement of ex-panding oak wilt centers in live oak[J]. Photopathology,1987(79):1318—1322.

Adams M L,Philpot W D. Yellowness index:an application of spectral second derivatives to estimate chlorosis of leaves in stressed vegetation[J]. International Journal of Remote Sensing, 1999,20(18):3663—3675.

Ahern F,T Erdle,I D Kneppeck. A quantitative relationship between Landsat TM spectral response and forest growth rates[J]. International Journal of Remote Sensing,1991,12(3):387—400.

Demetriades-Shah T H,Steven M D,Clark J A. High resolution derivative spectra in remote sensing[J]. Remote Sens Environ, 1990,30(1):55—64.

Franklin S E,Raske A G. Satellite remote sensing of spruce budworm forest defoliation in Western Newfoundland[J]. Can J Remote Sens,1994,20(1):30—48.

Haara A,Nevalainen S. Detection of dead or defoliated sprucesusing digital aerial data[J]. For Ecol Manage,2002(160):97—107.

Leckie D G,Ostaff D P. Classification of airborne multispectral scanner data for mapping current defoliation caused by the spruce budworm[J]. For Sci,1988(34):259—279.

Nelson R F. Detecting forest canopy change due to insect activity using Landsat MSS[J]. PE& RS,1983(49):1303—1314.

Olthof I,King D J. Development of a forest health index using multispectral airborne digital camera imagery[J]. Can J Remote Sens,2000,26(3):166—176.

Percy K E, Ferretti M. Air pollution and forest health: toward new monitoring concepts [J]. Environmental Pollution, 2004,130(1):113—26.

Royle D D,Lathrop R G. Monitoring hemlock forest health in New Jersey using Landsat TM data and change detection techniques[J]. For Sci,1997,43(3):327—335.

Rencz A N,Nemeth J. Detection of mountain pine beetle infesta-tion using Landsat MSS and simulated thematic mapper data[J]. Can J Remote Sens,1985(11):50—58.

Radeloff V C,Boyce M S,Mladenoff D J. Effects of interacting disturbances on landscape patterns:budworm defoliation and salvage logging[J]. Ecological Applications,2000,10(1):233—247.

曹云生. 基于支持向量机(SVM)的森林生态系统健康评价及预警[D]. 河北农业大学,2011.

池天河,苏亚芳.重大自然灾害遥感监测评估集成系统[M].北京:中国科学技术出版社,1995:71—75.

陈高,代力民,范竹华,等. 森林生态系统健康及其评估监测[J]. 应用生态学报,2002, 13(5):605—610.

陈高,代力民,姬兰柱,等. 森林生态系统健康评估 I. 模式、计算方法和指标体系[J]. 应用生态学报, 2004, 15(10):1743—1749.

陈高,邓红兵,王庆礼,等. 森林生态系统健康评估的一般性途径探讨[J]. 应用生态学报,

2003，14(6)：995—999.

戴昌达. 植物病虫害的遥感探测[J]. 自然灾害学报，1992(2)：40—46.

戴昌达，霄莉萍，胡德永，等.卫星遥感监测松毛虫灾害[J].遥感信息，1991(3)：32—34.

邓旺华，范少辉，官凤英.遥感技术在竹资源监测中的应用探讨[J].竹子研究汇刊，2008，27(3)：11—14＋19.

谷勇，殷瑶，周榕，等. 云南丽江森林健康浅析[C]. 中国科学技术协会年会. 2007.

郭宝华，余林，范少辉，等. 毛竹林生态系统健康评价技术研究[J]. 安徽农业大学学报，2013，40(3)：366—371.

郭志华，肖文发，张真，等. RS 在森林病虫害监测研究中的应用[J]. 自然灾害学报，2003，12(4)：73—81.

黄麟，张晓丽. 森林病虫害遥感监测技术研究的现状与问题[J].遥感信息，2006(2)：71—75.

胡超宗，潘孝政. 毛竹笋用林立竹密度的研究[J]. 竹子研究汇刊，1983(2).

金瑞华，张宏民，林培.浅谈生物灾害遥感监测[J].遥感信息，1991(3)：35—37.

刘志明，晏明.用气象卫星监测大范围森林虫害方法研究[J].自然灾害学报，2002，11(3)：109—114.

雷莉萍，胡德永，江平，等. 森林虫害的遥感监测模式研究[J]. 遥感信息，1995(3)：12—14.

马建文，韩秀珍，哈斯巴干，等. 东亚飞蝗灾害的遥感监测实验[J]. 国土资源遥感，2003，15(1)：51—55.

亓兴兰. SPOT-5 遥感影像马尾松毛虫害信息提取技术研究[D]. 福建农林大学，2011.

孙柏林. 发展绿色制造技术的思考[J]. 自动化博览，2012(S1)：10—15.

苏文会，范少辉，许庆标，等. 毛竹冬笋生长与生物量积累规律研究[J].西北林学院学报，2013,28(2)：32—36

童颖国，杨益高，陈建法，等. 竹笋两用山的冬笋挖掘和科学施肥技术[J].上海农业科技，2007，(4)：95—96.

田雅芳. 马克思主义生态观与社会主义和谐社会的构建[D]. 东北林业大学，2007.

吴继友，倪健.松毛虫危害的光谱特征与虫害早期探测模式[J].环境遥感，1995，10(4)：250—258

王兵，郭浩，王燕，等. 森林生态系统健康评估研究进展[J]. 中国水土保持科学，2007，5(3)：114—121.

王蕾，黄华国，张晓丽，等. "3S"技术在森林虫害动态监测中的应用研究[J]. 世界林业研究，2005，18(2)：51—56.

王晓巍. 森林病虫害遥感监测技术研究的现状与问题[J].吉林农业，2014，(07)：81.

伍南. 基于地面高光谱遥感的南方人工林主要病害监测研究[D]. 中南林业科技大学, 2012.

武红敢. 卫星遥感技术在森林病虫害监测中的应用[J]. 世界林业研究, 1995(2):24—29.

武红敢, 石进. 松毛虫灾害的 TM 影像监测技术[J]. 遥感学报, 2004(2):172—177.

薛贤清, 陈瑞麒. 应用雷达监测马尾松毛虫踪迹的探讨[J]. 林业科技通讯, 1987(6):28—32.

肖风劲, 欧阳华, 傅伯杰, 等. 森林生态系统健康评价指标及其在中国的应用[J]. 地理学报, 2003, 58(6):803—809.

杨存建, 陈德清. 遥感和 GIS 在森林病虫害监测管理中的应用模式[J]. 灾害学, 1999(1):6—10.

张佳音. 木兰围场北沟林场森林生态系统健康评价研究[D]. 北京林业大学, 2010.

郑郁善, 洪伟, 陈礼光, 等. 毛竹丰产林竹鞭结构特征研究[J]. 林业科学, 1998, 34(s1):52—59.

曾兵兵, 张晓丽, 路常宽, 等. 森林病虫害遥感监测研究的现状与展望[J]. 中国森林病虫, 2008, 27(2):24—29.

周芳纯, 易世基, 唐曼青, 等. 毛竹林的立竹度对秆形的影响[J]. 南京林业大学学报(自然科学版), 1981(3).

第十一章 竹林资源信息管理系统

为了实现竹林资源可持续发展,信息化管理竹业资源,应当建立和应用竹业信息管理系统。竹林资源信息管理系统应及时对相应的竹林资源信息数据进行分析和处理,通过竹林资源信息管理系统的建立和应用,能够有效提升竹业管理过程中的管理效率、管理制度、管理职责、管理能力。本章旨在介绍竹林资源信息管理系统,讲解开发流程和模块功能,以期能为竹产业制定决策提供辅助依据。

11.1 信息管理系统概况

信息管理系统(Management Information Systems,简称 MIS)是收集和加工管理过程中有关信息,为管理决策过程提供帮助的一种信息处理系统,是根据管理目的而建立的、有大容量数据库支持的、以数据处理为基础的计算机应用系统,可以支持事务处理、信息服务和辅助管理决策(李荣娥,2000)。

进入 21 世纪后,随着国家的经济大发展,以信息化推动工业化、现代化,实现跨越式发展成为我国的重大战略部署。在全国建设信息化社会的大背景下,林业信息化已经成为我国林业发展的必然趋势,也是提高林业生产力的必然手段。目前,信息技术正渗透到各级林业管理部门和各专业领域,信息技术应用程度直接表现为部门和地方的林业生产管理能力,也就是森林资源管理的信息化。我国各级林业部门从 20 世纪 80 年代开始应用计算机技术,引进或开发了一系列单项应用软件,并配置了硬件设备,开展新技术在管理与生产领域中的应用,其中就有林业资源信息管理。同时,北京林业学、中国林业科学研究院等单位研究建立了综合性的信息管理系统,在森林资源实际管理中发挥了很大作用。国家林业局在 1992 年就设立了信息中心,建成了中国林业数据库暨中国林业数据开放平台。福建省建成福建省名木古树管理信息系统、福建园林树木识别系统、福建主要森林植物识别系统。云南省建成森林防火网络办公系统、云南省公益林管理信息系统。江西省建成江西网络森林医院、江西林业有害生物远程视频诊断系统、江西林业有害生物虫情监测系统。广东省建成广东省林业信息管理系统。我国已经投资建设了多个全国性的林业信息系统,其中包括全国森林资源和灾害信息管理系统、全国森林资源和林政信息管理网络及生物多样性信息系统等。通过多年的林业信息化建设,森林资源数据有了一定的积累,森林资源信息化管理有了一定的基础,森林资源信息管理系统是当前森林资源有效、科学管理的重要保障(白降丽,2007)。

11.1.1　竹林资源信息管理系统建立的意义

我国的竹资源面积分布广,竹经济在区域的林农经济中占主导地位,尤其近年来,我国竹产业发展迅速,竹材需求量大,供需矛盾突出,在此背景下,如何优化竹林源显得尤为重要。当前信息化管理资源和调配资源已经成为一种趋势,竹林资源作为我国林农经济的重要角色,走向信息化管理对于林业基层在竹资源的管理和宏观指导上发挥了重要作用,不仅能实现对接和数据资源的有效利用,提供一种用户与资源交互的平台,也能提高决策的科学性,对竹林资源的可持续发展具有重要的意义。

(1) 是现代竹林业建设的基本要求。现代竹林业建设是生态文明建设的重要内容,现代竹林业建设要求用现代科学技术提升竹林业,用现代物质条件装备竹林业,用现代信息手段管理竹林业(袁健,2012)。现代林业对竹林资源管理工作提出了新的、更高的要求,因此加强我国以竹林资源为基础的信息化建设、构建竹林资源信息管理系统是我国现代林业建设的基本要求,也是社会经济发展的迫切需要。

(2) 是依法行政和强化管理的根本保障。依法行政、规范管理、科学经营,是竹林资源管理部门一贯遵循的原则和追求的目标。要真正做到依法行政、规范管理、科学经营,必须利用现代化、信息化的管理手段来保证。通过竹林资源信息化建设和应用,可以为竹林资源管理提供现代管理手段,全面提升竹林资源经营管理的效率和水平,竹林资源信息管理化必将对资源管理部门依法明晰林权、依法保护林地、规范审批、科学营造等管理行为起到重要作用。

(3) 是实现竹林可持续经营的迫切需要。现代竹林资源经营管理以实现竹林可持续经营为目标,可持续的竹林资源经营管理要求林业内部各部门之间必须协调发展,包括竹林生长发育与其适应立地条件之间、竹林培育与竹木加工利用之间、各种竹林副产品资源与竹林产品生产之间等的协调发展。通过竹林资源信息管理化建设,发挥竹林资源基础信息平台的作用,可以使管理更加有效,提高林业部门的数据在社会的权威性和影响力,从而促使竹林管理企事业之间协调发展,达到竹林可持续经营的目的。

（4）是完善竹林资源监测体系的必然选择。竹林资源监测是竹林资源经营管理的基础和核心工作,现代竹林资源监测体系需要信息化技术的有力支撑。我国的森林资源监测经历多年的发展,已在全国范围内建立了较为完备的森林资源监测体系,对促进造林绿化成效提高,控制森林资源消耗起到了重要作用。但是,目前由于竹林资源管理监测信息化水平不高,已难以适应新形势下我国竹林业和生态建设的发展要求,更难以满足我国实施可持续发展战略、构建和谐社会、生态文明和现代林业建设的需要。因此,构建竹林资源信息管理系统,是进一步完善竹林资源监测体系的必然选择。

（5）是推动科技进步和人才建设的重要举措。竹林资源信息化建设的本身,就是运用相关科学知识、现代技术手段,与森林资源管理乃至整个林业管理有机结合的过程,也就是把现代信息化的技术手段,融入竹林资源管理业务的过程。在这个过程中,有助于推动林业相关的基础研究,推动竹林资源管理乃至整个竹林业科技水平的提高,推动竹林业整个行业人才的成长和队伍素质的全面提高。

11.1.2 我国竹资源信息管理的现况

我国森林资源信息管理研究 20 世纪 80 年代起才逐渐发展起来,同国外森林资源信息管理研究相比较,研究起步较晚,不管是在人才方面,还是技术设备方面,都不够齐全。但在计算机技术发展、信息化工程建设等技术的支撑和推动下,森林资源管理信息系统经过多年发展逐渐取得显著成效和良好成果。在竹资源信息管理系统方面,也获得了一些初步进展。孙祯华的《益阳市百竹园竹类资源信息图谱的研究》介绍了百种竹资源的查询功能,试着将研究地学信息图谱的理论方法推广应用到竹类资源信息研究中去,实现图谱与数学模型相结合,确定了竹类资源信息图谱的研究理论框架,构建了竹类资源信息图谱分析的过程的定性、定量指标;提出了竹类资源调查的方法与调查统计结果、竹类资源信息图谱。谭绍斌等以云南竹资源研究成果为基础,获取了竹资源的基础信息,包括:竹种、分布状况以及图片信息等;将竹资源科学和地理信息科学紧密结合,在 ArcGIS 平台下,利用对 Arc-GIS 的二次开发,实现对竹资源数据的查询、更新、管理、输出;为竹产业管理部门能迅速准确地掌握云南竹资源的相关信息,对于权属、竹资源分布以及经济价值的评估提供了一个查询评估的基础数据平台。当前,我国竹资源信息管理呈现五点特征：

（1）取得了初步发展和一定成果，但起步较晚，现有的成果尚难以满足竹业发展需求；

（2）各产竹地积极开展竹资源信息化建设，但各地自成系统、标准不一、互不兼容，导致综合信息资源无法共享，各信息系统用户界面风格不一，操作复杂；

（3）各类针对竹资源信息的网站、机构数量上升，但水准不一、鱼龙混杂，缺少具有公信力以及实用性的统一平台；

（4）高等院校以及科研院所对竹资源信息管理予以重视并展开调研，但偏重于科研，与社会公众尤其是竹场农户等用户缺乏沟通，实用性弱；

（5）各产竹地地方政府的林业部门对竹业信息化管理予以重视并展开工作，但缺乏大量信息化专业的基层工作人员，系统日常维护、网络安全管理、数据库建设等技术性工作能力不足。

11.1.3 中国竹林资源信息管理系统建立的意义

（1）是竹业经济不断增长的必然要求。随着竹产业化程度水平的提升，竹业经济得到较大幅度的增长。我国竹制品行业总产值保持稳定增长，2015 年竹产业产值达 1923 亿元，比 2014 年增长 4.2%，竹产业已发展成为一个由资源培育、加工利用到出口贸易，再到竹林生态旅游的颇具活力和潜力的新兴产业。

（2）是竹产业经营水平不断提高的必然要求。20 世纪 80 年代以来采用的竹林集约型经营方式，极大地提升了竹林的产量和效益。然而这种集约型的经济增长方式是以市场需求为导向的经济增长方式，忽视了生态系统规律，极大地影响竹林可持续发展，如竹林林地地力衰退，竹林生态功储得不到正常发挥等。因此，通过竹资源系统管理，制定生态经济型的竹林经济的发展模式，对促进竹产业经营水平的稳定提升具有重要推动作用，也是当前经营的需求所在。

（3）是实现竹林生态系统管理的必然要求。竹林生态系统管理就是将由生物和非生物组成的竹林生态系统作为管理对象，通过科学技术措施的应用，不断完善系统的结构、调节系统各组成成分之间的关系，使之和谐共荣，提高竹林生态系统的整体功能水平及其高效运作的稳定性和持久性，全面提升竹林的多重功能效益，保障竹林的可持续经营。只有实行竹林生态系统管理，才可有效地解决问题，使竹林步入健康、高效、可持续经营的轨道，全面提升竹林经营效益，而实现竹林生态系统管理需要构建竹资源信息管理系统作为支撑。

（4）是推动科技进步和人才建设的重要举措。我国竹产业的迅速发展有赖于科学技术的支撑和推动以及竹资源信息管理系统的建立和完善。国家林业局、相关产竹区的省市区政府和区域院校先后设立了竹业专门研究机构,部分大型的竹加工企业也设立了了竹相关科技研发中心,承担着国家和省市的竹业科研项目或企业自主研发项目,研究竹业经营新理念,竹产业的新技术新设备和新的运行模式。这些机构的运行急需相应的竹资源基础数据共享和支撑。据近 10 年统计,研发具有知识产权和专利的成果技术有 500 多项,结合有效的竹资源信息管理,这些专利技术可为竹产业高效可持续发展提供了新的动力。

11.2　竹林资源信息管理系统分析

11.2.1　竹林资源信息管理系统必要性分析

竹林是森林资源的重要组成部分,竹业是林业中的重要产业,因此竹资源在森林资源信息化管理及系统构建占据重要地位。森林资源信息化管理及系统构建对于竹资源管理将产生巨大的推进提高作用,能够有效地提升竹业管理过程中管理观念、管理效率、管理需求、管理能力等问题。因此,通过推进森林资源资源信息化管理及系统建设可以解决我国当前竹资源信息管理的不足和缺陷。

（一）改进提升对竹资源的认识与观念

从国内外林业信息化发展的状况看,林业信息化或森林资源信息管理不是简单的林业信息共享或"3S"技术,更不是硬件设备、大型软件和更大带宽的网络,而是信息化技术在林业各个专业层面的系统应用,从而使林业更好地为社会服务(卢康宁,张怀清等,2012)。森林资源信息管理的目的是信息的公开化、透明化,以此提高林业在社会和公众中的认知程度。

在社会因素方面,我国大多数林业部门对竹资源信息意识较弱,传统模式与习惯难以改变;经济实力不足;多数地方对计算机技术掌握甚微,给竹资源信息管理系统的开发、研究与应用带来很大困难(白降丽,2007)。

（二）提高工作效率,增强系统兼容性

森林资源管理过去十几年中建立的数据库或信息系统,没有得到有效维护和及时更新,未能在实际工作中充分发挥其应有作用(白降丽,2007)。而且这些系统都是孤立的,没有成为快速反应信息源,也不能成为决策支持的响应工具(李玉森,

2011)。作为专业的业务部门,国外发达国家在林业涉及的森林防火、森林病虫害管理、外来入侵生物管理、湿地管理等方面把数字林业技术全面地应用到业务流程管理的方方面面。基础数据库建设已经有很大投入,以后还会有很大投入。

采用适当的技术手段,将遗留的资源数据库融入新的竹资源信息管理体系,并且使之发挥出之前无法发挥的作用是一个非常重要的课题。我国要建立的竹资源信息管理系统一定是嵌入在竹业业务领域、分布式、全流程信息流动形态的,而不是几个集中式的、信息隔绝的、表面上大而全、实际上很难维护和很难发挥应有作用的系统。

(三)分析用户功能需求,增强系统实用性

目前,信息系统开发中普遍存在的一个错误认识和做法主要表现为忽视软件需求分析的重要性,认为软件开发就是写程序并设法使之运行,轻视软件维护等,导致已研建的应用系统偏重于科研,与实际业务流程和功能需求不相符合,实用及可操作性与现有林业管理部门技术水平有一定差距,难于普遍推广使用。因此,普遍存在应用效益不高,与相关行业比较发展缓慢,差距较大(陈谋询,1994)。

在界面友好、可视化交互、扩大应用方面尚待提高。首先,在调查成果公开和方便使用方面还有差距;其次,形式比较单调,缺乏图表和客观分析;最后,没有专项功能或是某些功能未能考虑如土壤肥力、立地质量等。只有采用多种形式,及时公布调查成果,扩展完善系统功能,满足不同用户的需要,图文并茂通俗易懂,才能得到全社会的支持和理解。

(四)提高林业基层人员对高科技的掌握

国家和地方缺乏专门的森林资源信息管理化建设和管理机构,不能有效组织实施信息化建设、运行和维护;国家和省级部门缺乏既懂专业又懂信息化的复合型人才,大部分基层单位缺乏信息化专业人员,目前部分林业部门的信息化建设工作由林业专业人员或办公室人员兼职承担,很难完成数据库建设、网络管理维护等技术性强的工作。

11.2.2 竹林资源信息管理组成要素分析

一个理想而完整的竹资源信息管理系统包括竹资源立竹度、地类等经营生产的基础信息以及影响竹业资源的各种自然因素与社会经济条件等信息。从组成结构上看,一般的信息管理系统由硬件、软件、数据和系统组织管理者4部分组成,而竹业资源信息管理系统是一个具有专业应用特点的专题信息系统,因此可从软件部分专门分出应用模型。这样竹资源信息管理系统应由 5 个基本部分组成,即计算机硬件、计算机软件、数据、应用模型和系统的组织管理者。

（一）计算机硬件

计算机硬件主要包括用于数据输入的数字化仪或扫描仪,用于数据处理和系统运行的计算机,用于图形输出的打印机、绘图仪和必要的网络设备。随着计算机硬件的发展,到目前为止,已出现过 4 种硬件平台模式。

1. 主机模式

这是一种基于多用户的主机,由主机/终端机构成的集中式系统平台。终端机没有 CPU 和 RAM,只是用作"人机界面",没有运行程序的能力。主机负责几乎所有的文件存取与运行,所有的操作都通过主机,因此也把这种方法称为"集中式处理系统"。银行信息管理系统为了安全的需要,一般采取这种方式。

2. 文件服务器模式

这是一种基于个人计算机局域网（PC-LAN）的文件服务器/工作站构成的分散式网络系统平台。这种模式基本上需要一台专用的文件服务器,所有的工作站皆以此服务器为中心,也就是说网络中的工作站要实现文件传输时无法在彼此间直接传输,需要通过服务器作媒介,所有的文件读取消息传送等都在服务器的掌握之中。这种模式将应用程序和数据存在文件服务器上,当工作站的使用者需要应用程序和数据时,会从文件服务器获取相关内容。此外,每一台工作站都具有独立运算处理数据的能力,这是属于集中管理分散处理的方式。

3. 客户/服务器模式（C/S 模式）

这是一种由各种机型组网的 LAN 和交互式互联网构成的分布式平台。通常,在这模式中有一台或多台服务器以及大量的客户机。服务器配备大容量存储器并安装数据库系统,用于数据的存放和数据检索;客户端安装专用的软件,负责数据的输入、运算和输出。

客户机和服务器都是独立的计算机。当一台连入网络的计算机向其他计算机提供各种网络服务（如数据、文件的共享等）时,它就被叫作服务器。而那些用于访问服务器资料的计算机则被叫作客户机（曲凌刚,2012）。严格说来,客户机服务器模型并不是从物理分布的角度来定义,它所体现的是一种网络数据访问的实现方式。从传统的集中式系统转入 C/S 系统模式是近 10 年来信息技术的重要发展。C/S 模式在近年来正得到迅速发展,其主要原因在于价格便宜,灵活性好,资源分享及扩充容易。

4. 浏览器/服务器模式(B/S 模式)

在 B/S 体系结构系统中,用户通过浏览器向分布在网络上的许多服务器发出请求,服务器对浏览器的请求进行处理,将用户所需信息返回到浏览器。而其余如数据请求、加工、结果返回以及动态网页生成、对数据库的访问和应用程序的执行等工作全部由 Server 完成。随着 Windows 将浏览器技术植入操作系统内部,这种结构已成为当今应用软件的首选体系结构。显然 B/S 结构应用程序相对于传统的 C/S 结构应用程序是一个非常大的进步。

B/S 结构的主要特点是分布性强、维护方便、开发简单且共享性强、总体拥有成本低。但数据安全性问题、对服务器要求过高、数据传输速度慢、软件的个性化特点明显降低,这些缺点是有目共睹的,难以实现传统模式下的特殊功能要求。例如通过浏览器进行大量的数据输入或进行报表的应答、专用性打印输出都比较困难和不便。此外,实现复杂的应用构造有较大的困难。虽然可以用 ActiveX、Java 等技术开发较为复杂的应用,但是相对于发展已非常成熟 C/S 的一系列应用工具来说,这些技术的开发复杂,并没有完全成熟的技术工具供使用(李桂权,2004)。

(二)计算机软件

计算机软件可以直接采用商业信息管理系统软件,也可以进行二次开发。现在一般的商业信息管理系统软件都有数据输入、处理、管理和分析等功能,如对竹资源管理系统进行二次开发,应根据系统的目的和任务,对系统的设计采用模块化、开放式的设计思路,提高系统的扩充性、兼容性,使系统成为一个真正技术先进、运行可靠、利用效率高的实用系统。

操作系统可选择为:CNIX/Linux 或 Windows XP/7/8/10。

数据库服务器端的数据库管理系统目前流行的有 Oracle,SQL Server,Informix,Sy-base,DB2 等。

客户机端开发工具可选用 Eclipse, NetBeans, Visual Studio, Visual Basic, Visual Basic, Visual FoxPro, Visual C++, Borland C++ Builder, Delphi, Power Buider 等。其他开发工具有 Excel, SAS, SPSS, Eviews(TSP 的早期 Windows 版本),Matlab 等。对于一般性的事务处理,可选择 Office 中的 Excel、Word 等。

(三)系统的组织管理者

人员的技术水平和组织管理能力是决定系统建设成败的重要因素。开发和维护需要各类专业员组成的技术队伍,仅有计算机技术人员是不够的,还应有经济管理方面的专家。系统人员按不同分工有系统分析员、系统设计员、程序员、操作员、系统维护员、信息控制员和管理人员等（倪志宇，2011）。

（四）数据

按数据类型可包括土壤类型、土地利用类型等空间数据和土壤理化性质、地块权属等属性数据。按内容包括土壤资源、土地资源、水资源、气候资源、生物资源等数据；传统的数据库技术是以单一的数据资源，即数据库为中心，进行事务处理、批处理到决策分析等各种类型的数据处理工作。近年来，随着计算机应用的深入，网络计算开始向两个不同的方向拓展：一是广度计算，二是深度计算。广度计算的含义是把计算机的应用范围尽量扩大，同时实现广泛的数据交流，互联网就是广度计算的特征。深度计算则是人们对以往计算机的简单数据操作提出了更高的要求，希望计算机能够更多地参与数据分析与决策制定等功能。数据库处理可以大致地划分为两大类：操作型处理和分析型处理（或信息型处理）。这种分离划清了数据处理的分析型环境与操作型环境之间的界限，从而由原来的以单一数据库为中心的数据环境发展为一种新环境——体系化环境（喻钢，周定康，2001）。

（五）应用模型

竹资源信息管理系统的目的之一是更好地指导竹业实际生产和竹业经济管理，所以要从系统用户的应用目的出发，建立相应的应用模型，如竹林地土壤肥力评价、竹林地立地质量评价等。

11.2.3　竹林资源信息管理功能需求分析

当前竹林资源信息基础的应用可归为三类使用对象，即国家政府的林业部门、科研院所的研究机构、社会公众。例如社会公众能够利用系统查询林业基本信息以及林业生态建设相关的大工程动态信息；科研机构能够利用系统总结归纳竹资源数据信息，开展相关的科研活动；林业部门利用系统能够查阅竹资源及竹产业发展变化的相关趋势，辅助制定科学合理高效的竹资源经营方针政策。针对各使用对象技术支撑、管理与服务需求，系统应满足以下管理需求：

（1）基本系统管理需求：数据信息的采集、发布、上传服务、汇总、打印、上报以及系统维护和系统安全管理等；

（2）分析和评价需求：在对竹业资源基础数据实施分析的基础上进行竹株、竹林数量以及质量的评价，决策者在制定林业工程建设计划以及林业资源经营方案的时候可以参考评估结果；

（3）规划和设计需求：按照规划区域规模，通过不同比例尺的数字化地图实施造林规划以及采伐设计，防护林、生态公益林规划设计，自然保护区规划设计等；

（4）监控和沟通需求：针对那些竹资源破坏较为严重的区域、竹材的采伐与运输以及竹材加工企业发展等状况等进行监控，针对竹资源的生长培育过程中的经营技术手段能够做到及时沟通（柯文光，柯于恒，2016）。

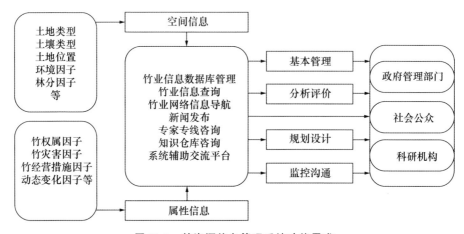

图 11-1　竹资源信息管理系统功能需求

如图 11-1 所示，竹资源信息管理系统以空间信息与属性信息为输入信息，其中空间信息包括土地类型、土壤类型、土地位置、环境因子、林分因子等方面的信息；属性信息包括竹权属因子、竹灾害因子、竹经营措施因子、动态变化因子等方面的信息。竹资源信息管理系统应集成竹业信息数据库管理、竹业信息查询、竹业网络信息导航、新闻发布、专家专线咨询、知识仓库咨询、辅助交流等系统，从而做到基本系统管理功能，如数据信息的采集、发布、上传服务、汇总、打印、上报以及系统维护和系统安全管理等基本系统管理功能；做到分析评价功能，如对竹业资源基础数据实施分析、对竹株和竹林数量以及质量进行评价；做到规划设计功能，如通过可调节比例尺的数字化地图进行规划；做到监控沟通功能，如对竹资源信息动态变化监测、预留专家咨询方式。

11.3 竹林资源信息管理系统设计

11.3.1 竹林资源信息管理构建原则

系统设计应和当前需求和中远期目标相结合,充分考虑到系统后续功能的开发和延伸,使得系统具有可扩展性。在设计中尽量应用面向对象的设计技术,以保证系统的灵活性,并使系统的功能模块可以进行方便的组合搭配,同时还需要注意先进性和实用性相结合。具体设计原则如下:

(一)系统性原则

资源信息管理系统建设标准涉及内容广泛,而且各个内容之间互相联系、相互渗透,在制定安排模块内容的过程中,需要研究分析模块内容之间的内在联系,从整体上把握,根据模块的内容合理安排、突出重点,使得所有模块形成统一的系统并且互为补充,避免模块之间缺乏连贯性,甚至互相矛盾难以执行。

(二)经济性原则

在保证系统各项功能实现的前提下,依据现有条件,以最好的性能价格比配置软、硬件环境,在系统开发方面注重可操作性、缩短开发周期、降低开发成本,避免单独追求先进的技术带来的资金浪费。

(三)可靠性原则

系统应具有很强的容错能力和处理突发事件的能力,不至于因某些突发事件而导致数据丢失和系统瘫痪。要保证系统运行的稳定,数据提供准确迅速、界面友好、操作方便、功能完善。

(四)协调性原则

由于系统是一种成体系的管理程序,各模块内容之间有着广泛的内在联系:各模块之间只有相互协调、相辅相成,才能充分发挥系统的功能,获得良好的系统效益。

(五)可扩展性和开放性原则

由于系统涉及的数据从内容到形式的多样化和复杂性及数据信息动态积累的特点,不论应用系统功能还是将要管理和处理的数据,都会随系统的建设和用户需求的变化进行改变和扩充,所以系统在规划设计时必须充分考虑未来扩充的需求,对数据和系统均应设计对扩充需求的方案。因此在开发平台和数据库管理软件选择方面应考虑与现有系统和数据的兼容性问题,从而提高现有数据的使用和改造效率(赵自力,2007)。

11.3.2 竹林资源信息管理系统编码设计

信息分类编码是信息存储、处理、交换及共享的基础。近年来,各级相关林业部门、单位及企业虽然也建立一些相关的信息应用系统但标准化程度不高,而且常在软件的设计上对一些需要统一的公共数据项各编一套代码,造成系统之间互不兼容,增加了信息交换的难度,难以实现信息资源共享;随着信息化工作的不断深入,相关林业部门、单位及企业之间信息交换愈来愈频繁,对信息系统间信息共享的要求愈来愈迫切。而统一的竹信息分类与编码是系统之间进行信息交换和资源共享的基础,因而制定统一的竹资源信息分类编码体系便成为十分紧迫的工作(张晓晖,2003)。

竹资源信息涉及诸多领域、种类繁多、内容丰富,又具有区域性、多维结构特性和动态变化特性等特征。而以往一般的信息系统只对属性数据库管理,即使存储了图形,也不能进行空间数据的操作,如查询、检索、相邻分析等已难适应现代化竹资源管理的需求。地理信息系统(GIS)已发展成为具有多功能、用户共享的处理、检索、分析和表达地理空间数据的计算机信息系统,具有强大的空间管理分析能力将能够较好地处理竹资源信息及经营管理方面的问题(张月珍,2009)。GIS 能在竹资源经营管理中的基础数据库的建立、竹资源分析和评价方面,竹结构调整方面,竹产业经营、竹政资源管理等方面建立一个可持续发展的信息化管理模式,以更好地发挥它的经济效益和生态效益。然而到目前为止我国还没有基于 GIS 特点的竹资源信息分类编码详细的研究,因此建立一个基于 GIS 的竹资源信息分类编码体系,对竹资源 GIS 基础数据库建设、信息共享和其他各类应用系统建立都至关重要。

(一)竹资源信息与信息分类编码的概念

竹资源信息概念是竹资源工作中一切与土地、竹子、自然环境的地理空间分布和竹子经营管理有关的要素及其关系的表达,即是这些方面的各种要素的属性信息、图形信息、经营信息以及要素间的逻辑或空间关系的总称。

信息分类编码是根据信息内容或特征,将信息按照一定的原则和方法进行区分和归类,建立起一定的分类系统和排列顺序,并用一种易于被计算机和人识别的符号体系表示出来的过程。只有将竹资源信息按照一定的规律进行分类和编码,将其有序地存入计算机,才能对它们进行存储、管理、检索分析、输出和交换等。分类和编码是竹资源数据标准化建设与数据组织、存储、管理和交换的共同基础,是实现系统的数据共享与互操作的前提(何建邦等,2003)。

（二）竹资源信息分类编码的目的

根据竹资源信息的特征,参考已有研究成果和其他行业信息分类编码的目的,竹资源信息分类编码的目的可概括为以下三条:

1. 满足当前森林资源二类管理

竹资源是森林资源的重要组成部分,竹资源的信息数据归根于森林资源的二类调查,因此对竹资源信息的编码应适合当前森林资源二类管理的需要,符合竹资源信息特征和计算机信息处理的软硬件技术的要求(张会儒,李春明,2006)。

2. 吻合竹资源信息管理系统专项功能

对竹资源信息进行分类编码的首要目的是方便建立竹资源信息管理系统,体现竹资源信息管理的专项要求。因竹资源信息涉及诸多领域、种类繁多、内容丰富,又具有区域性、多维结构特性和动态变化特性等不同于一般林木的特征,而一般林业信息编码无法完整体现竹资源信息的特性,所以要针对竹资源信息进行分类编码,以吻合竹资源信息管理系统的专项功能。

3. 可据需求,增加新功能,满足竹资源的差异性管理

对竹资源信息进行分类编码可以根据竹资源信息管理需求拓展竹资源数据的信息内容,体现出竹资源信息的特性,从而在竹资源信息管理系统中拓展添加一般森林资源信息管理系统中所不具备的新功能,如竹资源演变动态、竹林地土壤肥力、现代竹产业项目等,最终弥补完善当前竹资源管理的不足和缺陷,实现竹资源的差异性管理。

（三）竹资源信息编码的原则

根据竹资源信息的特征,参考信息分类和编码的基本原则与方法(GT/T 7027-2002),竹资源信息的编码原则可概括为以下 6 条:

1. 唯一性

虽然一个编码对象可能有不同的名称,也可按各种不同方式对其进行描述,但在一个分类编码体系中,每一个编码对象有且仅有一个代码,一个代码只唯一表示一个编码对象。

2. 合理性

代码结构要与分类体系相适应,既实现编码的唯一性,又方便实用。

3. 简单性

代码结构应尽量简单,长度尽量短,以便节省机器存储空间和减少代码的差错率,同时提高机器处理的效率。

4. 可扩充性

代码结构必须能适应同类编码对象不断增加的需要,必须对新的编码对象留有足够的备用码,以适应不断扩充的需要。

5. 实用性

代码要尽可能地反映分类对象的特点,易识别,便于记忆,便于填写。同时,代码结构要与分类体系相适应,空间信息编码应兼顾制图与 GIS 空间分析。

6. 规范性

在一个信息编码标准中,代码的结构、类型以及编写格式必须统一。保证同类信息的代码长度相同。

(四) 竹资源数据的来源及实体分类

根据竹资源数据的数据特性,采用混合分类法,即将线分类法和面分类法结合起来进行分类。首先,由于竹资源的数据大类的数据来源、使用目的、数据特征等不同将采用面分类法进行分类,然后在此基础上将大类中相同的数据实体进行归并,经过归并形成数据实体类具有较好的层次性,将采用线分类法对实体类进行分类(张会儒,李春明,2006)。

不管是何种分类法,首先要选取分类的指标。竹资源信息可以按数据来源、使用目的、数据特征等多种方式分类。考虑到与目前全国、省竹资源管理方式的衔接及与适合 GIS 对数据进行处理、管理和应用需要,采用以数据的来源为指标的分类方法较为适宜。按照这种分类方法,竹资源信息可分为竹资源连续清查数据、竹资源规划设计调查数据、竹资源作业设计、分类区划数据、影象地形数据和专题研究数据及其他数据等 7 个基本数据来源,各来源包括数据大类和基本采集单元(张会儒,2006)(表 11-1)。

表 11-1　竹资源数据的基本类别划分

数据来源	数据大类	基本单元
	竹资源分布图	全国、省
竹资源连续清查数据	竹资源统计数据	
	样地连续观测数据	

（续表）

数据来源	数据大类	基本单元
竹资源规划设计调查数据	林相图 竹资源分布图 竹资源统计数据 小班调查数据	县（林业局）
竹资源作业设计调查数据	育苗 造林 抚育间伐 采伐	乡（林场）
林业分类区划数据	林业区划图 立地类型图 竹土壤类型分布图 竹种资源分布图	全国、省、县（林业局）
专题研究数据	样地调查因子，森林数学模型数据	林分或样地
影象地形数据	地形图、卫星遥感图、航拍图	各级单位、研究所
其他数据	社会经济数据，统计年鉴等	各级单位

在数据来源和数据大类基础上进一步对信息实体和实体的特征进行分类，并根据竹资源经营管理和 GIS 数据库设计的要求进行归并分类，参照行业相关标准形成 14 个数据实体类（表 11-2）。

表 11-2　竹资源数据类别名称与标识码

实体类别	标识码	实体
环境因子	01	地貌类型,地形特征,坡位,坡度级,坡向,坡形,可及性,土壤名称,土壤湿度,土壤母质,土壤质地,土壤紧密度,土壤酸碱性,土壤排水状况.土壤侵蚀等级
地类	02	有林地,经济林地,竹林地等
森林类型	03	森林类型名称
林种	04	用材林,经济林,防护林,特种用途林等
林分因子	05	样地类型,样地设置方法,样地形状,标准地类型,林相,林层号,林龄特征.林龄组,龄级,森林起源,地位级,郁闭度等级,覆盖度等级.优势树种组,出材率等级,天然更新等级,自然度级
动态变化因子	06	资源动态,消耗类型

（续表）

实体类别	标识码	实体
单株林木因子	07	量测木类别,林木生长类型,立木群体类型,样木检尺类型,检尺木材质类型
人工造林措施因子	08	整地方式,造林地清理,造林方式,混交类型,混交方式,幼林抚育方式,造林保存率等级
竹经营措施因子	09	森林经营,森林更新,抚育采伐,主伐,林分改造
竹权属因子	10	国家所有,集体所有,个人所有等
主要植物树种	11	植物种名
主要陆栖野生脊椎动物种	12	动物种名
竹灾害因子	13	病害,虫害,冻害,火灾
其他	14	其他

（五）竹资源信息编码在管理系统中的表现

1. 数据层的表现

竹资源数据的多专题属性决定了一定地域范围内的竹资源信息必须用多专题数据层的组合来表示,用环境因子层、地类层、森林类型层、权属因子层等才能较完整地表达该区域的地理事实。一般而言,一类地理实体的高位属性对应一个层,每一数据层可表示一个或多个专题属性,体现了高层信息的分类思想。竹资源属性数据的分类编码可以在概念水平上为竹资源 GIS 数据库设计、数据合理组织和应用提供依据。实际上,应用 GIS 系统之所以关注地理信息的分类与编码,是因为这些系统在技术上主要关注数据的采集、数据分层组织、数据精度、数据量、数据存储、数据集成、分析以及数据共享等技术问题。竹资源信息分类为 GIS 数据分层提供指导,属性分类直接关系到 GIS 中的数据组织。建立现势性好、精度高和可供共享的地理空间框架数据,它可以容易地用在地方、国家事务中,大大减少数据收集的重复劳动,提高系统建设的效率,并对经济增长、环境质量改善和社会进步等做出贡献。

2. 属性数据的表达

在 GIS 中空间数据与属性数据一般采用分离组织、分别存储。空间数据用文件管理,不同的软件有不同的数据格式。属性数据一般用关系型数据库管理,但不同的软件,处理的方式基本相同,称为要素属性表。一般而言,一个二维表格与一个数据层相对应。表中每一行表示一个地理实体,每一列表示实体的一个属性,在每一行中相同的列表示相同的属性(图 11-2)。Cowerage 中,一个图层可以有一个点或多边形属性表,但不能同时兼有二者。ArcInfo 自动维护属性表中最前面的一些项(字段),如多边形的面积和周长(点的为零)、内部序列号和属性标识符。用户根据信息分类时定义的属性项增加到相应的表文件中,通过公共项 Id♯实现空间数据的连接(何建邦,2002)。

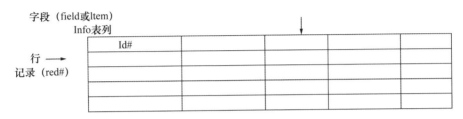

图 11-2　ArcInfo 属性表的结构

11.3.3　竹林资源信息管理系统功能设计

竹林资源管理信息系统不仅要能满足对竹资源信息的存储与更新,还需具备与用户进行交互的功能才能实现其价值。例如,满足用户信息查询进行对竹林信息获取,分析区域竹资源分布特征;随着竹资源的逐年变化,实现对竹林的资源更新完善系统中的数据库,为日后需要提供资源;用户需要输出系统中竹林资源信息,专题地图的制作功能则为用户提供便捷渠道;用户管理的功能实现用户对系统的维护和开发,使系统不断趋于完善。

(一)系统总体功能设计

系统总体功能设计是以系统功能需求为出发,整体设计系统功能模块,各子功能分布设计,力求达到功能归类合理、分布明确,为后期系统开发做好准备,一个设计良好的系统能够为后期的实施减少代码重复,提高系统的执行效率。

根据竹资源信息管理功能需求分析,将四点管理需求转变为四项总体功能(图11-3):

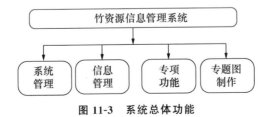

图 11-3　系统总体功能

（1）系统管理：进行系统的日常维护、检查、更新等。

（2）信息管理：做到竹资源信息的查询、编辑、展示等。

（3）专项功能：体现竹资源信息的特殊性，如竹林地土壤肥力、演变动态等。

（4）专题图制作：将提取、查询、编辑后的竹资源信息归纳打印图片。

（二）系统模块功能设计

系统模块功能分为两类：一类是基本功能，一类是专项功能（图 11-4）。

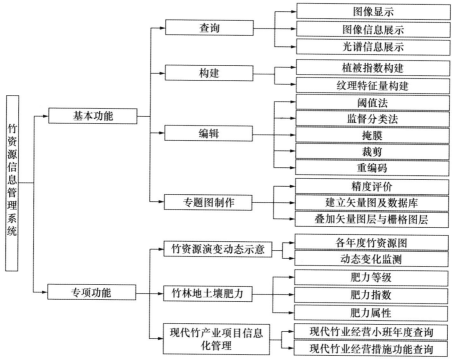

图 11-4　系统模块功能

基本功能主要有查询、构建、编辑、制作专题图四部分。查询模块为用户提供图像显示、图像信息展示、光谱信息查询等功能；构建模块为用户提供植被指数构建功能和纹理特征量构建功能；编辑模块为用户提供阈值法、监督分类法、掩膜、裁剪、重编码等功能；制作专题图模块为用户提供建立矢量图层及数据库、叠加矢量图层与栅格图层。

专项功能有竹资源演变动态示意、竹林地土壤肥力、现代竹产业项目信息化管理三部分。竹资源演变动态示意模块提供各年度竹资源图分布图（可显示不同时期的数据图层）和动态变化监测（显现变化的区域和变化面积统计）；竹林地土壤肥力模块为用户提供肥力指数(显示各小班肥力值)、肥力等级(显示各小班肥力等级)、肥力属性(显示 9 个字段,设计为土层厚度、土壤密度、全氮、全磷、有效磷、全钾、速效钾、有机质、土壤含水量)的查询功能;现代竹产业项目信息化管理模块提供现代竹业经营小班年度查询功能和现代竹业经营措施功能查询功能。

11.3.4　竹林资源信息管理系统结构设计

系统结构设计是在系统功能设计的基础上,分析系统功能特点以及其所涉及的相关技术,以此来选择相关软件技术满足系统功能需求,在选择中同时应考虑选择技术先进成熟,可扩展能力强,技术支持途径多,功能稳定的软件构架。

成熟的 GIS 组件:国外的有 Intergraph 公司的 GeoMedia、ESRI 公司的 ARC Engine 和 Mapobjects、Mapinfo 公司的 MapX;国内有北大方正的 MiragGIS、超图公司的 SuperMap Objects、北京东方泰坦公司的 TDO、TmapX、TLayoutX 等,它们的功能大体相同,都具有显示、处理和分析空间数据能力。

ESRI 公司的 ARC GIS 组件是基于 Microsoft 的 COM 组件技术标准,以 ActionX 控件的方式提供数据分层管理、编辑、分析功能;其独特的数据引擎长于快速存取海量数据,这套 GIS 组件已被成功地应用于土地、交通等行业(曾行吉,童新华等,2008)。

基于 ARC GIS 组件式 FSDS 系统采用 C/S 构架,自上到下分为数据层、服务层、应用层。(图 11-5)数据层实现对海量数据的管理,负责数据存储,提供数据访问服务,同时验证请求合法性;服务层响应应用层请求,操作数据库,并返回响应结果;应用层分三个不同的应用,ARC INFO 是用于数据预处理,上载数据,高级空间分析等。桌面端则负责系统各模块的可视化,无线手持设备用于采集数据,通过无线通信系统实时上传数据,并接收显示服务端指令。

(一)数据库服务器层

数据库服务器层是 WebGIS 的重要支撑部分,它主要负责各种 GIS 与其他数据的存储和管理。现有的数据库系统纷繁多样,如 Access、MySQL、SQL Server、Oracle、PostgreSQL 等,其对软硬件平台的要求、数据格式和存取方法亦不尽相同。企业级 GIS 是一个一体化、多部门的系统,既要满足组织内部单一的要求,又要满足综合需要,为 GIS 和非 GIS 人员访问地理信息的服务提供条件。对于大多数的 GIS Server,要发布为服务的 GIS 资源通过 ARC SDE 管理在基于关系型数据库的地理数据库(Geodatabase)中(刘振宇,2011)。

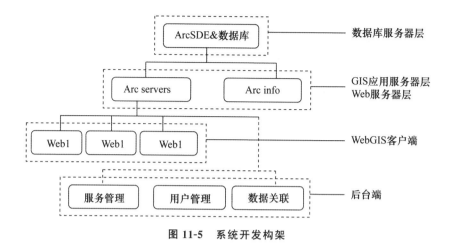

图 11-5　系统开发构架

（二）GIS 应用服务器层

WebGIS 应用服务器层负责针对用户的请求，完成相应的空间操作，并通过WEB 服务器返回结果。GIS Server 宿主了所有的 GIS 资源，并将其作为服务发布到客户端。GIS Server 本身由两部分组成：SOM（Server Object Management，服务器对象管理器）和 SOC（Server Obeject Containers，服务器对象容器）（袁磊，2010）。

（三）WEB 服务器层

WEB 服务器是运行 WEB 应用程序或 WEB Service 的机器，是基本的服务请求和响应传输的中介。WEB 应用程度或 WEB Service 通过访问 GIS Server 并调用 GIS Server 的对象来实现 GIS 功能，并将结果返回给客户端（刘振宇，2011）。

（四）WebGIS 客户端

WebGIS 客户端基于 WEB 方式，主要是 WEB 浏览器，如 Internet Explorer、Mozilla Firefox、Netscape 等，也可以是 ARC GIS 桌面应用程序，如 ARC Map、ARC Catalog 等。它主要实现同用户的交互，并显示数据信息。在无 WEB 服务器和数据库服务器参与的情况下，客户端可进行放大、缩小、漫游、查询、简单分析等基本操作；在连接服务器情况下可实现较复杂与高级的功能。

11.4　竹资源信息管理系统案例

11.4.1　单机版竹林资源信息管理系统

（一）开发环境

1. 系统硬件

依据系统设计，对系统硬件环境要求：

CPU：Intel Pentium Ⅳ 2.0 以上；

内存：1G 以上；

硬盘：可用空间 40G 以上；

操作系统：Windows XP Professional；

开发环境：Microsoft . NET Framework 3.0。

2. 系统软件

本系统开发过程中涉及的软件较多，包括 Visual Studio 2010、Oracle 数据库。系统开发中，采用 ArcGIS 软件体系作为开发平台，通过这些标准的工业开发环境，采用面向对象语言 C♯. net 作为开发语言，组合组件式 GIS 软件实现对系统的集成式二次开发，ArcGIS 体系软件可以综合管理矢量数据和栅格数据，并支持关系数据库存储和管理空间数据，有利于各类数据在数据中数据库的紧密集成（张慧霞，娄全胜等，2005）。

（二）功能设计

竹资源信息管理要是针对森林小班信息维护，还有对林分内各种地物进行标注查询等，单机版竹资源信息管理系统的实现方式有文件管理、图层编辑、竹资源管理专项功能、专题图制作等功能，以下对这些功能作介绍，总体功能结构如图 11-6 所示，具体功能操作如表 11-3 所示。

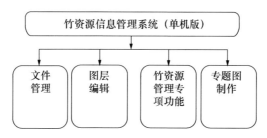

图 11-6　单机版竹资源信息管理系统总体功能结构

表 11-3　单机版竹资源信息管理系统具体功能操作

文件管理	图层编辑	竹资源管理专项功能	专题图制作
新建文件	添加要素	按属性查找	添加文本
打开文件	修改要素	按位置查找	添加图例
添加数据	移动要素		打印
保存文件	删除要素		
文件另存为	编辑提交		
退出			

1. 文件管理

文件管理包括新建文件、打开文件、添加数据、保存文件、文件另存为、退出等操作。文件管理主要针对竹资源信息数据文件的基本管理操作。

2. 图层编辑

图层编辑包含添加要素、修改要素、移动要素、删除要素、编辑提交等操作。图层编辑已实现多用户协同编辑,该功能的实现得益于采用 Geodatabase 数据库提供的冲突协调机制。

3. 竹资源管理专项功能

竹资源管理专项功能包括按属性查找和按位置查找,是针对数据量庞大的小班基本图设计的,根据林班号、大班号、小班号实现对小班定位。

4. 专题图制作

专题图制作是日常需求较多的,专题图制作中可以添加文本、图例以及具有打印的功能等。

（三）开发方法

系统开发中,采用 ArcGIS 软件体系作为开发平台,使用 Oracle10g 软件作为数据库来存储空间数据表数据,利用 Arc SDE 作为数据库引擎,来实现对数据库数据的操作,GIS 服务端利用 ArcGIS Service 以实现基本 GIS 操作以及高级空间分析功能,WEB 服务端是基于 WEB ADF 技术使用 Visual Studio 2005 集成开发工具来开发 WEB 服务,移动端是基于 Windows Mobile 5.0 系统 Visual Studio 2005 集成开发工具来开发移动应用程序。通过这些标准的工业开发环境,采用面向对象语言 C♯.net 作为开发语言,组合组件式 GIS 软件实现对系统的集成式二次开发,ArcGIS 体系软件可以综合管理矢量数据和栅格数据,并支持关系数据库存储和管理空间数据,有利于各类数据在数据中数据库的紧密集成(张慧霞,娄全胜等,2005)。

（四）开发流程

系统开发采用瀑布模型,瀑布模型把系统开发过程划分成若干阶段,每个阶段的任务相对独立,便于系统开发阶段管理从而降低了整个系统开发工程的困难程度(图 11-7)。在系统生存期的每个阶段都采用科学的管理技术和良好的方法与技术,而且每个阶段结束之前,都从技术和管理两个角度进行严格的审查,经确认之后才开始下一阶段的工作。每个模块按照一定的顺序执行。系统从资料收集到最后系统整合是一个互相衔接的过程,每个模块开发都按照既定的顺序执行(潘峰,2010)。

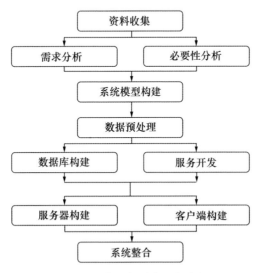

图 11-7 单机版系统开发流程

（五）系统界面

1. 文件管理界面

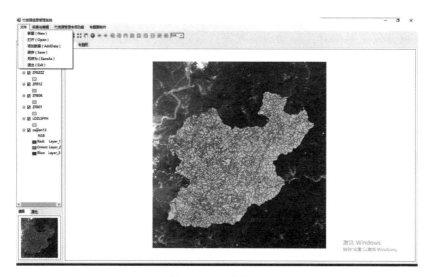

图 11-8　文件管理

2. 图层编辑界面

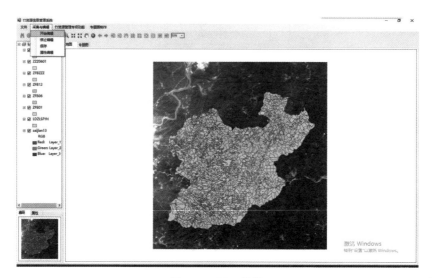

图 11-9　图层编辑

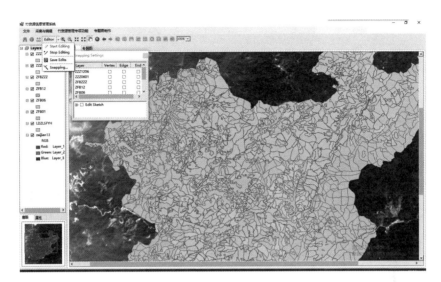

图 11-10　图层编辑

3. 竹资源管理专项功能界面

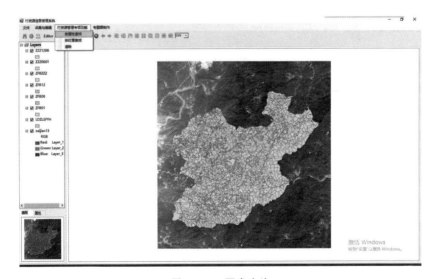

图 11-11　要素查询

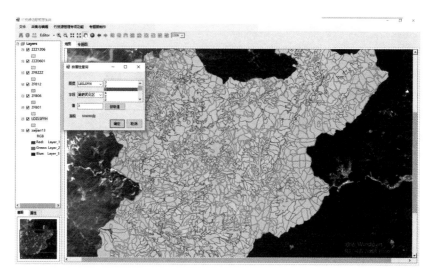

图 11-12　属性查询

4. 专题图制作界面

图 11-13　专题图打印

11.4.2　网络版竹林资源信息管理系统

（一）开发环境

1. 系统硬件

依据系统设计,服务器端需要运行多种服务,系统压力较大,在经济可行的情况下可将系统数据库和 ARC Servers 服务器分别设置在不同的物理服务器上。桌面配置是通过 WEB 方式工作,配置要求不是很高,一般采用市场主流配置便可以。

（1）服务器端配置要求:服务器端主要负责空间运算、数据接收和分发,运行数据库系统等任务,因此多配置要求比较高。推荐:

CPU:intel Pentium dual-core 以上;

内存:1024M 以上;

硬盘:可用空间 40G 以上;

操作系统:Windows 2003 Professional;

开发环境:Microsoft .NET Framework 2.0。

（2）桌面端配置要求:桌面端主要是实现系统相关功能,WEB 支持,GIS 操作,连接服务器等,对配置要求相对服务器较低。推荐:

CPU:Intel Pentium Ⅳ 2.0 以上;

内存:512M 以上;

硬盘:可用空间 40G 以上;

操作系统:Windows XP Professional;

开发环境:Microsoft .NET Framework 2.0。

2. 系统软件开发环境

本系统开发过程中涉及的软件较多,对各个软件要求使用的深度也不尽相同,系统主要应用的软件包括 Visual Studio 2005、Oracle 数据库、ARC GIS Server 等。(陈庆涛,2008;王怀宝,2006;赵自力,2007;王莹,2007)

（二）功能设计

竹资源信息管理要是针对森林小班信息维护,还有对林分内各种地物进行标注查询等,单机版竹资源信息管理系统的实现方式有文件管理、图层编辑、竹资源管理专项功能、专题图制作等功能,以下对这些功能作介绍,总体功能结构如图11-14 所示,具体功能操作如表 11-4 所示。

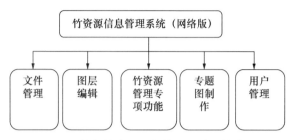

图 11-14　网络版竹资源信息管理系统总体功能结构

表 11-4　网络版竹资源信息管理系统具体功能操作

用户管理	文件管理	图层编辑	竹资源专项功能	专题图制作
用户登录	新建文件	添加要素	要素查询	设置图名
用户密码修改	打开文件	修改要素		指北针
用户注册	添加数据	移动要素		比例尺
用户信息管理	保存文件	删除要素		
	文件另存为	编辑提交		
	退出			

1. 用户管理

用户管理界面包括用户登录,用户密码修改,还有用户注册,用户信息管理等。

2. 文件管理

文件管理包括新建文件、打开文件、添加数据、保存文件、文件另存为、退出等操作。文件管理主要针对竹资源信息数据文件的基本管理操作。

3. 图层编辑

图层编辑包含添加要素、修改要素、移动要素、删除要素、编辑提交等操作。图层编辑已实现多用户协同编辑,该功能的实现得益于采用 Geodatabase 数据库提供的冲突协调机制。

4. 竹资源专项功能

要素查询是针对数据量庞大的小班基本图设计的竹资源专项功能,根据林班号、大班号、小班号实现对小班定位。

5. 专题图制作

专题图制作是日常需求较多的,其打印效果是按照层层窗口所显示的图层以及图层所显示的比例来打印,打印设置中可以设置图名、指北针、比例尺等。

（三）开发流程

系统开发采用瀑布模型，流程与单机版类似，详见图 11-15。

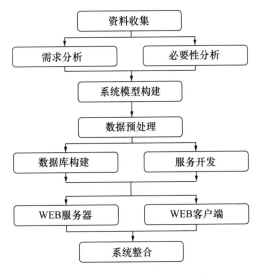

图 11-15　网络版系统开发流程

（四）系统界面

1. 用户管理界面

图 11-16　用户登录

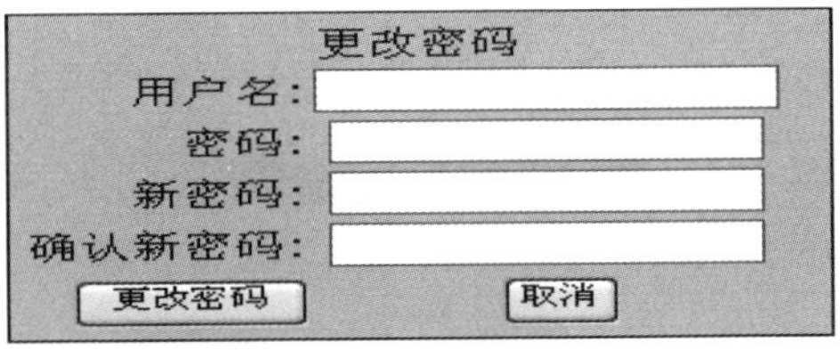

图 11-17　密码修改

2. 系统主界面

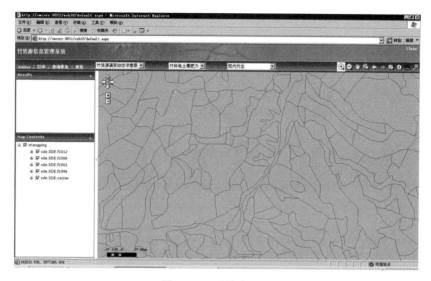

图 11-18　系统主页面

3. 图层编辑界面

图 11-19　图层编辑

4. 竹资源专项功能

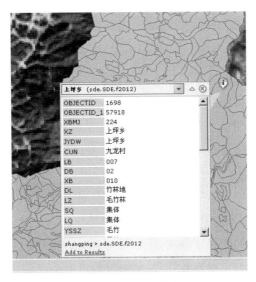

图 11-20 要素查询

5. 专题图制作

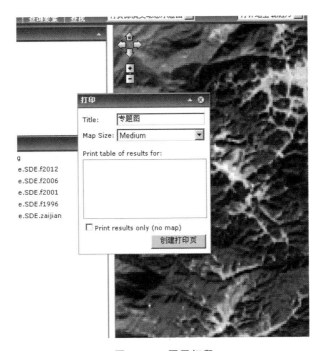

图 11-21 图层打印

11.5 本 章 小 结

本章阐述了竹资源信息管理系统的基本内涵及发展现状,并结合相关成果讨论了我国竹资源信息管理及系统建设的问题缺陷和建设意义,从系统概况、系统分析、系统设计、系统案例四方面对竹资源信息管理系统构建进行了简要介绍,其中对本章所介绍的竹资源信息管理系统案例——单机版竹资源信息管理系统和网络版竹资源信息管理系统进行了详细介绍,其中突出了竹资源信息管理系统的开发环境、功能设计、开发方法、开发流程。

竹资源是国民经济建设中的重要资源之一,它不仅具备生态效益和社会效益,同时,在社会经济的可持续发展中发挥着重要的作用。为此,在竹业管理过程中,为了进一步提高管理效率和管理质量,应及时建立信息管理系统并加以应用,充分发挥竹资源信息管理系统在竹业管理中的作用,从而实现高效、快捷的信息化管理(范志华,2016)。通过对竹资源信息管理系统的介绍,以期为竹资源的信息化管理提供借鉴,为竹资源的可持续发展提供帮助。

参 考 文 献

DB35/T683-2006 数字林业森林资源数据代码.

http://www.ucgis.org/oregon/papers/mennis.htm(2007 年 4 月 28 日)

ISO/FDIS 19110 Geographic information Methodology for feature cataoguing[S],2001.

ISO/TC211,Geographical Information-Metadata,International Standard Organization,Committee Draft International Standard 19115[S],2001.

Jeremy L M. Human Cognition as a Foundation for GIS Database Representation,

LY/T 1438-1999 森林资源代码—森林调查[S].

LY/T 1439-1999 森林资源代码—树种[S].

LY/T 1440-1999 森林资源代码—林业行政区划[S].

LY/T 1441-1999 森林资源代码—林业区划[S].

白降丽.森林资源管理信息系统建设相关规范的研究[D].北京林业大学,2007.

曾行吉,童新华,何立,罗永明.基于组件 GIS 技术的林火遥感信息可视化研究[J].广西师范学院学报(自然科学版),2008,(02):77—80.

陈庆涛.NET 和分布式(网络)数据库集成技术支持下的 WEBGIS 系统研究与开发[D].成

都理工大学,2008.

范志华.信息管理系统在林业生产管理过程中的应用分析[J].低碳世界,2016,16:268—269.

符海芳,牛振国,崔伟宏.多维农业地理信息分类和编码[J].地理与地理信息学.2003,19(3):29—31.

国家林业局.2005中国森林资源报告[M].北京:中国林业出版社,2005.5—12.

何建邦,李新通,毕建涛,曹彦荣.资源环境信息分类编码及其与地理本体关联的思考[J].地理信息世界,2003,(05):6—11.

何建邦,李新通.对地理信息分类编码的认识与思考[J].地理学与国土研究,2002,(03):1—7.

柯文光,柯于恒.分析林业资源信息管理系统及其设计[J].低碳世界,2016,17:271—272.

李琴.浅谈森林资源管理信息系统的研究现状及发展[J].农民致富之友,2016,06:107.

李荣娥.信息农业研究中农业科研档案的管理[J].科技档案,2000,(01):21—22.

李玉森.对提升森林资源信息技术管理水平的分析[J].林业勘查设计,2011,(03):14—15.

刘振宇.基于GIS的交通监控资源管理系统设计与实现[D].南京师范大学,2011.

卢康宁,张怀清,欧阳国良.可视化技术在林业信息化建设中的应用[J].林业建设,2012,(02):45—48.

倪志宇.建筑施工企业管理信息系统开发与实施研究[J].广西轻工业,2011,(03):72—73.

潘峰.重庆万州移动分公司物资管理系统的设计与实现[D].电子科技大学,2010.

曲凌刚.浅议单机游戏著作权保护——网吧单机游戏著作权侵权纠纷案评析[J].科技与法律,2012,(02):45—48.

谭绍斌,胡坤融,付小勇,赵友杰.基于RS和GIS云南竹资源管理系统[J].生物技术世界,2013,12:135—136+138.

王怀宝.基于Oracle10g的WebGIS空间数据一体化存储研究[D].辽宁工程技术大学,2007.

信息分类和编码的基本原则与方法GT/T 7027-2002.

喻钢,周定康.联机分析处理(OLAP)技术的研究[J].计算机应用,2001,(11):80—81+84.

袁健.吉林森工集团信息化发展战略[J].吉林林业科技,2012,(05):55—58.

张会儒,春明森.资源信息共享中信息的分类与编码研究[J].北京林业大学学报 2006,21(4):189—192.

张会儒,李春明.森林资源信息共享中信息的分类与编码研究[J].西北林学院学报,2006,(04):189—192.

张慧霞,娄全胜,夏斌.基于GIS的森林资源信息管理关键技术[J].中南林学院学报,2005,(05):131—134.

张晓晖,陈京生.浅论信息分类编码标准化[J].国防技术基础,2003,(04):20—22.

张月,张晋宁.林业资源信息管理系统的分析与设计[J].数字技术与应用,2011,(01):123—124.

张月珍.基于GIS的隧道开挖引起临近地下管线损害评价与防护决策系统研究[D].青岛理工大学,2009.

赵自力.GIS管理信息发布系统开发及关键技术研究[D].中南大学,2007.